W0305364

Ulli Sommer

Roboter selbst bauen

Ulli Sommer

FRANZIS EXPERIMENTE

Roboter selbst bauen

Das große Praxisbuch für Einsteiger und Fortgeschrittene

Mit 247 Abbildungen

FRANZIS

Bibliografische Information der Deutschen Bibliothek
Die Deutsche Bibliothek verzeichnet diese Publikation in der Deutschen Nationalbibliografie; detaillierte Daten sind im Internet über **http://dnb.ddb.de** abrufbar.

Satz: Fotosatz Pfeifer, 82166 Gräfelfing
art & design: www.ideehoch2.de
Druck: Bercker, 47623 Kevelaer
Printed in Germany

ISBN 978-3-7723-**4109-0**

Vorwort

Roboterbauen wird, wie man in den verschiedensten Foren und Fachzeitschriften beobachten kann, immer populärer. Das liegt daran, dass Mikrocontroller und zusätzliche Peripheriebausteine immer günstiger angeboten werden und auch an den Schulen zunehmend in Mikrocontroller, Computer und Robotik unterrichtet wird.

Dieses Buch bietet zahlreiche detaillierte Bauanleitungen mit Schaltplänen und Programmquellcodes. Für den Einsteiger wie auch für den fortgeschrittenen Roboterentwickler dient es als Leitfaden und nützliches Nachschlagewerk. Die Beispielprogramme und Schaltpläne können für eigene Entwicklungen übernommen werden und dienen als Grundbausteine für eigene Ideen und Projekte. Besonderer Wert wurde bei den Anleitungen auf Nachbausicherheit gelegt. Selbstverständlich wurden alle Projekte aufgebaut und ausführlich getestet.

Der Weg zum eigenen Roboter ist für Anfänger mitunter schwer zu bewältigen. Da die Robotik aus einer Kombination von Elektronik, Mechanik und Software besteht, muss der Erbauer handwerkliches Geschick und Grundkenntnisse in den genannten Bereichen für den erfolgreichen Aufbau eines Roboters mitbringen. Man sollte sich jedoch von anfänglichen Misserfolgen nicht abschrecken lassen, denn es macht enorm viel Spaß, seinen selbst gebauten Roboter zum ersten Mal in Aktion zu sehen. Dieses Buch legt den Grundstein für eigene Konstruktionen.

Die Mikrocontroller-Programme dieses Buchs wurden, bis auf den Tischroboter TR-1, mit den Basic-Compiler *Bascom* geschrieben, der auf der Buch-CD als Demoversion enthalten ist. Die einzige Einschränkung der Demoversion ist, dass Programme nur bis 4 KB RAM kompiliert werden können. Alle Funktionen, die in der Vollversion vorhanden sind, werden auch bei der Demoversion bereitgestellt.

Inhaltsverzeichnis

1 Ausflug in die Roboterwelt

Unter Robotik versteht man ganz allgemein die Beschäftigung mit Robotern. Wenn man als „Roboter" ein Gerät bezeichnet, das sich autonom (selbstständig) in seiner Umwelt bewegt (und zurechtfindet), beschreibt man ein Thema, das keinen Aspekt der modernen Technologie auslässt.

Es gibt bereits Roboter in verschieden Bauformen und für die unterschiedlichsten Aufgaben. Die wohl bekanntesten Roboter sind Industrieroboter. Ihre Aufgabe ist es, Teile zusammenzusetzen, zu sortieren, zu schweißen und vieles mehr. Solche Arbeiten können sie sehr schnell und mit extrem hoher Präzision ausführen. Ein Industrieroboter wird auf eine Aufgabe (ein Programm) angelernt (teaching) und durchläuft dieses Programm von Anfang bis Ende immer wieder, ohne auf Umgebungseinflüsse zu reagieren. Ein Roboter, der zu Hause selbstständig agiert, muss aber auf seine Umgebung reagieren können, um z. B. Hindernissen auszuweichen oder Personen im Raum zu erkennen.

1.1 Staubsaugerroboter

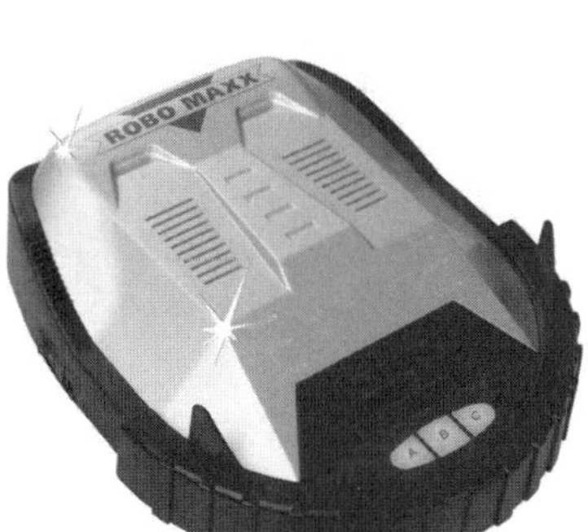

Abb. 1.1: Staubsaugerroboter Robo-Maxx
Quelle: Conrad Electronic

Aufgabe der kleinen Saubermacher ist, wie ihr Name bereits sagt, das Staubsaugen der Wohnungsböden.

Sie fahren mit Akkubetrieb und reinigen mit ihren Bürsten und einem eingebauten Sauger. Das Fahrverhalten ist meist über einen Zufallsgenerator gesteuert. Berührt ein Staubsaugerroboter einen Gegenstand (Wand, Stuhlbein) fährt er zurück und dreht sich in eine zufällig errechnete Richtung, um mit der Reinigung des Bodens fortzufahren. Bei hochwertigen Modellen sind meist unterschiedliche Programme vorhanden. So beginnen manche Roboter in der Raummitte und fahren dann spiralförmig nach außen. Treffen sie auf eine Wand, fahren sie diese entlang, um auch den äußeren Bereich zu säubern.

Die Laufzeiten der meisten Staubsaugerroboter betragen zwischen 20 und 60 Minuten. Danach müssen die Akkus neu aufgeladen werden. Die Luxusausführungen fahren bei leer werdenden Akkus selbstständig in ihre Ladestation zurück, um sich wieder aufzuladen.

1.2 Überwachungsroboter

Abb. 1.2: Der Überwachungsroboter SSR-1

Ein interessantes Gebiet für Roboterbastler sind Überwachungsroboter. Ihre Aufgabe ist es, ein bestimmtes Gebiet zu überwachen (Gebäude, Wohnung, etc.). Dabei sollen sie nicht nur über den PC gesteuert werden, sondern auch autonom in Ihrem Observationsgebiet umherfahren können, ohne dabei steckenzubleiben. Dies ist im Freien, wie auch in der Wohnung, nicht immer so einfach und in der Umsetzung eine komplexe Aufgabe. Bei Registrierung eines „Eindringlings“ muss zudem noch eine Alarmmeldung gesendet werden. Man könnte diesen Roboter auch „mobile Alarmanlage“ nennen.

Der Vorteil eines solchen Alarmanlagenroboters ist, dass fast kein Installationsaufwand betrieben werden muss.

Bei der Überwachung des Gartens ist es überdies interessant, Katzen, Igel und andere Tiere bei ihrem nächtlichen Streifzug zu beobachten, ohne von ihnen dabei entdeckt zu werden. Auch zum Empfangen von Gästen kann man den Roboter einsetzen. Er gibt dann schon beim Betreten der Einfahrt eine Alarmmeldung auf den heimischen PC aus. Wenn er dann auch noch die Gäste mit dem eingebauten Sprachmodul in Roboterstimme begrüßt, ist deren Staunen groß.

Abb. 1.3: Ein Überwachungsroboter mit Kettenantrieb

1.3 Industrieroboter

Abb. 1.4: Kuka-Industrieroboter. Quelle: Kuka

Industrieroboter sind, nur für eine Aufgabe ausgelegt. Sollen Sie andere Arbeiten verrichten, müssen das Werkzeug und das Programm geändert werden. Sie sind somit immer auf ihre Tätigkeit fest eingestellt. Ihre Arbeiten erledigen sie mit großer Wiederholgenauigkeit und Präzision, wie sie von einem Menschen nicht machbar wäre.

1.4 Fußballroboter

Abb. 1.5: Fußballroboter beim RoboCup 2006

Ein großes Ereignis für Studenten und andere interessierte Zuschauer aus aller Welt ist der *RoboCup*. Dort treten Roboter gegeneinander an, um Fußball zu spielen. Dies ist für die Entwickler eine immense Herausforderung, denn die Roboter sind komplett autonom und müssen sich über ihre Sensoren und Kameras (Bilderkennung) auf dem Spielfeld orientieren. Zudem kommt bei den humanoiden Robotern noch die Problematik des Laufens auf zwei Beinen dazu.

Es gibt bei den Fußball spielenden Robotern nicht nur Humanoiden, sondern auch solche auf Rädern oder mehreren Beinen, wie z. B. die Roboterhunde von Sony, die extra für diese Aufgabe von den Studenten umprogrammiert werden. All diese Roboter sind in unterschiedlichen Klassen bei den Wettbewerben dabei.

1.5 Inspektionsroboter

Abb. 1.6: Kanalinspektionsroboter

Inspektionsroboter sind für den Einsatz an unzugänglichen Orten wie Lüftungsschächten, Abwasserkanälen, Bergwerksstollen usw. konzipiert. Sie kommen überall dort zum Einsatz, wo es für Menschen zu gefährlich wäre oder die Stellen unzugänglich sind, wie z. B. in Lüftungsrohren. Mit ihnen wird die Lage aus sicherer Entfernung begutachtet, also z. B. ein Bild von einem verschmutzten Lüftungsschacht gemacht, um ihn anschließend mit Hilfe des Roboters reinigen zu können.

Abb. 1.7: Inspektions- und Reinigungsroboter

Der im Bild gezeigte Roboter ist für die Lüftungskanalreinigung ausgelegt. Zuerst wird er ohne Bürstenaufsatz, nur mit Kamera bestückt, durch das Lüftungssystem geschickt, damit man sich ein Bild vom Ausmaß der Verunreinigung machen kann.

Abb. 1.8: Derselbe Roboter mit Reinigungsaufsatz

Danach beginnt man mit der eigentlichen Reinigung. Dafür gibt es verschiedene Bürsten und Reinigungsaufsätze. Am Ende der Reinigung wird der Roboter nochmals durch den Kanal geschickt, um das Reinigungsergebnis zu überprüfen. Der Vorteil ist, dass man den Lüftungskanal nicht teilweise abbauen muss, um ihn säubern zu können.

Meist sind diese Roboter über Kabel ferngesteuert und an einer Steuereinheit mit Videorekorder und Monitor verbunden.

Abb. 1.9: Bombenentschärfungsroboter

Für polizeiliche Anwendungen gibt es Inspektionsroboter, die gefährliche bzw. verdächtige Gegenstände wie z. B. Koffer aus sicherem Abstand inspizieren und gegebenenfalls entschärfen können. Gefährliche Aufgaben können so aus sicherer Entfernung erledigt werden.

Abb. 1.10: Upuaut 2 in der Cheopspyramide

Mit Upuaut 2 wurden die Lüftungsschächte der Cheopspyramide untersucht. Unter http://www.pernefer.de/upuaut.htm kann man die spannende Geschichte nachlesen.

1.6 Forschungsroboter

Abb. 1.11: Forschungsroboter der NASA im Test in der Wüste
Quelle: Nasa

Roboter werden auch in der Forschung eingesetzt. Dort werden sie als Helfer oder als komplett autonom agierende Fahrzeuge zur Probensammlung, wie z. B. auf dem Mars, eingesetzt.

Abb. 1.12: Roboter *Spirit* auf dem Mars
Quelle: Nasa

1.7 Unterhaltungsroboter

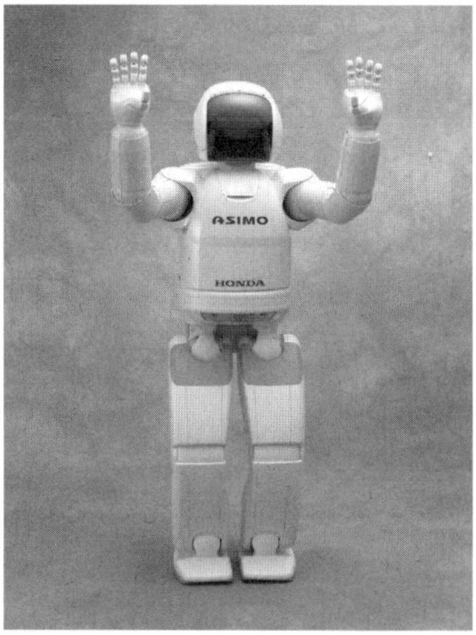

Abb. 1.13: Roboter Asimo der Firma Honda
Quelle: Honda

Asimo, der humanoide Roboter von Honda, ist schon fast ein Alleskönner unter den Unterhaltungsrobotern. Er tanzt, rennt, spricht und dirigiert sogar Konzerte. In dem kleinen Maschinenmann steckt modernste Robotertechnik. Mit dem humanoiden Roboterprojekt will Honda die Interaktion zwischen Mensch und Maschine weiter fördern. Deshalb entwickelt die Firma auch einen sympathisch aussehenden Roboter, statt einer kühlen Maschine. Dennoch sind die Entertainment-Roboter aus Japan noch weit davon entfernt, den europäischen Alltag zu erobern. Die Japaner sind aber davon überzeugt, dass Roboter schon bald den Menschen ersetzen könnten – z. B. als Hilfe in Altersheimen oder als „Kollege", mit dem man einen Fernsehabend verbringt.

1.8 Kampfroboter

Abb. 1.14: Autonomer Kampfroboter der gefährlichen Art!
Quelle: www.spambutcher.com

Kampfroboter sind für Wettbewerbe und zur Unterhaltung gedacht. Die Roboter kämpfen dabei gegeneinander, bis einer von ihnen zerstört stehenbleibt. Diese Roboter gibt es autonom oder auch manuell über eine Modellbau-Fernbedienung gesteuert.

Es gibt aber auch Kampfroboter für das Militär. Sie sollen den Soldat in Krisengebieten ersetzen und dadurch sein Leben bewahren. Sie dienen zur Aufklärung des Kriegsgebiets und sind zu Boden und in der Luft unterwegs.

Abb. 1.15: Kampfroboter der Firma Foster-Miller, wirklich gefährlich!

Abb. 1.16: Autonomes Aufklärungsflugzeug
Quelle: Nasa

2 Der Einstieg in die Robotik

Einen Roboter bauen – das wollten viele schon als Kind! Dem einen oder anderen technisch Interessierten kommt dieser Gedanke früher oder später noch einmal. Wie die Robotikforen zeigen, werden in fast jeder Altersklasse Roboter gebastelt. Bevor man die Idee jedoch in die Realität umsetzen kann, muss man sich ein paar Gedanken machen – z. B. darüber, was man eigentlich bauen möchte. Der Begriff Roboter (folgend auch „Bot“ oder auch „Robby“ genannt) ist sehr allgemein. Jeder stellt sich darunter etwas anderes vor. Die meisten verbinden damit eine menschenähnliche Maschinengestalt, die aufs Wort bestimmte Aufgaben im Haushalt verrichtet. Von dieser Vorstellung muss sich der Bastler leider erst einmal verabschieden, denn selbst den weltweit besten Entwicklern ist es noch nicht gelungen, einen solchen Roboter zu bauen. Daher beschränken sich die meisten Roboterbastler auf kleine, mobile Roboterfahrzeuge, die sich autonom in einer fremden Umgebung bewegen können. Das wird im Wesentlichen auch der Inhalt dieses Buchs sein. Meist geht es um kleine Modelle zwischen 10 und 50 cm Größe. Die „fremde Umgebung“ ist nicht selten die eigene Wohnung. In der Tat ist dies schon eine äußerst große Herausforderung, denn die Wohnungen sind in der Regel mit Möbeln bestückt und für den Roboter ein wahrer Irrgarten. Wenn es gelingt, „Intelligenz“ und Sensoren des Roboters so einzurichten, dass er sich stundenlang frei in der Wohnung bewegen kann, ohne an einer Stelle hängenzubleiben, ist schon Einiges geleistet.

Je nachdem, welche Aufgaben der Roboter erfüllen soll, muss er unterschiedlich konzipiert werden. Vor allem die Gehäuseform und die Art der Sensoren sind wichtig. Wenn er einer Linie folgen soll, muss er natürlich auch über Sensoren verfügen, die Helligkeits- oder Farbunterschiede am Boden erkennen. Hier verwendet man in erster Linie Infrarotsensoren. Wenn er einer Wand folgen soll, braucht man auch Infrarotsensoren an den Seiten. Soll er einer Person folgen, wären vielleicht Bewegungs- oder Thermalsensoren sinnvoll und bei der Suche nach einer Lichtquelle wären lichtempfindliche Widerstände, sogenannte LDRs, erforderlich.

2.1 Planen eines Roboters

Wichtig ist, dass man die Planung für den Roboter nicht ausschließlich im Kopf hat, denn das führt in den seltensten Fällen zu brauchbaren Ergebnissen. Man kann in der Praxis nicht an jedes Detail denken. Ein Motor, der dann vielleicht doch einen Zentimeter größer ausfällt, als ursprünglich erwartet, kann unter Umständen das ganze Konzept kippen. Empfehlenswert sind daher schriftliche Notizen und vor allem Zeichnungen bzw. Skizzen.

Tipp: Wer nicht gerne mit Millimeterpapier und Bleistift zeichnet, kann auch ein Zeichenprogramm wie z. B. *S-Plan* verwenden. S-Plan eignet sich sehr gut für das Planen eines Roboters, da die einzelnen Komponenten wie Motor, Aluminiumstangen, Riemenscheiben, Achsen, Akku usw. sehr einfach maßstabgerecht aus normalen Kreis- und Rechteckformen als Zeichengruppe zusammengesetzt und dann als Makro abgespeichert werden können. Diese Bestandteile können später auf dem Bildschirm verschoben, gedreht oder ausgewechselt werden. Auf diese Weise nimmt der Roboter schnell Gestalt an.

Die Platinen können mit *Sprint Layout* oder *Lochmaster* entworfen werden. Diese Programme der Firma Abacom sind preiswert und schnell zu erlernen.

2.2 Die Materialien

Bei der Planung muss auch berücksichtigt werden, aus welchem Material das Chassis (Grundgerüst) gebaut werden soll. Hier eignen sich Aluminiumbleche und -profile sowie Messinggewindestangen, wie sie im Baumarkt und im Modellbau-Shop in allen erdenklichen Größen und Formen erhältlich sind. Man kann aber auch Sperrholz, Kunststoffplatten, Aluminiumplatten, CDs oder Tortenhauben als Grundaufbau verwenden. Hier ist viel Raum für Erfindungsreichtum. Bei der Grundform sollten auch der Aufgabenbereich und die Umgebung des Roboters berücksichtigt werden. Ein Roboter, der unter engen Verhältnissen zurechtkommen soll, muss sehr wendig sein. Hier bietet sich eine runde Bauform, wie die des Experimentierroboters THX-1, an. Durch die Anordnung der Antriebsräder in der Mitte kann er sich um den Mittelpunkt der eigenen Achse drehen und benötigt dadurch wenig Platz beim Wenden.

2.3 Der Antrieb

Als ideal hat sich inzwischen eine runde Bauform mit zwei Antriebsrädern in der Mitte und zwei kleineren Stützrädern hinten und vorn erwiesen – die meisten Roboter werden so konzipiert. Der Vorteil besteht darin, dass sich solche Roboter bedenkenlos auf der Stelle drehen können, ohne Gefahr zu laufen, irgendwo anzuecken. Der Roboter dreht sich auf der Stelle, indem sich ein Rad links herum und das andere rechts herum bewegt (oder umgekehrt). Durch eine geschickte Steuerung ergeben sich viele interessante Fahrmanöver. Der Nachteil der Kreisform zeigt sich in der Praxis: Der Platz lässt sich nicht gut vollständig ausnutzen, da Platinen, Akkus usw. viereckig sind. Soll der Roboter ein Gehäuse bekommen, ist die Kreisform ebenfalls unvorteilhaft. Will man dennoch einen runden Bot bauen, muss das Chassis nicht zwangsläufig auch rund sein. Man kann die Chassis auf ein Quadrat innerhalb des Kreises beschränken und später die runde Hülle quasi nur überziehen. Eine Alternative für weniger geübte Bastler ist auch eine sechseckige Form. Sie ist einfacher zu bauen und bietet fast die gleiche Wendigkeit wie die runde Bauform. Das Ganze lässt sich mit S-Plan oder Millimeterpapier und Zirkel planen – diese Zeit sollte man sich nehmen.

Hat man Grundkonzept und Grundskizze fertiggestellt, sollte man das Gewicht des Roboters abschätzen. Dann gilt es nochmals zu überdenken, ob der eingeplante Platz für den dafür notwendigen Motor auch wirklich ausreicht. Es empfiehlt sich, Informationen (Datenblätter) über Motoren aus dem Internet oder anderen Quellen herauszusuchen. Grundsätzlich muss man sich entscheiden, ob man den Roboter mit *Schritt-* oder mit *Getriebemotoren* antreiben möchte.

Schrittmotoren sind etwas aufwendiger in der Ansteuerung, aber dafür wesentlich genauer zu positionieren als Getriebemotoren. Wenn es also wichtig ist, dass der Roboter genau in der Wohnung navigiert, wirklich gerade fährt und 90-Grad-Kurven auch solche sind, empfiehlt es sich, Schrittmotoren zu verwenden. Allerdings ist das Verhältnis von Energieverbrauch zu Kraft nicht so gut wie bei den Getriebemotoren. Bei schwereren Robotern ab ca. 8 kg sind daher eher Getriebemotoren zu bevorzugen.

2.4 Mikrocontroller und Programmiersprache

Um Mikrocontroller und Programmiersprache wird in den Foren immer wieder gestritten, denn es gibt mittlerweile sehr viele Mikrocontroller-Kits auf den Markt und zu jeder Controller-Familie diverse Programmiersprachen wie C, Java und Basic – und jeder hält eine bestimmte Sprache für besser als die andere. Da für den Einsteiger, wenn er nicht schon mit „C" vorbelastet ist, eine Basic-Programmierumgebung der beste Einstieg ist, wurde für die Projekte in diesen Buch *Bascom* als Programmiersprache ausgewählt. Dieser Compiler ist für die AVR-Mikrocontroller der Firma Atmel ausgelegt, die sich in diversen Schaltungen gut bewährt haben.

In den folgenden Kapiteln lernen Sie Bascom genauer kennen und werden sehen, welche Vorteile dem Benutzer hier geboten werden.

3 Der AVR-Mikrocontroller und Bascom

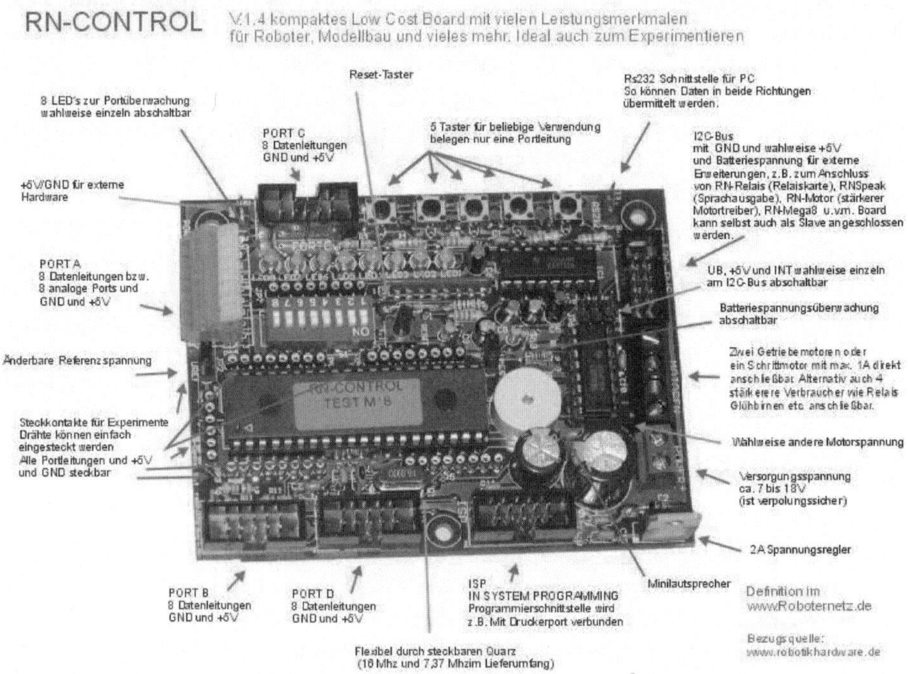

Abb. 3.1: RN-Control 1.4 mit ATmega32 von www.Robotikhardware.de

Damit Sie Ihrem Roboter „eigenes Leben“ einhauchen können, benötigen Sie einen Mikrocontroller, das sogenannte „Gehirn“ der Maschine. Dieses Buch widmet sich vorwiegend den Mikrocontrollern der Firma Atmel und der Programmiersprache Bascom. Diese Controller sind äußerst beliebt, günstig und unproblematisch in der Handhabung.

Die Programmiersprache Bascom basiert auf einem Basic-Dialekt, mit dem man innerhalb kürzester Einarbeitungszeit eigene Programme schreiben kann. Es gibt zudem noch eine frei verfügbare Demoversion, die Programm-Codes bis 4 KB uneingeschränkt vom Befehlssatz kompiliert.

Die Atmel-8-Bit-AVR-Risc-Architekturfamilie wurde Anfang der 90er Jahre an der Universität Trondheim in Norwegen entwickelt und wird bis heute vom Hersteller Atmel vertrieben. Es gibt verschiedene Controller-Typen, die alle einen ähnlichen Befehlssatz besitzen und ähnlich programmiert werden.

3.1 Eine kleine Übersicht über die AVR-Controller ...

AT90Sxxx

Die Basic *Line* der Atmel AVR-Reihe beinhaltet die ersten AVRs, die produziert wurden und deren Bezeichnung mit „AT90S" beginnt. Alle Typen wurden mit der Zeit von den Nachfolgereihen *ATmega* bzw. *ATtiny* ersetzt.

Einige neue AVR-Controller tragen eine mit AT90 (ohne „S“) beginnende Bezeichnung, haben aber einen „moderneren“ Kern. Die Typen AT90PWM2/3 und AT90CAN128 sind vom Funktionsumfang (interner RC, UART etc.) den ATmegas zuzuordnen.

ATmega

Die ATmega-Mikrocontroller sind ein Teil der AVR-Controllerfamilie. Zusammen mit den ATtiny lösen die ATmega die AT90S-Serie schrittweise ab, wobei es in den meisten Fällen weitgehend pin- und funktionskompatiblen Ersatz für nicht mehr lieferbare Controller gibt (ATmega8 statt AT90S4433, ATmega8515 statt AT90S8515 usw.).

Atmel ATmega-AVRs werden mit aktiviertem internem Taktgeber ausgeliefert. Schließt man eine andere externe Taktquelle an (Quarz, Quarzoszillator o. ä.), wird diese nicht automatisch genutzt. Zum Aktivieren müssen die Fuse-Bits des Controllers entsprechend eingestellt werden.

ATmegas mit integriertem JTAG-Interface (zurzeit solche ab 16 KB Flash-Speicher und mehr als 28 Pins) werden ab Werk mit aktiviertem JTAG-Interface ausgeliefert. Dieses Interface belegt vier Port-Pins (z. B. am Port C bei ATmega16/32), die nicht für eigene Anwendungen genutzt werden können, solange das JTAG-Interface aktiviert ist. Das Interface lässt sich über ein Fuse-Bit (JTAGEN) dauerhaft und über ein Bit (JTD) in dem (oder einem der) MC-Kontrollregister (Datenblatt nach „JTD“ durchsuchen) per Software zur Laufzeit an- und abschalten. Weiteres hierzu finden Sie im Datenblatt des jeweiligen Controllers in den Abschnitten *Memory-Programming* (Fuse) und JTAG/ICE (JTD).

Beim ATmega128 ist ab Werk die Mega103-Kompatibilitäts-Fuse gesetzt. Um alle Erweiterungen des Mega128 gegenüber dem Mega103 nutzen zu können, muss diese deaktiviert werden. Die Fuse sorgt außerdem dafür, dass das SRAM in einem anderen Adressbereich liegt. Dadurch funktionieren C-Programme nur bis zum ersten Funktionsaufruf. Siehe auch die AVR-Checkliste Besonderheiten bei *ATmega64/ATmega128*.

ATtiny

Die ATtiny stellen das untere Ende der neuen AVR-Linie von Atmel dar und waren zunächst durch das Fehlen interner SRAM gekennzeichnet. Mittlerweile gibt es aber so bemerkenswerte Controller wie den ATtiny2313, dessen Möglichkeiten und Funktionen denen der ATmegas in nichts nachstehen.

Ein weiterer Unterschied zu den ATmegas ist der fehlende Hardware-Multiplizierer. Jede Multiplikation muss also in Software ausgeführt werden. Eine Übersicht über die Verfügbarkeit verschiedener Befehle bietet die AVR-Assembler-Befehlsvergleichstabelle.

3.2 Controllerboard

Um den Umgang und die Programmierung zu erlernen, ist die RN-Control 1.4 mit dem Mega32 eine preisgünstige und gut ausgestattete Basis. Alternativ zur RN-Control kann auch die unter *Projekte* beschriebene Robo-Control verwendet werden. Die Robo-Control ist modular aufgebaut und kann dadurch beliebig erweitert und abgeändert werden. Die RN-Control kann man unter www.robotikhardware.de erwerben.

Egal, welche Controller-Einheit Sie mit AVR verwenden – die Grundlagen der Programmierung und das Beschreiben des Controllers sind immer gleich!

In diesem Buch werden meist die Controller-Typen Mega8, Mega16 und Mega32 verwendet.

3.3 ATmega8 – Eigenschaften und Anwendung

Der Mega8 ist der kleinste in diesem Buch verwendete AVR mit 28 Pins. Davon können jedoch nur 23 genutzt werden. Die restlichen 5 Pins werden zur Grundbeschaltung benötigt.

Der Mega8 besitzt 8 KB Programmspeicher (Flash), ein 512-Byte-großes EEPROM zur Datenspeicherung und 1.024 Byte S-RAM. Er kann mit verschiedenen Frequenzen (Quarzen) zwischen 1 und 16 MHz betrieben werden. In der Versorgungsspannung ist er nicht sonderlich wählerisch und mit einer Spannung von 2,7 bis 5,5 Volt zufrieden.

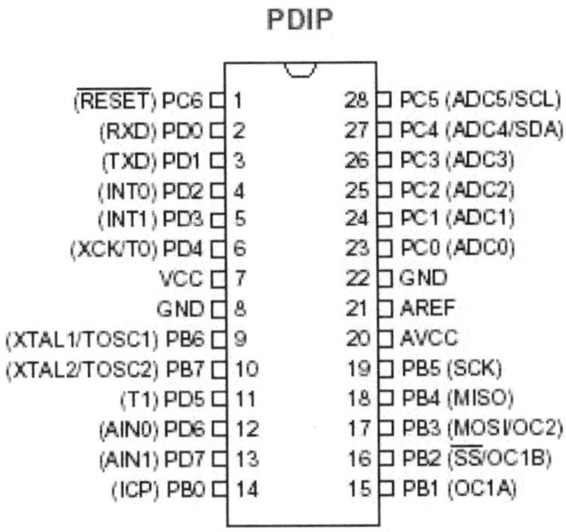

Abb. 3.2: Das Pinout des Atmel-AVR Mega8

Die Pins, die nicht genutzt werden können, sind VCC, 2 x GND, AREF und AVCC.

Die interessantesten Pins des ATmega8 auf einen Blick:

- UART (RS232) Pin 1 und 3
- 2 Interrupt-Eingänge INT1 und 2 an Pin 4 und 5
- 6 analoge Eingänge mit 10-Bit-Auflösung an Pin 23 bis Pin 28
- I²C-BUS an Pin 27 und 28
- SPI-Interface an Pin 16 bis 19
- Timer-Eingang an Pin 6 und 11
- AREF-Eingang der Referenzspannung des Analog-Digital-Wandlers

Die I/O-Pins können wahlweise als Aus- oder Eingang konfiguriert werden – doch dazu später.

Wie Sie sehen, bietet dieser „kleine" Controller bereits sehr viele Funktionen und wird deshalb gerne verwendet. Um nun den ATmega8 zum Laufen zu bringen, wird nicht mehr viel an externer Beschaltung benötigt: lediglich eine 5-Volt-Spannung, die Sie aus einen Stabi-IC LM7805 gewinnen, ein Quarz, zwei Kondensatoren und ein Widerstand für Reset werden angebracht. Damit ist die Grundbeschaltung bereits erfolgt. Wie das Ganze zu verschalten ist, sieht man in der folgenden Abbildung.

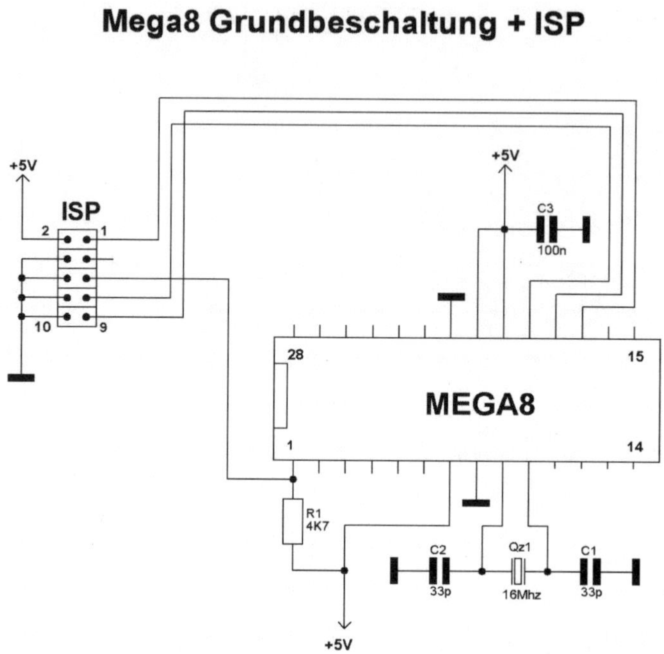

Abb. 3.3: Mega8-Grundbeschaltung mit ISP-Interface zur Programmierung

Der ISP-Anschluss dient dazu, das Programm auf den ATmega8 in Verbindung mit einem ISP-Programmer schreiben zu können (Programmieranschluss).

3.4 ATmega16/32 – Eigenschaften und Anwendung

Der Mega16 und der Mega 32 besitzen jeweils 40 Pins (DIL40) und einen größeren Programmspeicher von 16 bzw. 32 KB. Das EEPROM des Mega16 ist so groß wie das des Mega8 (512 Byte), der Mega32 jedoch hat doppelt so viel Speicher (1.024 Byte). Durch die Grundbeschaltung gehen wieder ein paar Pins verloren und es können effektiv 32 Pins zur Kommunikation mit der Außenwelt genutzt werden. Die restlichen technischen Daten wie Spannung und Quarzfrequenz entsprechen denen des Mega8.

Durch den wesentlich größeren Programmspeicher kann man diese Controller als „Hauptrechner" – Main-CPU – verwenden.

Da die Controller weitgehend gleich zu handhaben sind, ist auch die Grundbeschaltung bis auf wenige Ausnahmen mit der des Mega8 identisch.

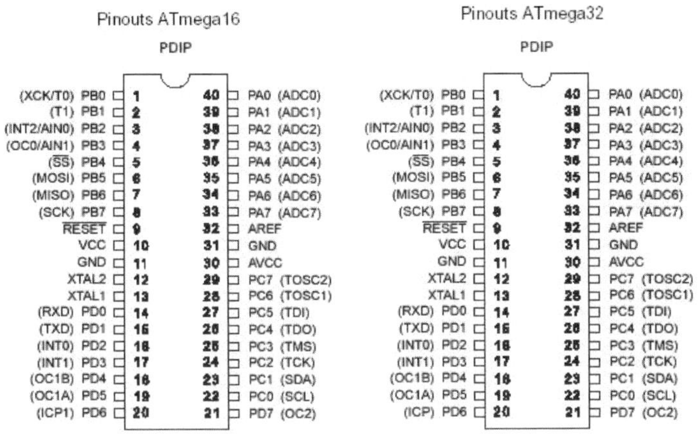

Abb. 3.4: Pinout des Mega16 und Mega32

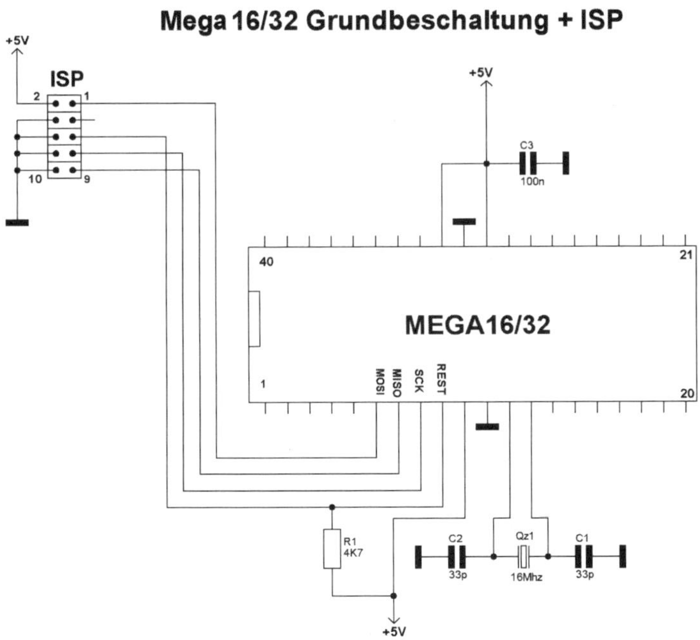

Abb. 3.5: Mega 16/32 Grundbeschaltung

Bis auf die Pinbelegung entspricht alles dem Mega8. Wenn man nun ein RN-Board besitzt oder eine dieser Grundschaltungen auf einem Experimentier-Board aufgebaut hat, kann man mit der eigentlichen Programmierung beginnen. Dazu benötigt man noch den *ISP-Dongle* (oder *Programmieradapter*).

3.5 ISP-Dongle

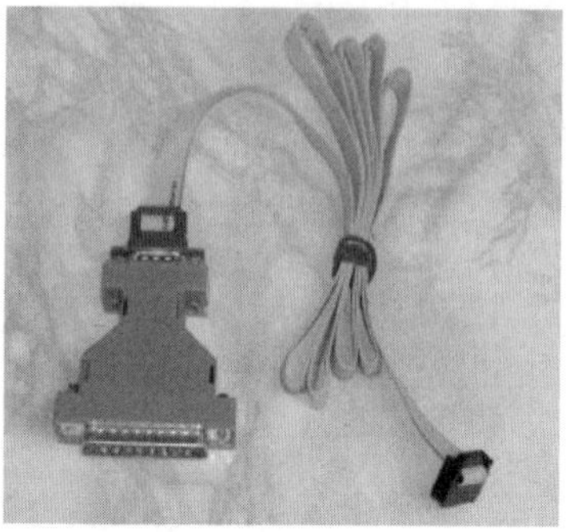

Abb. 3.6: Ein fertiger ISP-Dongle von Robotik-Hardware
Quelle: Robotik-Hardware

Der ISP-Dongle ist das Programmierzwischenstück zwischen PC und AVR. Man kann ihn kaufen oder auch selbst bauen. Ein *Dongle* besteht im einfachsten Fall aus einem D-SUB25-Stecker für die parallele Schnittstelle und ein paar Widerständen. Bei der besseren Lösung ist anstatt der Widerstände ein Bus-Treiber 74HC244 enthalten. Da der Parallelport selbst keinen Schutz gegen Kurzschluss enthält, sollte man immer die Methode mit dem Bus-Treiber wählen, da dieser den wertvollen Parallelport vor Zerstörung schützt.

Viele Notebooks und Home-PCs besitzen keinen Parallelport mehr, sondern nur noch USB-Anschlüsse. In einen Desktop-PC kann man eine PCI-Steckkarte für den Parallelport nachrüsten, beim Notebook jedoch nicht. Dafür gibt es aber mit dem *USB-ISP-Dongle* bereits eine Lösung. Die Aufgabe dieses Dongles ist die gleiche wie die des parallelen, nur dass dieser direkt am USB-Port des Rechners betrieben wird.

Abb. 3.7: USB-ISP-Programmierkabel von Robotik-Hardware
Quelle: Robotik-Hardware

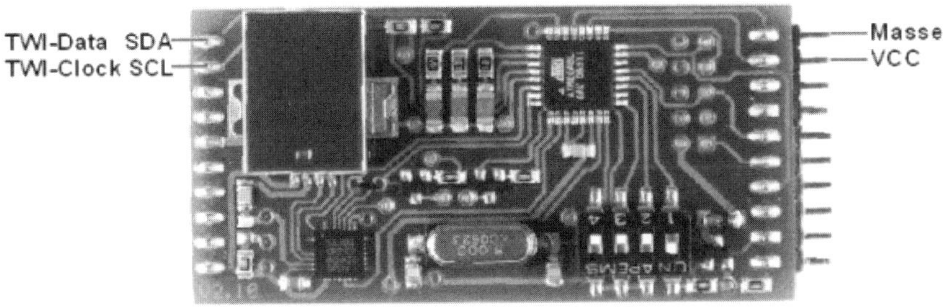

Abb. 3.8: USB-ISP-Multifunkions-Programmieradapter von der Firma MyAVR

Beide Programmieradapter leisten hervorragende Arbeit. Der MySmart-USB-Dongle von MyAVR ist zusätzlich mit I²C-Bus und RS232 ausgestattet und dadurch ein multifunktionales Werkzeug für die Entwicklung.

Verfügen Sie jedoch über Zeit und eine Bastelkiste, in der sich das ein oder andere Bauteil befindet, können Sie sich einen eigenen Programmieradapter bauen. Der folgende Schaltplan zeigt, wie die Verdrahtung vorzunehmen ist.

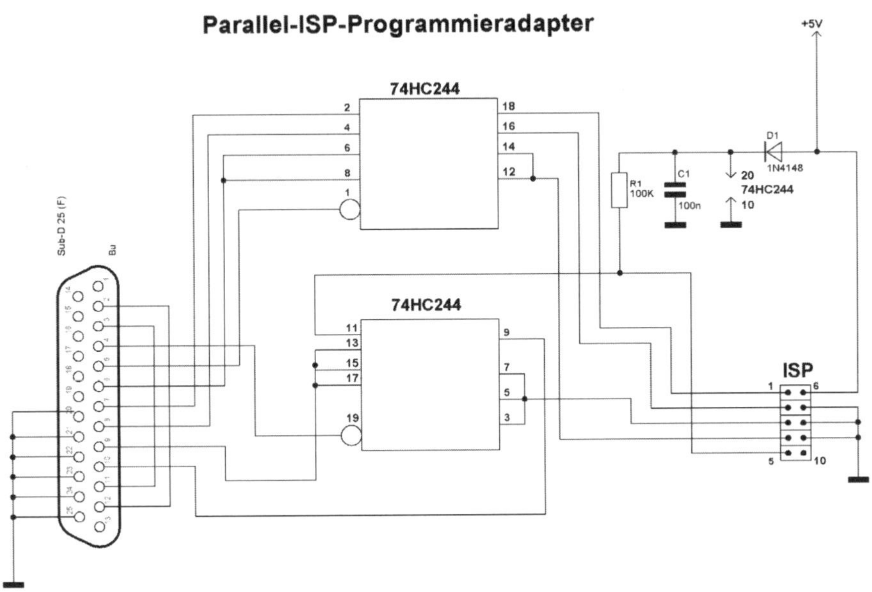

Abb. 3.9: Der Schaltplan zum Parallel-ISP-Programmer

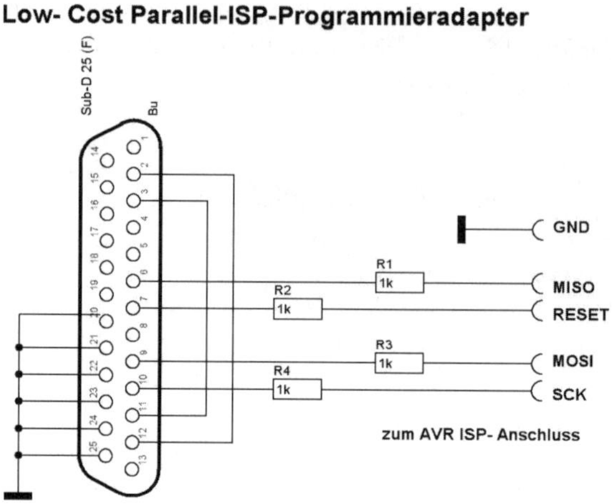

Abb. 3.10: Wie man sieht: einfach, aber dafür kritisch im Betrieb!

Nun liegt fast alles vor, was benötigt wird, um das erste Programm auf einen Atmel-AVR zu schreiben: ein Controller-Board und ein Programmierkabel. Lediglich der Compiler fehlt noch.

3.6 Der Basic-Compiler Bascom

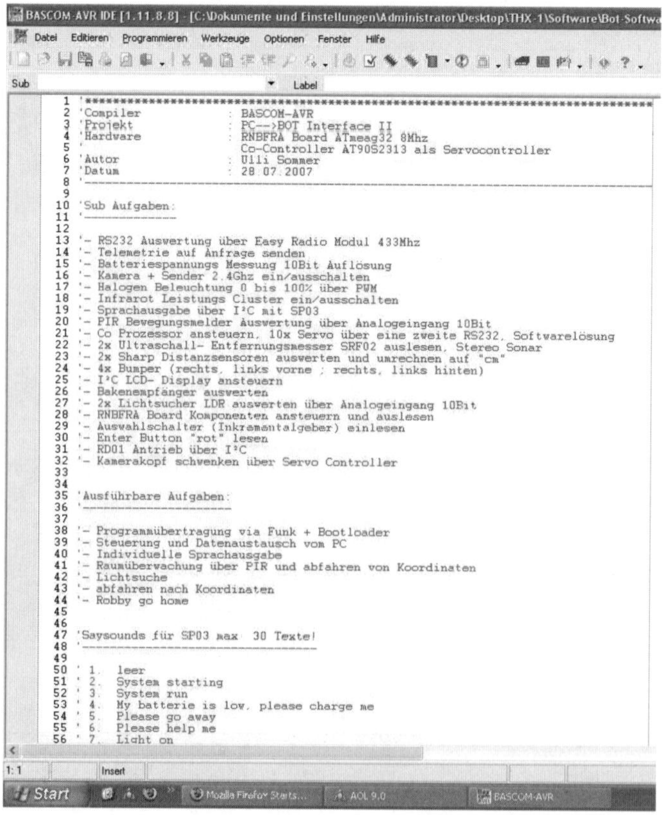

Abb. 3.11: Die Bascom-IDE

Beim Start des Bascom-Compilers sieht man sofort den Programmeditor vor sich. Gehen Sie in der oberen Leiste auf *File* und dann *New* – nun öffnet sich ein neues leeres Blatt, in das man den Programm-Code schreiben kann.

Programmstruktur
Der Aufbau des Programms sollte immer folgendermaßen aussehen:

1. Deklaration und Initialisierung
2. Ports konfigurieren
3. Variable anlegen
4. Subs und Funktionen deklarieren
5. Ports und Variable auf gewünschte Startzustände setzen
6. Eigene Startroutinen
7. Start des Hauptprogramms
8. Sub-Funktionen und Routinen

```
'Deklarationen und Initialisationen
$CRYSTAL = 4000000
Config Portc = Output
Config Portb = Input
Config ....

DIM VariableA as byte
DIM VariableB as integer
     ....

'Hauptprogramm ist oft eine Endlosschleife
DO
     ......
     ......
LOOP
END
```

3.7 Das erste Programm

Fangen Sie klein an und lassen nur mal eine LED blinken. Dazu schließen Sie eine LED über einen 470-Ohm-Widerstand an einen I/O-Port des Controllers an. Benutzen Sie einen freien Port, also keinen, den die ISP-Leitung bereits verwendet. Das andere Ende der Leuchtdiode *Kathode* liegt auf Masse.

Je nachdem, welchen Controller und Quarz Sie nun verwenden, müssen Sie dies dem Bascom mitteilen, damit er richtig angesprochen wird. Damit der Quarz schwingt, müssen die Fuse-Bits richtig eingestellt werden.

```
$regfile = „m16def.dat"
$crystal = 16000000
```

Sie sehen, dass ein Mega16 verwendet wird. Bei einem Mega32 sähe das dann so aus:

```
$regfile = „m32def.dat"
$crystal = 16000000
```

Regfile ruft immer die zum Controller passende Config auf, Crystal gibt die verwendete Quarzfrequenz an.

Nun müssen Sie den Ausgang definieren:

```
Config Portc.7 = Output
Blink_LED Alias Portc.7
```

Hier ist Portc.7 verwendet und mit „= Output" wird ihm gesagt, dass er ein Ausgang ist. Mit dem Befehl „Alias“ weisen Sie ihm einen Namen zu, im gezeigten Fall „Blink_LED“. Der Port wäre somit bereit für den Einsatz.

```
Programm_Start:

      Blink_LED = 1
      Waitms 1000
      Blink_LED = 0
      Waitms 1000

Goto Programm_Start
End
```

„Programm_Start:“ ist ein Label, auf das Sie wieder mit „Goto Name des Labels“ zurückspringen können. Der Befehl „= 1“ legt den Ausgang auf +5 V und der Befehl „= 0“ wieder auf 0 V. „Waitms 1000“ sagt dem Programm, dass es hier 1.000 ms oder 1 Sekunde warten soll, bevor es fortsetzt. Sie können anstatt „Waitms 1000“ auch „Wait 1“ schreiben – beides hätte die gleiche Wirkung auf das Programm. „End“ bezeichnet das Ende des Codes.

Das erste Programm, man könnte es „Blink_LED“ nennen, ist bereits fertig. Speichern Sie es unter seinem Namen ab, damit Sie es später wieder benutzen können.

3.8 Das Programm auf den AVR übertragen und die Fuse-Bits einstellen

Nun wäre es interessant zu sehen, ob das Programm auf dem Controller auch wirklich läuft. Dazu müssen Sie es mit dem ISP-Dongle auf den AVR übertragen.

Beginnen Sie mit dem Konfigurieren des Programmierkabels in Bascom. Klicken Sie dazu auf „Options“ und wählen Sie „Programmer“. Jetzt müsste folgendes Formular zu sehen sein:

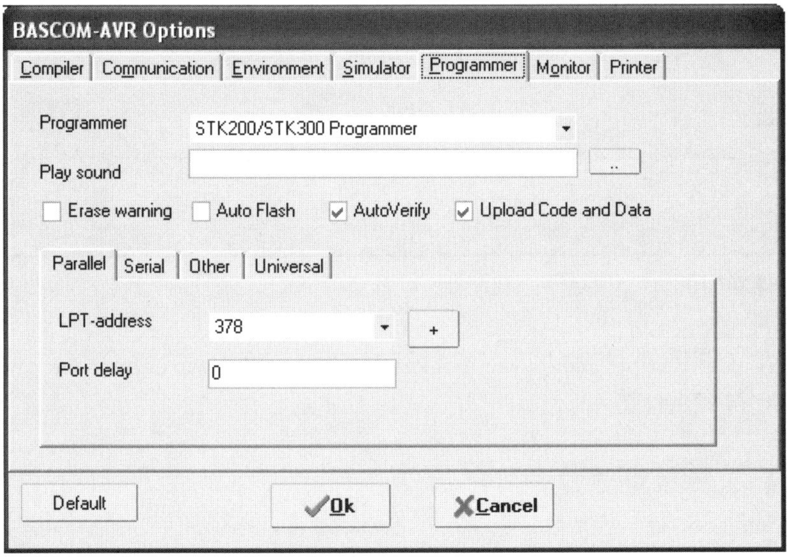

Abb. 3.12: Die Programmer-Erstellungen

Verwenden Sie den oben beschriebenen Parallel-ISP-Dongle, müssen Sie die Einstellungen vornehmen, wie sie in der Abbildung zu sehen sind. Wird ein anderes Programmierkabel verwendet, nutzen Sie dazu die Herstellerangaben. Viele Rechner sind im BIOS noch auf SPP eingestellt. Das kann Probleme bei der Übertragung geben. Stellen Sie dies also zuvor auf ECP+EPP um.

Jetzt haben Sie den Programmer eingestellt. Sie müssen nun das Programm noch kompilieren, damit der Controller es auch versteht.

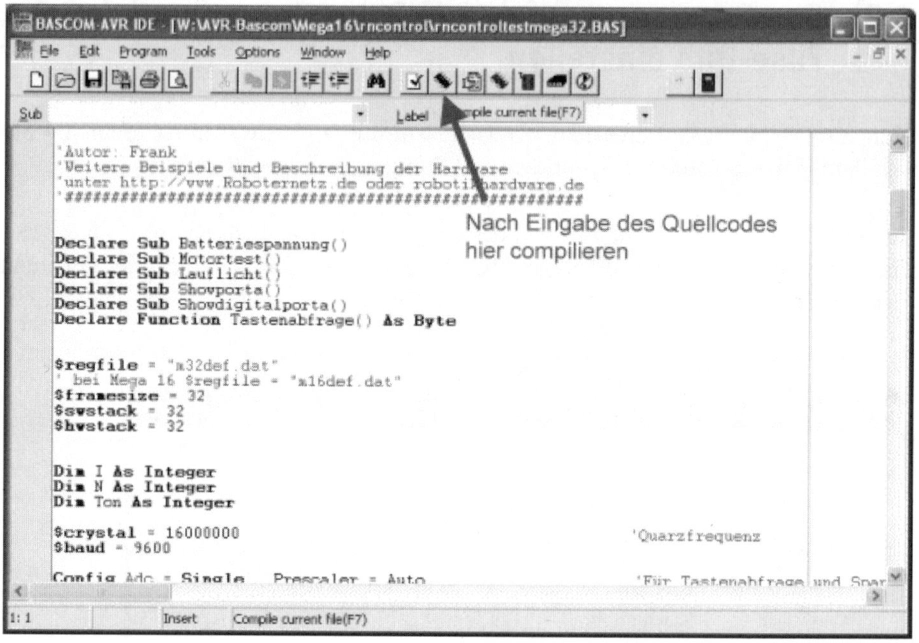

Abb. 3.13: Bascom IDE

Wenn Sie sich nicht vertippt haben, werden keine Fehlermeldungen auftauchen und folgendes Fenster erscheint:

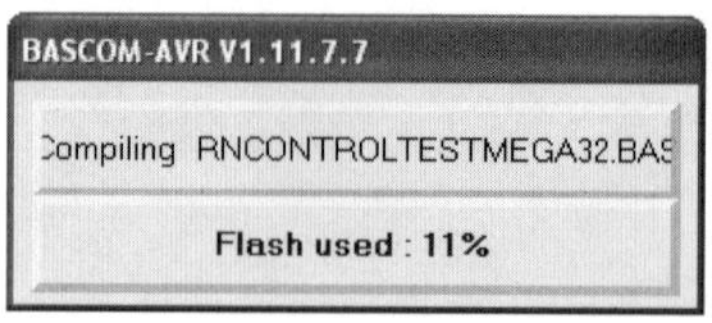

Abb. 3.14: Kompiler-Fenster, Statusanzeige beim Kompilieren

Sollte Bascom einen Fehler melden, müssen Sie den Code auf Tippfehler überprüfen.

Nach dem Kompilieren können Sie das Programm auf den Controller schreiben. Dazu klicken Sie auf *Run Programmer* und wählen *Manual Programm.*

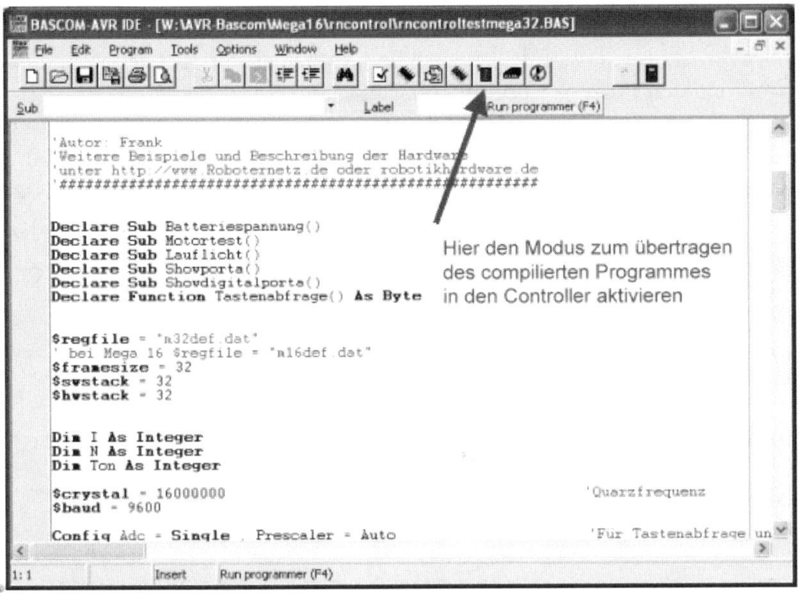

Abb. 3.15: Programmer öffnen

Nun erscheint folgendes Fenster:

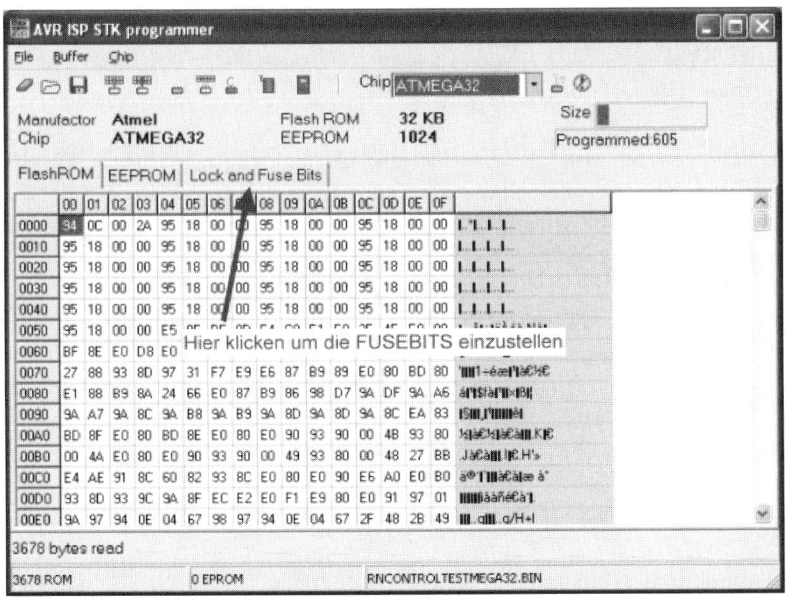

Abb. 3.16: Lock und Fuse Bits einstellen.

Die Fuse Bits einstellen

Der nächste Schritt ist, die „Fuse Bits“ einzustellen. Dabei ist Vorsicht geboten, denn mit ihnen kann man den Prozessor unbrauchbar machen.

Für die Anwendungen müssen folgende Parameter verändert werden: die Umstellung des Oszillators sowie die Deaktivierung der JTAG-Schnittstelle, um freie Ports zu schaffen.

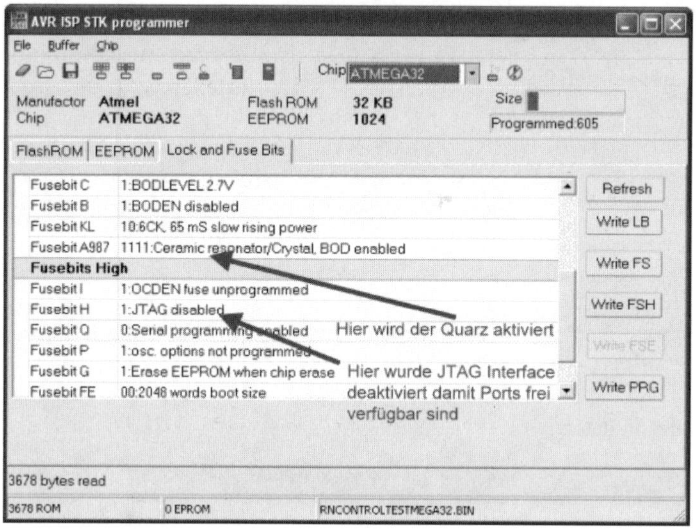

Abb. 3.17: Quarz und JTAG einstellen

Bei der aktuellen Version von Bascom ist die Oszillatorfrequenz mit „Fusebit KLA987“ bezeichnet. Mit einem Klick auf die Zeile öffnet sich eine Liste, auf der die Oszillatorfrequenz ausgewählt wird. Stellen Sie sie bei einem 16-MHz-Quarz auf „111111:“ ein und klicken Sie rechts auf *Write FS*.

Danach schalten Sie die JTAG aus und schreiben diese mit *Write FSH*. Um nachzusehen, ob alle Werte übernommen worden sind, drücken Sie *Refresh*.

Tipp: Haben Sie sich beim Oszillator vertan und will der AVR nicht mehr antworten, weil Sie zufällig *Ext. OSC* gewählt haben, brauchen Sie nur ein Signal, z. B. aus einem Funktionsgenerator an den Quarzeingängen, einzuspeisen und die „Fuse Bits“ wieder umzustellen.

Diese Schritte mit den Fuse-Bits müssen Sie nur beim ersten Mal durchführen (sowie bei allen neuen Controllern). Nach den Einstellungen müssen Sie nur noch kompilieren und das Programm übertragen.

Dazu klicken Sie auf *Run Programmer* und *Programm*.

Nun wird das Programm auf den Controller übertragen. Ist die Übertragung beendet, startet das Programm automatisch und die Leuchtdiode beginnt im Einsekundentakt zu blinken.

3.9 Input-/Output-Konfiguration und Ports setzen

Damit Bascom weiß, welchen Pin oder Port (8 Bit) Sie als Ein- oder Ausgang benutzen, müssen Sie dies dem Programm am Anfang des Codes mitteilen. Wie das auszusehen hat, zeigt folgender Code:

```
Config Portb = Output    'der ganze Port „b“ ist Ausgang

Config Portb.0 = Output  'Nur Pin „b.0“ ist Ausgang

Config portb = Input     'Port „b“ ist nun Eingang

Config pinb0 = Input     'jetzt schreiben Sie „pinx.x“ nur „b.0“
                         'ist Eingang

Config portb = &B0001111 'so geht es am schnellsten mit der Port-
                         'Config
```

oder

```
DDRB = &B0001111
```

DDR steht für „Data direction Register“

0 = Eingang
1 = Ausgang

Zum Portsetzen müssen Sie Folgendes tun:

```
Set Portb   'setzt den ganzen Port auf +5 V

Reset Portb 'legt den Port „b“ wieder auf 0 V
```

Sie können den Ausgang aber auch so setzen:

```
Portb = 1 'setzt den Port auf +5 V

Portb = 0 'legt den Port „b“ auf 0 V
```

Bei einem einzelnen Port:

```
Portb.0 = 1 'nur der Pin „b.0“ wird auf +5 V gesetzt

Portb.0 = 0 'und wieder 0 V, also Low
```

Beim Einlesen des Portb.0 schreiben Sie „pin“, z. B.:

```
If pinb.0 = 1 then 'hier der Code, der ausgeführt werden soll, wenn
                   'pinb.0 auf High liegt
```

3.10 Interne PullUp-Widerstände benutzen

Viele AVRs besitzen interne PullUp-Widerstände, die man zur Kosten- und Zeitersparnis einsetzen sollte. Welche Ports es bei welchen AVRs genau sind, entnimmt man dem Datenblatt des Controllers.

```
Config porta.7 = input 'Porta.7 ist Eingang
Porta.7 = 1 'der Interne PullUp-Widerstand wurde aktiviert
```

Dieser Code wird in die Gruppe *Initialisierung* des AVR integriert.

3.11 Timer als Zeitgeber verwenden

Timer werden bei der Programmierung oft benötigt. Man braucht sie als interne Uhr, um einen bestimmten Code in vorgegebenem Abstand auszuführen. Das nennt man auch *Timer-Service-Routine.*

Prescaler	**1**	**8**	**64**	**256**	**1.024**
Auflösung in µs (T_{CLK})	0,25	2	16	64	256
Tmax Timer0 (8 bit)	64µs	512µs	4.096µs	16.384µs	65.536µs
Tmax Timer1 (16 bit)	16,384ms	131,072ms	1,048s	4,194s	16,777s

Die Angaben in der Tabelle beziehen sich auf einen Quarztakt von 4 Mhz.

Innerhalb der Timerservice-Routine wird der Timer mit einem Preload-Wert geladen und zählt dann bis zum Überlauf:

$$T = Tmax - Preload \times T_{CLK}$$

Das Laden des Timers muss in der Interrupt-Service-Routine (ISR) geschehen, da der Timer sofort mit dem Zählen beginnen muss.

Berücksichtigen Sie, dass das Sichern der Register beim Aufruf der Timer-Routine Zeit benötigt.
Gesichert werden die Register R0 bis R31 (je 1 x PUSH und 1 x POP), also 32 x 2 = 64 Zyklen, d. h., 64 x 0.25 µs = 16 µs bei einem 4-MHz-Quarz.

Folgendermaßen muss es in Bascom aussehen:

```
'Timer.bas
'8-bit-Timer als Rechteckgenerator
'mit Voreinstellung

$crystal = 4000000

Config Portb = Output

On Timer0 Timer0serv       'gemessen: 56 us statt 40 us
'On Timer0 Timer0serv No save
' gemessen: 42 us statt 40 us

Config Timer0 = Timer , Prescale = 8  'Timer-CLK = 500 kHz -> TCLK
                                      '= 2 us
Enable Timer0
Enable Interrupts

Dim X As Bit
Dim Preload As Byte

Preload = 236'256-236=20 Takte=20*2 us=40 us
Timer0 = Preload

'-----------------
Do
    'In unserem Beispiel braucht man zu Veranschaulichung nur eine
    'Endlosschleife
Loop
'-----------------
Timer0serv:
'20*2 us=40 us
 Timer0 = Preload
 X = Not X
 Portb.0 = X
Return
```

3.12 Der Timer als Counter

Wenn Sie eine Frequenz messen wollen, benötigen Sie einen Zähler, der in einer bestimmten Zeit (Gate-Time) die eingehenden Impulse zählt. Das ist besonders bei der Drehzahlermittlung der Antriebsräder im Roboterbereich interessant, denn um einen Gleichlauf beider Räder zu realisieren müssen Sie zuvor genau wissen, wie schnell die einzelnen Räder drehen. Dann erst können Sie entscheiden, ob ein Rad bremsen oder beschleunigen soll.

```
'TimerCounter.bas
$regfile = „m32def.dat"
$framesize = 32
$swstack = 32
$hwstack = 32

$crystal = 16000000          'Quarzfrequenz
$baud = 9600

Config Int0 = Falling

Config Timer1 = Timer, Prescale = 256
Const Timervorgabe = 3036
Const Markierungenproscheibe = 120
Dim Zaehlerirq0 As Long
Dim Impulseprosekunde As Long
Dim Impulseprominute As Long
Dim Umdrehungenprominute As Integer

Print
Print „* RN-CONTROL 1.4 *"
Print „Drehzahl Messung"; „"

Zaehlerirq0 = 0
On Int0 Irq0
Enable Int0

On Timer1 Timer_irq
Enable Timer1
Enable Interrupts

Do
 Print
 Print „Impulse Sek: „; Impulseprosekunde
 Impulseprominute = Impulseprosekunde * 60
 Umdrehungenprominute = Impulseprominute / Markierungenproscheibe
 Print „Umdreh. Min: „; Umdrehungenprominute
 Wait 3
Loop
```

```
End

'Pro Impuls (Markierung auf Scheibe) ein Aufruf
Irq0:
 Incr Zaehlerirq0
Return

'Pro Sekunde ein Aufruf
Timer_irq:
 Timer1 = Timervorgabe
 Impulseprosekunde = Zaehlerirq0
 Zaehlerirq0 = 0
Return
```

3.13 Analog-Digital-Wandler „ADC“

Damit Sie analoge Spannungen messen können, besitzen manche AVRs wie z. B. Mega8, Mega16, Meag32 und Mega128 interne Analog-Digital-Wandler (ADC = Analog-Digital-Converter). Die meisten neueren Typen, wie die oben bereits erwähnten, besitzen einen ADC mit 10 Bit Auflösung. Ein „Step“, also eine konvertierte Zahl – z. B. 1 – hat demnach einen analogen Spannungswert von 10 Bit und einer Referenzspannung von 5 Volt von gerundet 0,005 Volt = 5 mV.

Das kann man mit folgender einfachen Formel leicht selbst nachrechnen:

```
Ustep = Uref / Auflösung

Ustep = 5 V / 1.024
Ustep = 0,005 V
```

Wollen Sie den digitalen angezeigten Wert wissen, benutzen Sie einfach folgende Formel:

x anliegende Spannung (ADC.Anzeigewert) (Step) = Uref

Anzeigewert (Step) = (1.024 x anliegende Spannung „ADC“) / Uref

Um den ADC im AVR benutzen zu können, konfigurieren Sie ihn mit folgendem Code:

```
Config Adc = Single , Prescaler = Auto , Reference = Internal
Start Adc
```

Es sind noch diverse kleine Einstellungen möglich, so z. B. die Verwendung einer externen Referenzspannung. Wer daran interessiert ist, kann nähere Informationen in der Bascom-Hilfe finden. Für unsere Anwendungen reichen die genannten Einstellungen aber erstmal aus.

Zum Abschluss noch eine kleine Routine zur Spannungsmessung:

```
'Spannung.bas
$regfile = „m32def.dat"
$crystal = 16000000

Config Adc = Single , Prescaler = Auto , Reference = Internal
Start Adc

Declare Sub _betriebsspannung().
Const Ref = 5 / 1023
Dim Volt As Single
Dim Betriebsspannung As Single

Main:
Do

      Call _betriebsspannung()    'Routine aufrufen
      Print volt ; „Volt”         'Spannung über RS232 ausgeben
      Waitms 500                  '500 ms warten

Loop            'Endlosschleife
End

Sub _betriebsspannung().

 Local W As Word
 W = Getadc(6.
 Betriebsspannung = W * Ref
 Betriebsspannung = Betriebsspannung * 5.2941
 Volt = Betriebsspannung

End Sub
```

3.14 Tasten-Entprellung

Tasterprellen ist auf den mechanischen Aufbau des Tasters zurückzuführen. Wann immer Sie einen Taster drücken oder loslassen, wird das Signal nicht sofort auf Low oder High gehen, sondern es entstehen kleine Spikes. Beim Schalten einer Glühlampe sieht man das nicht, da die Spikes zu kurz sind. Unser Controller jedoch ist so schnell, dass es aussieht, als ob ganz schnell ein- und ausgeschaltet würde. Um einen definierten Zustand zu ermitteln, müssen Sie den Taster „entprellen“.

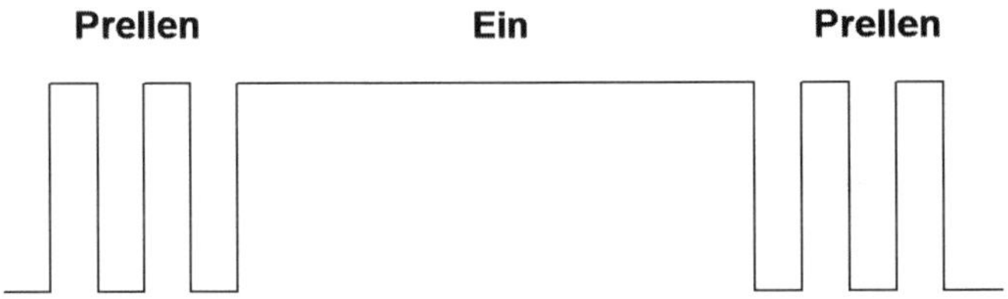

Abb. 3.18: Veranschaulichung des Tastenprellens

Das kann man sehr einfach lösen, indem man den Zustand zweimal mit einer kleinen Pause abfragt.

```
If Taster = 1 then          'erste Abfrage
 Waitms 20                  'kurze Pause
  If Taster = 1 then        'zweite Abfrage
  'Programm-Code, der ausgeführt werden soll
 End if
End if
```

3.15 Externe Interrupts

Externe Interrupts sind Eingänge, die bei einem Zustandswechsel von High auf Low oder umgekehrt, je nach Deklaration, in eine zuvor definierte Service-Routine springen. Dabei wird das Hauptprogramm verlassen und die ISR abgearbeitet. Danach geht's im Hauptprogramm an der Stelle weiter, an der sie verlassen worden ist. Diese Routine nennt man *Interrupt-Service-Routine* oder einfach ISR.

Pins für externe Interrupts (je nach Chip unterschiedlich):

INT0	PortD.2
INT1	PortD.3

Konfigurationsmöglichkeiten:

```
Config Intx = Rising/Falling/Low Level

'Ext Interrupt.bas
'Bei jeder steigenden Flanke an INT0 (PortD.2) soll PortB.7 = 1
'geschaltet werden, bei jeder fallenden Flanke an INT1 (PortD.3)
'soll PortB.7            = 0 werden
```

```
Config Pinb.7 = Output
Config Pind.2 = Input
Config Pind.3 = Input
Portd.2 = 1          'PullUp-Widerstände ein
Portd.3 = 1          'PullUp-Widerstände ein

On Int0 Int0serv
On Int1 Int1serv

Config Int0 = Rising
Config Int1 = Falling
Enable Int0
Enable Int1
Enable Interrupts

'-------------------
Do
       'Hauptprogramm: Endlosschleife, die durch den ext. Interrupt
       'unterbrochen wird
Loop
'--------------------

Int0serv:
 Portb.7 = 1
Return

Int1serv:
 Portb.7 = 0
Return
```

3.16 Die UART-Schnittstelle „RS232"

Nun zum berühmten „Hallo-Welt"-Programm. Dazu nutzen Sie die serielle Schnittstelle des AVR. Um diese mit dem PC zu verbinden, benötigen Sie noch einen Schnittstellenwandler mit einem Maxim-IC „MAX232". Dieser setzt die ±12 V der seriellen PC-Schnittstelle auf die 5 Volt des Controllers um und invertiert zugleich das Signal.

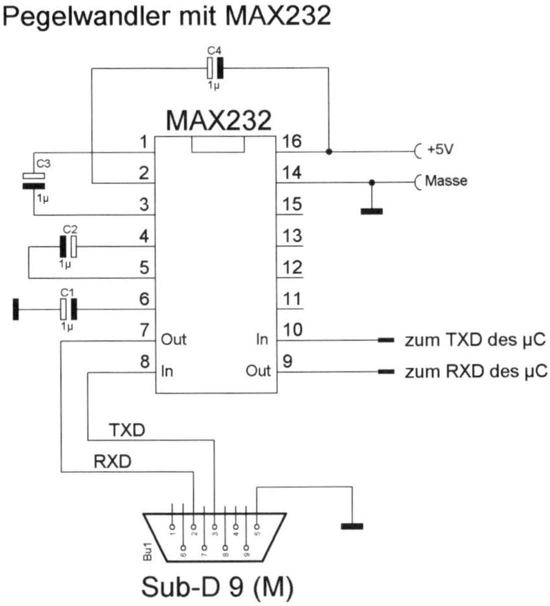

Abb. 3.19: Pegelwandler mit MAX 232

Tipp: Haben Sie den Wandler aufgebaut, können Sie ihn durch Brücken der Pins 9 und 10 erstmal alleine testen, um Fehler auszuschließen. Dazu starten Sie ein Terminal-Programm wie *Hyperterminal* von Windows oder das im Bascom enthaltene Terminal-Programm und tippen ein paar Buchstaben. Erscheint auf dem Bildschirm das Echo der Zeichen, funktioniert der Wandler.

Für das „Hallo-Welt"-Programm müssen Sie diesmal noch die Schnittstelle konfigurieren. Dies geschieht mit den Befehl „$baud ="

```
'HalloWelt.bas
$regfile = „m32def.dat"
$crystal = 16000000
$baud = 9600
```

Hier wurde die Schnittstelle auf 9.600 Baud eingestellt. Welche Einstellungen möglich sind, finden Sie in der Bascom-Hilfe.

```
Enable Interrupts

Programm_Start:

      Print „Hallo Welt"
      Wait 1
```

```
Goto Programm_Start
End
```

Mit den Befehl *Print* können Sie den Text über die UART ausgeben.

Nachdem Sie das Programm übertragen haben, starten Sie das Terminal-Programm und stellen es auf die gewünschte Baudrate, hier 9.600, 8, N 1, ein. Nun sollte im Sekundentakt „Hallo Welt" auf unserem Bildschirm erscheinen.

3.17 Input, Input ...

Wenn Sie Befehle oder Eingaben abfragen wollen, hilft der Befehl *Input* weiter. Er wartet auf die Eingabe von Zeichen mit abschließendem carriage return (Enter). Der *Print*-Befehl wird z. B. immer mit einen carriage return am Schluss ausgeführt. Der *Input*-Befehl übergibt die Zeichen einer zuvor deklarierten Variablen.

```
Dim name as String * 15  'Länge der maximal eingebbaren Zeichen

Input „Enter your name „ , name ' Namen über Terminal eingeben
Print „Hello „ ; name           'gibt den Eingegebenen Namen am
                                'Terminal aus
```

Je nachdem, welche Variable Sie anlegen, können Sie Zahlen oder ASCII-Zeichen eingeben. Wollen Sie nur Zahlen berechnen, reicht eine Byte-, Word- oder Single-Variable aus.

3.18 Ein Funkmodul an der UART-Schnittstelle

Abb. 20: Easy-Radio Funkmodul ER400TRS

Bis jetzt haben Sie die seriellen Daten über ein Kabel zum PC ausgetauscht. Da Sie den Roboter nicht immer mit einem Kabel umherfahren lassen wollen, benötigen Sie noch eine Funkübertragung. Es gibt diverse Module auf dem Markt. Ein sehr gutes, preiswertes und besonders kompaktes ist das Funkmodul „Easy-Radio". Es kann einfach an eine RS232-Schnittstelle am PC oder Controller betrieben werden. Eine herkömmliche RS232-Kabelverbindung kann durch diese Module also sehr leicht per Funk realisiert werden.

Der Hersteller verspricht die Übertragung digitaler Daten bis zu einer Entfernung von 250 m bei Sichtverbindung. Frequenz, Datenrate und Sendeleistung können vom Benutzer über einfache Befehle programmiert werden, eine Konfigurationssoftware liegt der Buch-CD bei.

Die Module arbeiten im europäischen 434-433-MHz-Frequenzband. Sie benötigen eine saubere 5-Volt-Versorgungsspannung und sind im platzsparenden Single-In-Line(SIL)-Gehäuse untergebracht.

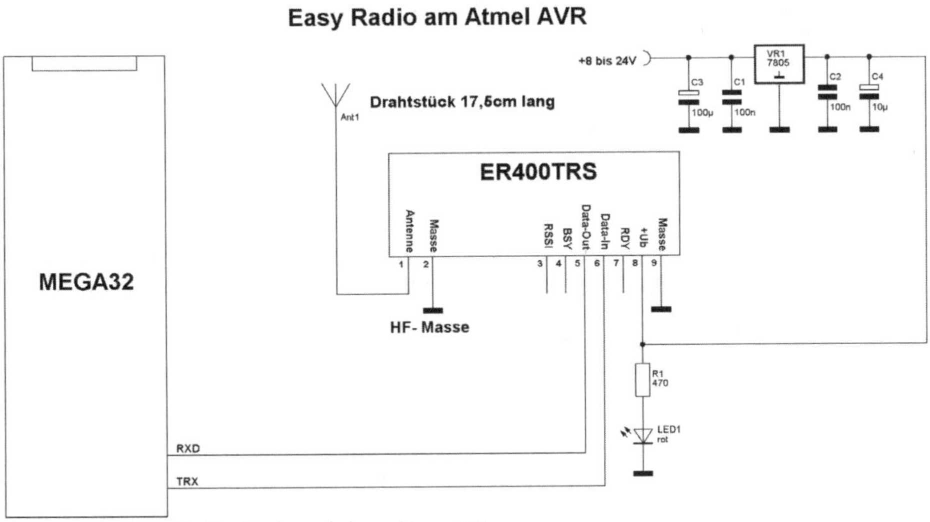

Abb. 3.21: Easy-Radio-Funkmodul am Mega 32

Als Gegenstück am PC verwenden Sie am besten den RF04-400. Er besitzt zum Easy-Radio-Modul noch einen USB-zu-RS232-Wandler, der direkt am USB-Port des Rechners angeschlossen wird.

Abb. 3.22: RF04-400 von Devantech

Nach dem fertigen Anschluss und der Konfiguration kann die Schnittstelle wie mit einer Kabelverbindung betrieben werden. Zu beachten ist der interne Buffer des Easy-Radio-Moduls. Er ist begrenzt. Ist die Stringlänge größer als der Buffer, führt dies zu Verlust der Daten auf der Übermittlungsstrecke. Die Daten werden sozusagen „auseinandergerissen“. Um dies zu vermeiden, muss man warten, bis die Zeichen gesendet worden sind und erst dann den nächsten String übertragen.

```
Print „blablabla“
Waitms 50
Print „BLABLABLA“
Waitms 50
Usw.
```

3.19 Der I^2C-Bus

Der I^2C-Bus (*Inter Integrated Circuit*) ist ein serieller synchroner Zweidraht-Bus, der in den 80er Jahren von Philips für die interne Verbindung zwischen Baugruppen und ICs entwickelt worden ist. Trotz seines hohen Alters hat er bis heute nicht an Bedeutung verloren. Ganz im Gegenteil: Er wird gerne überall dort eingesetzt, wo an Leiterbahnen und Verdrahtung gespart werden muss – sei es aus Kostengründen oder aus Platzmangel. Auch Sensoren und Porterweiterungen wie der PCF8574P und seine Artgenossen sind ideal, um mehrere I/O-Ports mit wenig Schaltungsaufwand zu gewinnen. Mithilfe neuer Expansions- und Steuerungsbauelemente kann der I^2C-Bus inzwischen über die 400-pF-Grenze (ca. 20 bis 30 ICs pro Bus-Segment) hinaus erweitert werden. Dadurch können Entwickler mehr Chips und sogar mehrere identische ICs mit derselben Adresse anschließen und flexibel auf die steigende Zahl von I^2C-Bauelementen reagieren.

Ein großer Vorteil des I^2C-Busses ist auch die einfache Ansteuerung. Da keine festen Taktzeiten eingehalten werden müssen, können sowohl langsame als auch sehr schnelle Busteilnehmer, Chips und Programmiersprachen eingesetzt werden.

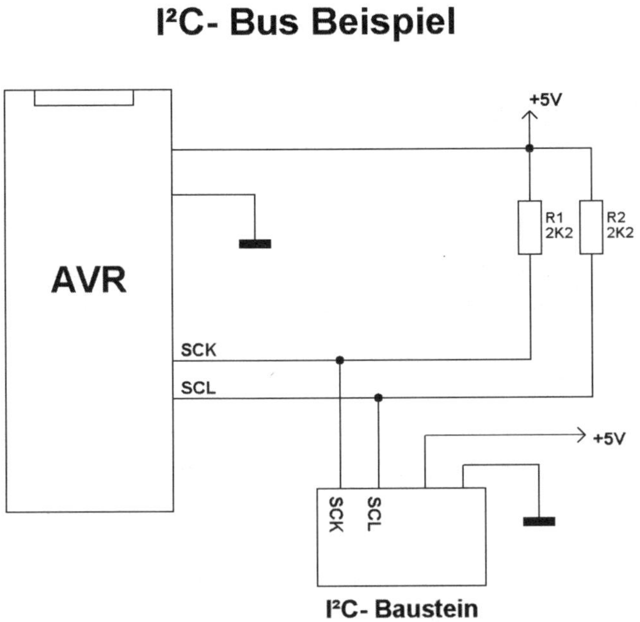

Abb. 3.23: I²C-Bus-Teilnehmer am AVR

Sie sehen, dass der Bus immer auf +5 V liegen muss. Dies wird durch R1 und R2 gewährleistet. Die Widerstände können zwischen 1 und 10 K liegen. Das Beispiel im Bild zeigt nur einen Busteilnehmer, es können aber natürlich mehrere Bausteine parallel an den Bus angeschlossen werden. Jeder dieser Bausteine erhält eine Adresse, um ihn zu identifizieren.

Bitübertragung

Um ein Bit als gültig zu werten, muss SCL *high* sein. SDA darf sich währenddessen nicht ändern (es sei denn, es handelt sich um die Start- oder Stoppbedingung – doch dazu später mehr). Um beispielsweise eine 1 zu übertragen, müssen SDA sowie SCL *high* sein. Für eine 0, muss SDA *low* sein, SCL jedoch *high*.

Startbedingung

Um die angeschlossenen ICs zu informieren, dass eine Datenübertragung beginnt, muss eine Startbedingung erzeugt werden. Vorher kann keine Datenübertragung erfolgen. Eine Startbedingung wird erzeugt, indem, während SCL *high* ist, SDA von *high* auf *low* wechselt.

Stoppbedingung

Die Stoppbedingung funktioniert genau anders herum: SCL muss *high* sein und während dieser Phase wechselt SDA von *low* auf *high*. Die Stoppbedingung beendet eine Datenübertragung. So kann der Master signalisieren, dass er keine weiteren Daten empfangen oder senden möchte.

Byte-Übertragung

Wenn ein Byte verschickt werden soll, wird zuerst das höchstwertige Bit verschickt. Dann folgen die anderen, absteigend bis zum niedriegstwertigen.

Bestätigung (Acknowledgment)

Der Empfänger quittiert den Erhalt der Daten mit einer Bestätigung (oder auch *Acknowledgment*). Nach acht Datenbits – und folglich auch acht Taktimpulsen – wird eine Bestätigung erzeugt.

Adressierung

Das erste Byte nach der Startbedingung, das der Master verschickt, ist die Adresse des Slaves, den er ansprechen möchte.

7-Bit-Adressierung

Die 7-Bit-Adressierung ist die erste Adressierungsform des I2C-Busses und ermöglicht bis zu 128 (27) Geräte an einem Bus. Dies ist auch der am weitesten verbreitete Standard.

Bascom Code:

```
i2cinit
i2cstart
i2cwbyte(slaveid) 'Adresse des Chips z. B. &H40 ohne Klammern.
i2cwbyte(wert)    'zu schreibende Byte, wird auch ohne Klammern
                  'angegeben
i2cstop
```

Schreiben Sie hier ein Byte an die gewünschte Adresse. Das Lesen eines Bytes sieht dann folgendermaßen aus:

```
i2cinit
i2cstart
i2cwbyte(slaveid)
i2crbyte(wert),Nack
i2cstop
```

3.20 Ein LCD-Display am AVR

Abb. 24: LCD-Modul 16 x 4 von Conrad Electronic, Bestellnummer 184691

Bei vielen Anwendungen wird ein Display benötigt, um z. B. die Messwerte vor Ort auszugeben. Bei den hier besprochenen Robotern benötigt man des Öfteren Menüs oder will einfach nur sehen, was die Sensoren für Werte besitzen. Dazu ist ein LCD-Modul genau das Richtige.

Der Anschluss an den AVR ist wie in dem gezeigten Schaltbild vorzunehmen.

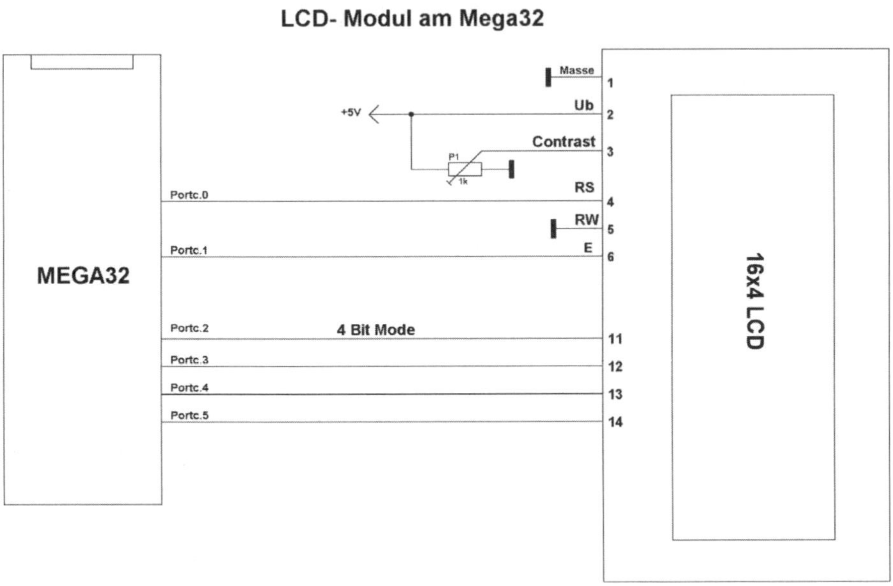

Abb. 3.25: LCD am Mega32 im 4 Bit Mode

```
Bascom-Code:
'LCD-Test.bas
$regfile = „m32def.dat"
$crystal = 16000000
$baud = 9600

Config Lcdpin = Pin , Rs = Portc.0 , E = Portc.1 , Db4 = Portc.2 ,
       Db5 = Portc.3 , Db6 = Portc.4 , Db7 = Portc.5
Config Lcd = 16 * 4
Initlcd
Cursor Off
Cls

Enable Interrupts

Locate 1 , 1
Lcd „ 16x4 LCD Display „
Locate 2 , 1
Lcd „------------------"

End
```

Man muss Bascom Bescheid geben, an welchen Pins das Display angeschlossen ist. Im gezeigten Fall ist das LCD an Port c angeschlossen. Natürlich kann man auch andere Pins benutzen und es muss auch nicht immer der gleiche Port sein. Ein paar Pins können auch an Port a oder b angeschlossen werden und der Rest weiterhin an Port c. Man muss es nur in die Config schreiben, damit Bascom beim Kompilieren Bescheid weiß.

Danach legt man noch fest, was für ein LCD es ist (z. B. 16 x 1, 16 x 2 usw.). Jetzt wird das Display initialisiert, der Cursor ausgeschaltet und die Anzeige gelöscht.

Mit Locate x, y gibt man die Position des Textes oder des Messwerts an. LCD „xyz" gibt den gewünschten Text aus. Will man Variablen anzeigen, lässt man einfach die Anführungszeichen weg und schreibt den Namen der Variablen (z. B. LCD „Messwert:"; Akkuspannung).

3.21 Taster oder Schalter am AVR

Damit man ein Menü gestalten, über einen Schalter eine Aktion ausführen lassen (z. B. Leuchtdiode ein-/ausschalten) oder am Roboter die Bumper abfragen kann, muss man den Taster oder Schalter richtig am Controller anschließen und konfigurieren.

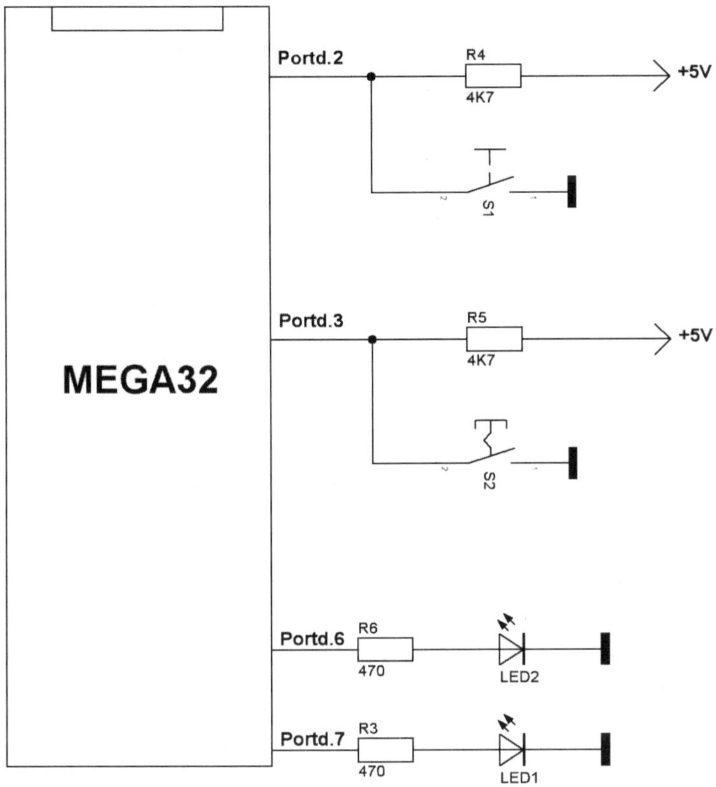

Abb. 3.26: Taster und Schalter am AVR

Die Eingänge sind über PullUp-Widerstände auf +5 V gelegt und besitzen den logischen Zustand ohne Tasterbetätigung von 1 (high). Drückt man nun den Schalter oder Taster, geht dieser auf Masse und somit auf 0. Man kann die Widerstände auch weglassen und die internen PullUp-Widerstände benutzen – der Effekt ist der gleiche. Wie man das auswerten muss, sehen Sie hier:

Bascom-Code:

```
'TasterSchalter.bas
$regfile = „m32def.dat"
$crystal = 16000000
$baud = 9600
```

```
Config Pind.2 = Input
Config Pind.3 = Input
Taster Alias Pind.2
Schalter Alias Pind.3

Config Portd.7 = Output
LED_1 Alias Portd.7

Config Portd.6 = Output
LED_2 Alias Portd.6

Start:
Do
     If Taster = 0 then LED_1 = 1 else LED_1 = 0
     If Schalter = 0 then
   Toggle LED_2
     Waitms 500
  End if
Loop
End
```

Bei der Konfiguration der Eingänge muss man anstatt „Portd.2“ „Pind.2“ schreiben. Die Bezeichnung für „Eingang“ ist *Pin*, der „Ausgang“ nennt sich *Port*.

Ist nun der Taster gedrückt, hat man am Eingang „0“ und schaltet damit die LED ein. Lässt man den Schalter wieder los, teilt man mit „else“ (oder) mit, dass die LED wieder ausschalten soll. Beim Drücken des Schalters hat man die gleiche Situation: Hier lässt man mit den Befehl *Toggle* eine LED blinken.

3.22 Das Relais am AVR

In den Beispielen wurden hauptsächlich LEDs angesteuert, um die Funktion zu überprüfen. Nun sollten Sie aber etwas schalten, z. B. eine Lampe oder einen Motor. Da der I/O-Port nur maximal 20 mA Strom liefert und deshalb ein Relais nicht direkt angeschlossen werden kann, muss man einen Verstärker vorschalten. Diese Aufgabe übernimmt ein kleiner NPN-Transistor (BC547B). Dieser wird vom Controller mit +5 V an der Basis angesteuert und schaltet die Relaisspule, die auf einer Seite an +12 V liegt, gegen Masse durch. Das Relais zieht an. Die Diode 1N4148 sorgt dafür, dass der Transistor nicht durch die Induktionsspannung der Relaisspule zerstört wird.

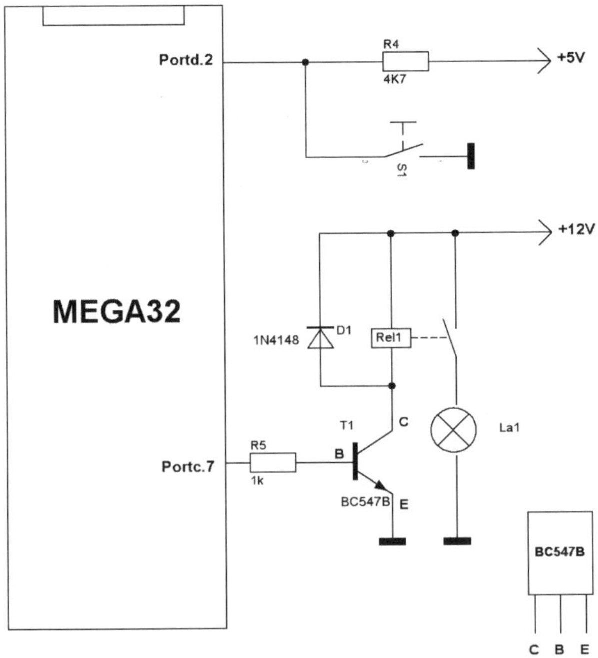

Abb. 3.27: Taster und Relais am AVR

Bascom-Code:

```
'Relais.bas
$regfile = „m32def.dat"
$crystal = 16000000
$baud = 9600

Config Pind.2 = Input
Taster Alias Pind.2

Config Portc.7 = Output
Relais_1 Alias Portc.7

Start:

Do

 If Taster = 0 then Relais_1 = 1 else Relais_1 = 0

Loop
End
```

Spielt man den obigen Bascom-Code ein, zieht das Relais beim Drücken des Tasters an und fällt wieder ab, sobald man den Taster loslässt.

3.23 Der Lautsprecher am AVR: Jetzt gibt's Töne!

Der Controller ist auch „musikalisch“. Verbinden Sie einmal einen Lautsprecher – besser noch einen Mikro-Lautsprecher oder Piezo-Schallwandler – mit ihm.

Abb. 3.28: Piezo-Schallwandler

Man verbindet einfach den Lautsprecher gegen Masse an einen Pin, z. B. Portc.7, und spielt den Programm-Code ein – fertig!

Bascom-Code:

```
'Sound.bas
$regfile = „m32def.dat"
$crystal = 16000000
$baud = 19200

Speaker Alias Portc.7

'Befehl: Sound Port, Pulses, Periods

Wait 1

Sound Speaker , 400 , 450
Sound Speaker , 400 , 250
Sound Speaker , 400 , 450

End
```

3.24 Das I²C-LCD-Display mit PCF8574

Hin und wieder kommt es vor, dass die Pins am Controller nicht mehr ausreichen, um noch ein LCD-Display mit anzuschließen zu können. Dafür gibt es eine Lösung: das I²C-Display. Es besteht aus dem eigentlichen LCD-Display und einem I²C-Portexpander, dem PCF8574, auf den in diesem Buch noch öfter eingegangen wird. Er stellt zusätzlich 8 I/O-Aus- bzw. Eingänge über den I²C-Bus zur Verfügung.

Bascom verfügt über eine Library, um solch ein I²C-Display anzusprechen. Der Nachteil ist, dass die Übertragung etwas länger dauert als bei einem direkt am Controller angeschlossenen Display. Dies ist auch logisch, müssen die Daten zum Display ja seriell (nacheinander) übertragen werden. Trotzdem ist es oft die beste Lösung bei Port-Knappheit.

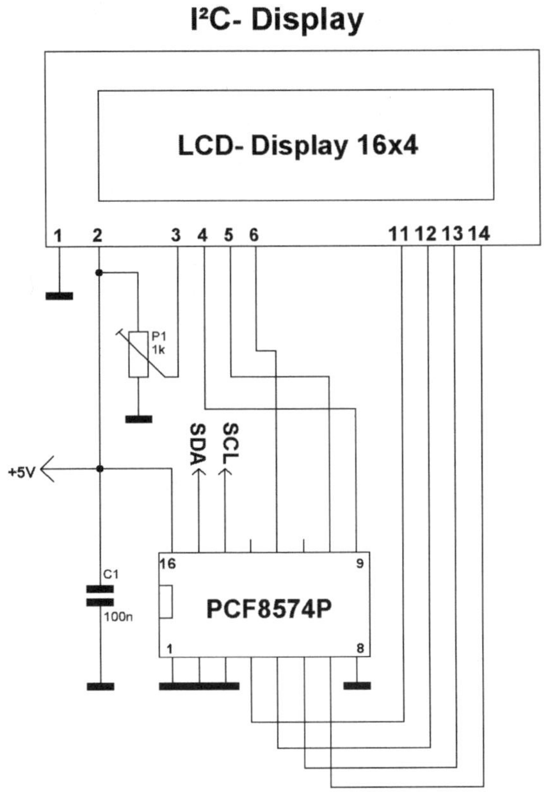

Abb. 3.29: I²C-LCD-Anzeige mit PCF8574P

Bascom-Code:

```
'I2C-LCD.bas
$regfile = „m32def.dat"
$crystal = 16000000
$baud = 19200

Config Scl = Portc.0
Config Sda = Portc.1

Const Pcf8574_lcd = &H40
$lib „Lcd_i2c.lib"
Dim _lcd_e As Byte
```

```
_lcd_e = 128
Waitms 200
Config Lcd = 16 * 4
Cls

Wait 1

Locate 1 , 1 : Lcd „Test LCD „
Locate 2 , 1 : Lcd „-----------"
Locate 3 , 1 : Lcd „ abcdefgh"
Locate 4 , 1 : Lcd „Sommer Robotics"

End
```

Hierzu benötigen Sie die I²C-Lib, die auf der Buch-CD enthalten ist (I2C_LCD.lib). Diese müssen Sie ins Bascom-Verzeichnis \Lib kopieren.

Const Pcf8574_lcd = &H40 gibt die Adresse des Displays an und muss auf die eingestellte Adresse am Chip angepasst werden. Je nach Endung des PCF8574 z. B. „P" besitzen die Chips andere Grundadressen.

Die Ansteuerung erfolgt nun genau so wie die eines direkt angebunden Displays, nur etwas langsamer bei der Übertragung.

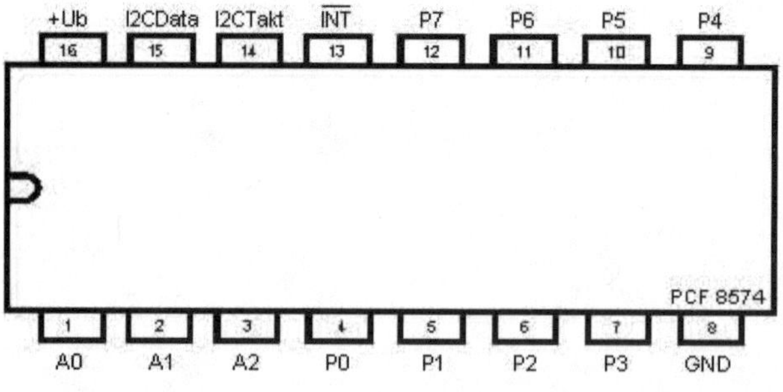

Abb. 3.30: Pinout des PCF8574

3.25 Die 12x1-Tastatur am Controller über Analogport

Würde man nun eine kleine Tastatur an den Controller anbinden, könnte man damit das Menü bedienen oder andere Eingaben durchführen. Eine 12x1-Tastatur über einen Analogport abzufragen ist eine einfache Lösung, die nur eine Tastatur und ein paar Widerstände benötigt.

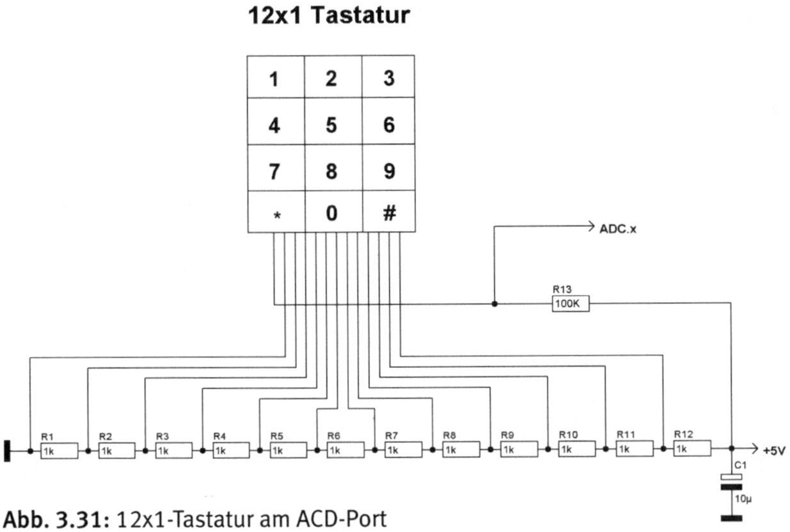

Abb. 3.31: 12x1-Tastatur am ACD-Port

Drückt man eine Taste, wird ein Widerstand abgegriffen und man erhält am Ausgang ADC.x einen Spannungswert, den man über einen Analogport des Controllers einliest. Je nachdem, welche Taste gedrückt wird, liefert der Ausgang einen anderen Spannungswert. So kann man die Tasten zuordnen und eine Aussage darüber treffen, welche Taste gedrückt wurde (variabler Spannungsteiler).

Bascom-Code:

```
'Tastatur.bas
Declare Function Tastenabfrage() As Byte
Dim Taste As Byte

Start:
Do
 Taste = Tastenabfrage(.

 Print „Taste „ ; Taste ; „ wurde gedrückt”
 Waitms 100
Loop
End

Function Tastenabfrage() As Byte

 Local Ws As Word
 Tastenabfrage = 0
 Ws = Getadc(0.

 If Ws < 1010 Then
  Waitms 50
```

```
  If Ws < 999 Then
  '1 = 207
  '2 = 397
  '3 = 577
  '4 = 157
  '5 = 351
  '6 = 533
  '7 = 104
  '8 = 303
  '9 = 488
  '0 = 255
  '# = 443
  '* = 53
  Select Case Ws

    Case 200 To 215
     Tastenabfrage = 1
    Case 390 To 405
     Tastenabfrage = 2
    Case 570 To 585
     Tastenabfrage = 3
    Case 150 To 165
     Tastenabfrage = 4
    Case 345 To 360
     Tastenabfrage = 5
    Case 525 To 545
     Tastenabfrage = 6
    Case 95 To 115
     Tastenabfrage = 7
    Case 295 To 315
     Tastenabfrage = 8
    Case 475 To 500
     Tastenabfrage = 9
    Case 245 To 265
     Tastenabfrage = 255      '0
    Case 435 To 455
     Tastenabfrage = 100      '#
    Case 45 To 65
     Tastenabfrage = 200      '*

  End Select
  End If
 End If

End Function
```

Der Code soll nur die Auswertung veranschaulichen. Die Case-Ws-Werte müssen evtl. noch ein wenig angepasst werden. Dazu lässt man sich als Erstes die Wandlerwerte mit Print Getadc(0) anzeigen und notiert diese. Danach kann man die Werte mit einer kleinen Spanne ±10 in die Case-Felder eintragen.

3.26 Den AVR zum I^2C-Bus-Slave machen

Oft benötigt man einen kleinen eigenen Co-Controller, der am besten über I^2C angesprochen werden sollte – z. B. für einen eigenen Servo-Controller, eine Porterweiterung oder einen Motor-Controller. Der Master soll über den I^2C-Bus Zahlenwerte an den Co-Controller senden, der wiederum die Werte zum Servopositionieren oder zur Geschwindigkeitsanpassung übernimmt.

Das folgende Beispiel zeigt anhand eines Servo-Controllers für zwei Servos – der jedoch beliebig auf mehrere Servos erweiterbar ist – wie man mit ein paar Tricks dieses Problem lösen kann.

```
'*******************************************************************
'Compiler  : BASCOM-AVR
'Projekt   : Servo Controller V1.0
'          : Verwaltung von 2 Servos
'Hardware  : Mega8 16 Mhz
'Autor     : Sommer Ulli
'Notiz     : Controller für 2 Standard-Servos
'          : I2C Befehl: Sende Servo Nummer | Sende Servo Pos 0-255
'*******************************************************************

'Mikrocontroller
'I2C-BUS-Sklave.bas
$regfile = „m8def.dat"
$crystal = 16000000
$hwstack = 32
$swstack = 10
$framesize = 40

'Variable
Dim Twi_control As Byte
Dim Twi_status As Byte
Dim Twi_data_1 As Byte
Dim Twi_data_2 As Byte

Dim Neuesbyte As Byte

Dim X As Byte

Dim Servo_nummer As Byte
Dim Servo_pos_1 As Byte
Dim Servo_pos_2 As Byte

Dim Servo_pos_1_save As Word
Dim Servo_pos_2_save As Word

Declare Sub Twi_init_slave
```

```
Config Portc.3 = Output
Config Portd = Output

Enable Interrupts

'Init
Twi_data_1 = 0
Twi_data_2 = 0
Call Twi_init_slave

Servo_pos_1_save = 0
Servo_pos_2_save = 0

'Hauptschleife
Do

  '---> Hauptprogramm <-----------------------------------------

  'Servo Position umrechnen
  Servo_pos_1_save = Servo_pos_1 * 22
  Servo_pos_2_save = Servo_pos_2 * 22

  Servo_pos_1_save = 3000 + Servo_pos_1_save
  Servo_pos_2_save = 3000 + Servo_pos_2_save

  Pulseout Portd , 0 , Servo_pos_1_save
  Pulseout Portd , 1 , Servo_pos_2_save

  Waitms 5

  '---> I2C-Routine <-------------------------------------------
-

  'Merker zurücksetzen
  Neuesbyte = 0

  'schauen ob TWINT gesetzt ist
  Twi_control = Twcr And &H80        ' Bit7 von Controlregister

  If Twi_control = &H80 Then
  Twi_status = Twsr And &HF8         ' Status

  'wurde ein Byte geschickt?
  'Servo Nummer empfangen
  If Twi_status = &H80 Or Twi_status = &H88 Then
   Servo_nummer = Twdr        ' neue Daten merken
   Neuesbyte = 1              ' merken, dass ein neues Byte da ist
  End If
  'TWINT muss immer gelöscht werden, damit es auf dem Bus weiter
  'geht
  Twcr = &B11000100    TWINT löschen, erzeugt ACK
```

```
  End If

  'wenn ein neues Byte gekommen
  If Neuesbyte <> 0 Then

  'Servo-Zuordnung zum Test nur 2 Servos
  'Case muss bei 8 Servos bis 8 gehen und dazu die Unterprogramme
  Select Case Servo_nummer

    Case 1
    Gosub Servo_1

    Case 2
    Gosub Servo_2

  End Select
  End If

Loop
End

'Servo 1
Servo_1:

 Do

 'schauen ob TWINT gesetzt ist
 Twi_control = Twcr And &H80          ' Bit7 von Controlregister

 If Twi_control = &H80 Then
  Twi_status = Twsr And &HF8          ' Status

  'wurde ein Byte geschickt
  If Twi_status = &H80 Or Twi_status = &H88 Then
   Servo_pos_1 = Twdr            ' neue Daten merken
   Neuesbyte = 2                 ' merken, dass ein neues Byte da ist
  End If

  'TWINT muss immer gelöscht werden, damit es auf dem Bus weiter
  'geht
  Twcr = &B11000100              ' TWINT löschen, erzeugt ACK
 End If

 If Neuesbyte = 2 Then Exit Do

 Loop

Return

'Servo 2
Servo_2:
```

```
 Do

 'schauen, ob TWINT gesetzt ist
 Twi_control = Twcr And &H80        ' Bit7 von Controlregister

 If Twi_control = &H80 Then
  Twi_status = Twsr And &HF8        ' Status

  'wurde ein Byte geschickt
  If Twi_status = &H80 Or Twi_status = &H88 Then
   Servo_pos_2 = Twdr            ' neue Daten merken
   Neuesbyte = 2                 ' merken, dass ein neues Byte da ist
  End If

  'TWINT muss immer gelöscht werden, damit es auf dem Bus
  'weitergeht
  Twcr = &B11000100              ' TWINT löschen, erzeugt ACK
 End If

 If Neuesbyte = 2 Then Exit Do

 Loop

Return

'Unterprogramme
'TWI als slave aktivieren
Sub Twi_init_slave
 Twsr = 0            ' Status und Prescaler auf 0
 Twdr = &HFF         ' default
 Twar = &H22         ' Slave-Adresse setzen I2C-RX-Adr:Hex22
 Twcr = &B01000100 ' TWI aktivieren, ACK einschalten
End Sub
```

3.27 Atmel-Checkliste zur Fehlerbehebung

Falls der AVR einmal nicht so funktionieren sollte, wie man es wünscht, kann die folgende Checkliste hilfreich sein.

Anschlüsse, die man nicht verwenden sollte

Pins zur Programmierung:

- MOSI = PB5
- MISO = PB6
- SCK = PB7
- Reset

RS232:

- RxD = PD0
- TxD = PD1

Programmierung

- Lassen sich verschiedene Chips aus unerklärlichen Gründen nicht programmieren? (Bei niedrigerer Betriebsspannung (4,3 V durch Diode an 5 V) funktionieren sie, wie sie sollen.)
- Ist der richtige Chip in Bascom ausgewählt?
- Sind die Fuse-Bits richtig eingestellt?
- Ist der richtige Oszillator ausgewählt?
- Ist „Regfile" im Code angeben?
- Ist der richtige Programmer eingestellt?
- Ist das Programmierkabel nicht zu lang (max. 2 m)?
- Ist die richtige Schnittstelle ausgewählt?
- Ist ein Widerstand in der Reset-Leitung des AVR (4K7)?
- Ist die Schaltung unter Spannung (muss sie sein!)?
- Sind Abblock-Kondensatoren nahe am µC eingebaut?
- Sind die Kondensatoren beim Oszillator eingebaut?
- Ist die Betriebsspannung stabil?
- Sind alle Lötstellen in Ordnung?

Port Config Input/Output

- Ist der Port oder der Pin Ausgang, muss Portx.x = 1 oder 0 geschrieben werden.
- Beim Einlesen eines Ports oder eines einzelnen Pins muss „Pinx.x", anstatt „Port" geschrieben werden.
- Bei Eingängen mit Schalter gegen Masse: LEDs des Testboards parallel zu Eingängen mit internem PullUp ziehen das Potenzial zu stark herunter (auf 2 V), so dass es für H nicht mehr reicht.
- Keine LEDs an Eingängen oder Schalter gegen +5 V.
- Das Gleiche gilt auch für das Einlesen einer *Matrixtastatur*, wenn mit PullUp und Herunterziehen des Pegels durch die Taste gearbeitet wird.
- Sind bei Verwendung des ADC PullUp-Widerstände deaktiviert?

Portfunktion in Abhängigkeit von Data Direction Register (Config PortX = Input/Output) und gesetztem Wert (PortX = 1/0):

Config = (DDRx)	**PortX =**	**PullUp**	**Zustand**
0 Input	0	Nein	hochohmiger Eingang
0 Input	1	Ja	Eingang mit PullUp-Widerstand
1 Output	0	Nein	Ausgang mit log. 0
1 Output	1	Nein	Ausgang mit log. 1

Taster nach +5 V

In diesem Fall muss ein Pull-down-Widerstand von z. B. 10 kΩ verwendet werden, da sonst der Eingang bei nicht gedrücktem Taster offen liegt.

Programmstruktur

Wenn das Programm keine Endlosschleife oder keinen END-Befehl enthält, wird erst das Programm ausgeführt. Danach werden sinnlos die Befehle ausgeführt, die sich aus den zufälligen Speicherinhalten hinter dem letzten Befehl ergeben.

Zeit- und Timing-Probleme

Zum Debuggen zeitkritischer Routinen setzt man an wichtigen Stellen im Programm ein Bit auf dem Port (Ausgang high/low schalten). Mit dem Oszilloskop kann dann genau die Zeit zwischen 2 Ereignissen gemessen werden.

Beispiel:

```
Portd.0 = 1
For 1 to 10
  ,Programm
Next
Portd.0 = 0
```

Folgende Methode empfiehlt sich: Man gibt den Wert einer Byte-Variablen, die sich unvorhergesehen änderte, auf PortA aus und führt ihn einem DA-Wandler zu. Das Ausgangssignal wird mit dem Oszilloskop betrachtet. Statt eines konstanten Werts ergibt sich ein wildes Muster. Ursache ist ein nicht gepushtes Register in der Interrupt-Routine.

Arithmetik

Wenn man bei seltsamen Arithmetik-Bugs alle Programmfenster schließt, verschwindet das Problem manchmal.

Seltsamer Arithmetikfehler bei der Berechnung von -X:

```
Dim X As Integer
Dim Y As Integer

X = 0

Y = X - 100
 'is OK
Y = 100 - X
'Error 242: Source variable does not match target var.
```

```
'occurs sometimes

Y = -x
'Error 242: Source variable does not match target var.
'occurs always (as it seems)

'Workaround:
Const Zero = 0
Y = Zero - X
'is OK
```

Simulator
Wenn die Option „Sim Timers" rechts oben nicht aktiviert ist, wird ein Breakpoint in einer Timer-Interruptroutine nicht angesprungen.

Programmgröße
Ein leeres Programm umfasst 80 Byte.

Platzbedarf von Print/Input:

Variable	PRINT	PRINTBIN	INPUT	INPUTBIN
Byte	300	112	302	112
Word				
Long	312	112	308	112
Single	970	112	868	/

4 PC➔Bot-Interface in VB.NET

Auch wenn wir nicht über Tausende von Kilometern hinweg auf dem Mars ein Vehikel steuern und die Bilder von einem anderen Planeten empfangen – interessant ist es allemal, durch die „Augen" des Roboters zu blicken und ihn durch die Sensorwerte und das Videobild ohne direkten Sichtkontakt zu steuern. Unsere Kommandozentrale ist unsere Werkstatt und der fremde Planet unser Garten. Immerhin!

Ein PC➔*Bot-Interface* kann man nicht nur zur Steuerung des Antriebs verwenden, sondern auch als Alarmanlage ausbauen oder mit einem Webinterface versehen. Damit könnte man weltweit über einen Internetzugang auf den Roboter zugreifen.

Die nun folgenden Seiten zeigen, wie das Interface aufgebaut ist und welche Befehle man senden und empfangen muss, damit der Roboter reagiert und Messwerte zurücksendet. In Internetforen wird immer wieder die Frage gestellt, wie man das Videobild in ein Formular einbindet – auch diese Frage wird nun beantwortet.

Sie sollten jedoch bereits über Grundkenntnisse in VB.NET verfügen, denn eine komplette Einleitung zur Programmieroberfläche würde den Rahmen dieses Buchs sprengen. Es gibt für Anfänger zahlreiche Foren und Bücher sowie Schulungs-DVDs, die einen guten und leichten Einstieg in das Abenteuer VB.NET bieten.

Nur die wichtigsten Code-Teile des Programms werden folgend beschrieben. Die komplette Software unterliegt der *GNU* (General Public Licence) und darf verändert und weiterentwickelt werden, solange sie ebenfalls der GNU unterliegt. Auf der CD zum Buch sind der Quellcode und eine fertig kompilierte Version des PC➔Bot-Interfaces vorhanden.

4.1 Visual Basic.NET

Mit der Einführung von dot.NET ändert sich auch die Philosophie der Anwendungsentwicklung. Das Konzept ist gesamtheitlich neu, auch wenn es teilweise Züge trägt, die an Java erinnern. Natürlich hat sich an der fundamentalen Sprachsyntax nichts geändert. Deklarationen, Schleifen und bedingte Anweisungen gibt es in jeder Sprache. Es ist eigentlich nur die Frage, wie diese Konstrukte in der jeweiligen Sprache eingesetzt werden und welche Grenzen die Sprache vorgibt. Obwohl das objektorientierte Programmieren schon seit vielen Jahren bekannt ist, sind nicht einmal alle professionellen Entwickler in der Lage, auf dieser Basis Programme zu entwickeln. Manche wehren Sie sich sogar heftig gegen die Denkweise in Klassen und Objekten, denn zu tief reichen die Wurzeln der prozeduralen Programmierung.

Mit der dot.NET-Plattform befinden wir uns am Anfang einer neuen Ära in der Programmierung, denn dot.NET läutet eine neue Dimension in der Anwendungsentwicklung ein.

Visual Basic.NET deutet es an: Die Sprache heißt *Visual Basic.* Aber das Suffix .NET (. = dot) kommt einem Versprechen gleich: Visual Basic .NET ist komplett neu und kann nicht mehr mit der Sprache verglichen werden, die bis zur Version 6.0 so viele begeisterte Anhänger gefunden hatte. Wenn Sie bereits Erfahrungen mit einer der alten Versionen gesammelt haben, fangen Sie praktisch fast wieder von vorn an. Der Quellcode ist immer noch offensichtlich als Visual-Basic-Code identifizierbar – aber das ist auch bereits alles. Vergessen Sie die Einschränkungen, denen Sie bisher unterworfen waren, und vergessen Sie das Studium von „Tipps und Tricks" in den verschiedenen Medien, um eine aus dem üblichen Rahmen fallende Idee zu realisieren. Sie stehen praktisch auf der gleichen Stufe wie ein Kollege, der C++ oder C#, die neue Sprache zur .NET-Plattform, einsetzt – mit allen Konsequenzen, die sich daraus ergeben, wie beispielsweise der intensiven Einarbeitung.

Visual Basic war bis einschließlich Version 6.0 nicht objektorientiert, zumindest nicht im eigentlichen Sinne. Früher rümpften gestandene C++- oder Java-Entwickler bei Diskussionen die Nase. Visual Basic wurde nicht ernst genommen, häufig sogar ein wenig belächelt. Ungerechtfertigt, denn viele alltägliche Problemstellungen bei der Anwendungsentwicklung konnten schnell und effizient gelöst werden.

Ein komplett objektorientierter Ansatz, dieselbe Klassenbibliothek für alle Sprachen und derselbe Compiler Visual Basic.NET ist auch für Sprachumsteiger von C++, Java, Delphi usw. zu einer durchaus gleichwertigen Alternative geworden.

Alle Sprachen, ob C++.NET, C#.NET, Java.NET und VB.NET, die von Microsoft bereitgestellt werden, basieren in Zukunft auf .NET. Damit steht für jede Sprache die gleiche Klassenbibliothek zur Verfügung. Dazu kommt, dass alle Programme, egal mit welcher Sprache sie geschrieben wurden, gleich schnell in der Abarbeitung sind.

Um nun aber starten zu können, muss man die aktuelle Version von Visual Basic.NET von der Microsoft Homepage herunterladen. Der direkte Link dazu ist:

http://msdn.microsoft.com/vstudio/express/downloads/

Microsoft stellt sein geraumer Zeit eine Expressversion mit ein paar Einschränkungen zum freien Download bereit. Man sollte sich jedoch registrieren lassen, da sonst die Version nach 30 Tagen nicht mehr läuft.

Die Einschränkungen in der kostenlosen Expressversion sind für die in diesem Buch beschriebenen Roboteranwendungen vernachlässigbar. Im Gegensatz zu VB6 muss man keine Laufzeitkomponenten mehr mitliefern, da diese bereits in der Framework (Klassenbibliothek) enthalten sind. Das heißt, dass man, alleine mit der erstellten EXE-Datei, das Programm auf jedem Rechner laufen lassen kann, auf dem das Framework installiert ist. Da viele Anwendungen dies mittlerweile benötigen, verwenden wir ein relativ kompaktes Programm von wenigen Kilobytes und es läuft somit auf fast allen Windows-Betriebssystemen, inklusive Vista.

4.2 PC→Bot-Interface – Funktionserklärung

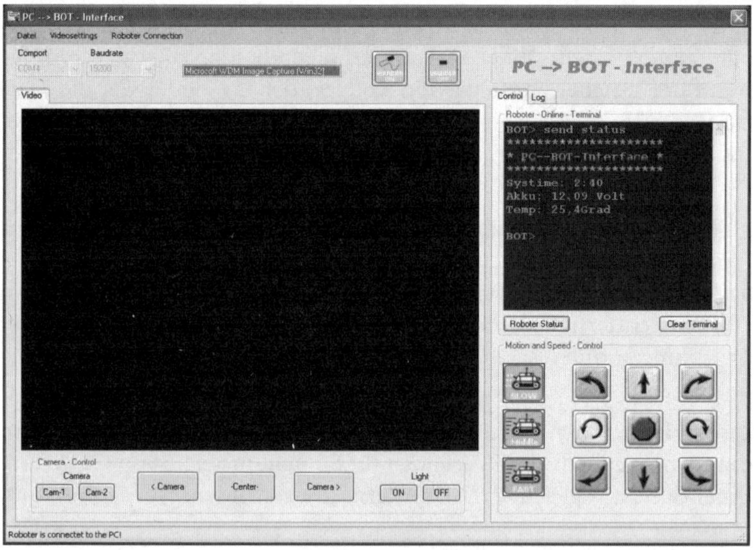

Abb. 4.1: Die Bot-Bedienoberfläche. Wie man sieht: sehr aufgeräumt!

Die Steuerung des Antriebs und der Aktoren übernimmt ein 433-Mhz-Telemetrie-Datentransceiver (z. B. der Firma *Devantech* Ltd., Unit 2B Gilray Road, Diss, Norfolk/England), der an der seriellen Schnittstelle angeschlossen ist. Drücken Sie einen Button in der Bedieneinheit, werden die Befehlsadresse, der Befehl und die Checksumme an die serielle Schnittstelle gesendet und per Funk an den Roboter übertragen. Der AVR-Controller wiederum wertet die Daten aus und weist sie den dafür vorgesehen Sub-Routinen zu (z. B. „Fahre geradeaus“ oder „Drehe dich nach links“).

Damit man sieht, wo der Roboter gerade umherfährt, hat man noch ein Videoframe im Interface, das das über eine TV-Karte eingespeiste Videosignal des Videoempfängers (2,4 GHz) wiedergibt.

Aufbau des Telemetrieprotokolls:

```
Befehlsadresse | Befehl | Checksumme (CRC)
```

Man sendet immer nur drei Byte an den Roboter, mehr wird nicht benötigt. Der Roboter wiederum sendet darauf eine Rückinfo, die sagt, dass der gesendete Befehl am Roboter angekommen ist.

Beispiel: Man sendet „Fahre vorwärts“ und der Roboter gibt, nach Empfang und Ausführung, „Drive forward“ zurück, dass man im Terminal angezeigt bekommt.

Was der Roboter zurückgibt, kann man in der entsprechenden Routine selbst festlegen.

4.3 Die User-Bedienoberfläche

Die Bedienoberfläche besteht aus dem Video Frame, der Kommandoebene, über die man den Roboter steuert, und dem Terminal, über das man Kommandos, Status und alle möglichen Telemetriedaten angezeigt bekommt, die man zuvor im Roboter hinterlegt hat.

Abb. 4.2: Das Videoframe. Hier wird das empfangene Videosignal wiedergegeben

Das Videoframe ist eine Picturebox, die in die Programmieroberfläche bereits integriert ist. Sie dient eigentlich dazu, Bilder anzuzeigen, z. B. für einen Bildbetrachter oder um Linien zu malen. Indirekt machen wir nichts anderes: Wir kopieren über den Treiber das Videobild in die Picturebox.

Abb. 4.3: Die Menüleiste

In den *Video settings* kann man diverse Einstellungen nach Start des Treibers tätigen. Die Start- und Stopp-*Kameras* dienen dazu, den Treiber bzw. die Videowiedergabe zu starten. Unter *Video Format* legt man die Auflösung sowie die Pixeltiefe und die Komprimierung fest (im beschriebenen Fall 640 x 480). Kann der Videokonverter diese Auflösung nicht bereitstellen, kann man eine kleinere (z. B. 320 x 240) verwenden. Das Bild wird dann gleichmäßig gestreckt, damit es die ganze Box ausfüllt, Nachteil ist, dass das Bild etwas „körnig" wird.

Bei *Video Source* werden die Videoquelle, der Videoeingang und diverse andere Einstellungen, je nach Treiber der TV-Karte, vorgenommen.

Video Overlay on und *off*: Ältere Fernsehkarten (Video-Overlay-Karten) erzeugen das analoge Monitorsignal selbst und mischen es mit dem Signal der Grafikkarte. Nachteilig ist dabei, dass das Signal der Grafikkarte oft leidet, wodurch die Grafik verwischt oder abgedunkelt wird. Neuere TV-Karten hingegen schreiben die Bildinformation direkt in den Bildwiederholspeicher der Grafikkarte. Hier muss man testen, was die TV-Karte unterstützt. Wenn man ein grünes Bild hat, muss man *Overlay* auf „on" schalten. Der Nachteil bei Overlay-Betrieb ist, dass die Screenshot-Funktion nur noch schwarze oder grüne Bilder macht, da das Bild nicht mehr über den Prozessor (CPU) aufbereitet wird.

Über *Roboter connect* stellt man die serielle Verbindung zum Roboter her. Der Bot liefert, sofern er eingeschaltet ist, gleich eine Statusinfo zurück und quittiert damit den Verbindungsaufbau.

Abb. 4.4: Comport Settings

Unterhalb der Menüzeile befinden sich die *Comport settings*. Mit ihnen legt man fest, welchen Comport (Com-Schnittstelle) man benutzt und auf welche Baudrate er eingestellt werden soll. Unser Interface arbeitet im mitgelieferten Beispiel mit 19.200 Baud, andere Baudraten sind aber auch möglich.

Abb. 4.5: Wandermodus ein und aus

Oben im Formular befinden sich zwei Buttons, mit denen man den Wandermodus ein- und ausschaltet. Der Wandermodus ist im Grunde nur die Wahl zwischen Handsteuerung und autonomem Betrieb. Im Bascom-Code auf Ihrem Roboter ist diese Routine zwar hinterlegt, aber ohne auszuführenden Code. Hier können Sie Ihre eigenen Ideen hineinschreiben (z. B. „Radar Drive“ oder „Finde den besten Weg“).

Abb. 4.6: In dieser Groupbox befinden sich die Kamera-Steuerelemente

Unterhalb des Videoframes befindet sich die Kamerasteuerung *Camera-Control*. Hier kann man auswählen, welche Kamera man verwendet und wohin man sie schwenkt (links, rechts, Mittelstellung). Außerdem kann man hier die Beleuchtung aus- und einschalten.

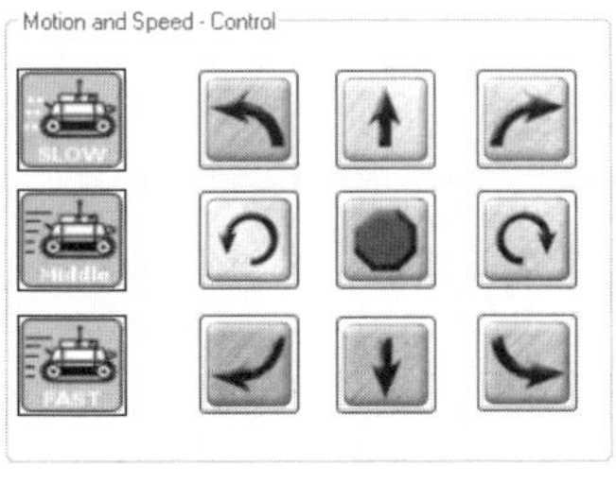

Abb. 4.7: Das Steuerfeld zum Navigieren

Motion-and-Speed-Control dient zum Navigieren des Roboters. Je nachdem, welchen Button man drückt, fährt der Bot geradeaus, dreht sich oder bleibt stehen. Der Clou ist, dass er nur solange fährt, wie die linke Maustaste gedrückt ist. Beim Lösen sendet das Interface sofort ein Stoppkommando und der Bot bleibt stehen. Dieser Trick wird mit der Mouse_up- und Mouse_down-Methode realisiert.

Mit den *Speed*-Buttons legt man die Fahrgeschwindigkeit fest. Beim Einschalten ist die langsamste Geschwindigkeit als Vorwahl definiert.

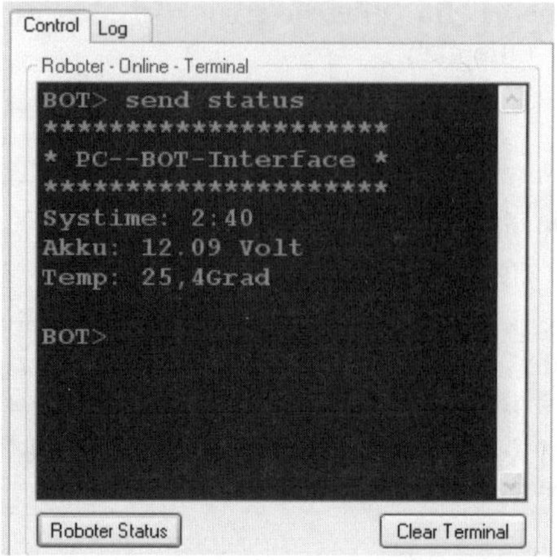

Abb. 4.8: Terminal-Fenster für die Telemetrie-Ausgabe

Das *Terminal-Fenster*, das im schicken „Commodore-C64"-Design gehalten ist, zeigt die Daten des Roboters an. Bei Betätigung des Buttons *Roboter Status* meldet er sich mit PC→Bot-Interface, der Systemzeit (wie lange er in Minuten und Sekunden seit dem Einschalten in Betrieb ist), seinem Akkuzustand in Volt und der Außentemperatur.

Was man ausgibt, kann man im Code des Roboters selbst festlegen.

Als zweiten TAB haben Sie noch *Log*. Hier wird mitprotokolliert, wann die Verbindung zum Roboter aufgenommen wurde und welche Befehle in dieser Zeit gesendet wurden.

4.4 Das Übertragungsprotokoll

Beim Betätigen der Buttons sendet man einen Befehl an den Roboter, der sich aus 3 Byte zusammensetzt.

Die folgende Befehlstabelle zeigt, welche Befehle welchen Byte-Werten zugeordnet sind. Da der VB.NET mit Unicode arbeitet, kann man 127 Befehle verteilen, die jeweils 127 Zustände bzw. Unterkommandos enthalten dürfen. Würde man einen ASCII-String senden, wäre hier noch viel mehr möglich – aber je mehr Zeichen übertragen werden, desto länger dauert es, bis sie ordnungsgemäß übertragen worden sind. Vor allem kommt es bei längeren Strings vor, dass sich Fehler durch Funkstörungen einschleichen und das Kommando dadurch nicht ausgeführt wird. Durch die Adressvergabe und die Übertragung der Checksumme „CRC" ist man auf der sicheren Seite. Fehlkommandos kommen nicht zustande und die Funkreichweite, in der die Daten noch sicher übertragen werden, steigt.

Das Sendeprotokoll

```
Befehlsadresse | Befehl | Checksumme (CRC)
```

Befehlsadresse	Befehl	Erklärung
1	127	Roboterstatus abfragen
2	10	manueller Betrieb
3	11	autonomer Betrieb
4	1, 2, 3	Geschwindigkeit in drei Stufen
5	127	Antrieb stopp
6	100	vorwärts
7	101	rückwärts
8	102	links drehen auf der Stelle
9	103	rechts drehen auf der Stelle
10	104	links fahren vorwärts
11	105	rechts fahren vorwärts
12	106	links fahren rückwärts
13	107	rechts fahren rückwärts
14	90	Kamera drehen stoppen
15	91	Kamera links drehen
16	92	Kamera rechts drehen
17	93	Kamera Mittelstellung
18	80	Kamera 1
19	81	Kamera 2
20	70	Licht aus
21	71	Licht ein
22	100	Verbindung zum PC hergestellt

4.5 Ein- und Aufbau des Video-Frame in .NET

Um den TV-Kartentreiber anzusprechen, wird der WDM-Treiber (Image Capture Win32) verwendet. Diesem Treiber werden die Befehle über eine API namens „Sendmessage“ gesendet.

Dazu benötigt man folgende Komponenten.

- Picturebox
- API Sendmassage
- API SetWindowPos
- API DestroyWindow
- API apCreateCaptureWindowA
- capGetDriverDescriptionA
- AVIGetStatus
- AVIGetCaps
- AVIFileNames
- AVICallBack
- Buttons: Start Card, Stop Card, Video Format, Video Source
- Konstanten für den Verweis auf das Video-Handling

```
Imports System.Runtime.InteropServices
```

Zunächst muss man die Variablen in der Main-Class anlegen:

```
Public Structure tagCAPSTATUS
   Public uiImageWidth As Long
   Public uiImageHeight As Long
   Public fLiveWindow As Long
   Public fOverlayWindow As Long
   Public fScale As Long
   Public point As Long
   Public fUsingDefaultPalette As Long
   Public fAudioHardware As Long
   Public fCapFileExists As Long
   Public dwCurrentVideoFrame As Long
   Public dwCurrentVideoFramesDropped As Long
   Public dwCurrentWaveSamples As Long
   Public dwCurrentTimeElapsedMS As Long
   Public hPalCurrent As Long
   Public fCapturingNow As Long
   Public dwReturn As Long
   Public wNumVideoAllocated As Long
   Public wNumAudioAllocated As Long
End Structure

Public Structure tagCAPDRIVERCAPS
   Public wDeviceIndex As Long
   Public fHasOverlay As Long
   Public fHasDlgVideoSource As Long
   Public fHasDlgVideoFormat As Long
   Public fHasDlgVideoDisplay As Long
   Public fCaptureInitialized As Long
   Public fDriverSuppliesPalettes As Long
   Public hVideoIn As Long
```

```
 Public hVideoOut As Long
  Public hVideoExtIn As Long
  Public hVideoExtOut As Long
End Structure

Public Structure tagCAPTUREPARAMS
  Public dwRequestMicroSecPerFrame As Long
  Public fMakeUserHitOKToCapture As Long
  Public wPercentDropForError As Long
  Public fYield As Long
  Public dwIndexSize As Long
  Public wChunkGranularity As Long
  Public fUsingDOSMemory As Long
  Public wNumVideoRequested As Long
  Public fCaptureAudio As Long
  Public wNumAudioRequested As Long
  Public vKeyAbort As Long
  Public fAbortLeftMouse As Long
  Public fAbortRightMouse As Long
  Public fLimitEnabled As Long
  Public wTimeLimit As Long
  Public fMCIControl As Long
  Public fStepMCIDevice As Long
  Public dwMCIStartTime As Long
  Public dwMCIStopTime As Long
  Public fStepCaptureAt2x As Long
  Public wStepCaptureAverageFrames As Long
End Structure

'Verweis auf das Video-Handling
Const WM_CAP_start As Short = &H400S
Const wm_cap_driver_connect As Integer = WM_CAP_start + 10
Const WM_CAP_DRIVER_DISCONNECT As Integer = WM_CAP_start + 11
Const WM_CAP_DRIVER_GET_NAME As Integer = WM_CAP_start + 12
Const WM_CAP_DRIVER_GET_VERSION As Integer = WM_CAP_start + 13
Const WM_CAP_DRIVER_GET_CAPS As Integer = WM_CAP_start + 14
Const WM_CAP_FILE_SET_CAPTURE_FILE As Integer = WM_CAP_start + 20
Const WM_CAP_FILE_GET_CAPTURE_FILE As Integer = WM_CAP_start + 21
Const WM_CAP_FILE_SAVE_AS As Integer = WM_CAP_start + 23
Const WM_CAP_FILE_SET_INFOCHUNK As Integer = WM_CAP_start + 24
Const WM_CAP_FILE_SAVE_DIB As Integer = WM_CAP_start + 25
Const WM_CAP_EDIT_COPY As Integer = WM_CAP_start + 30
Const WM_CAP_SET_AUDIOFORMAT As Integer = (WM_CAP_start + 35)
Const WM_CAP_GET_AUDIOFORMAT As Integer = (WM_CAP_start + 36)
Const WM_CAP_DLG_VIDEOFORMAT As Integer = (WM_CAP_start + 41)
Const WM_CAP_DLG_VIDEOSOURCE As Integer = (WM_CAP_start + 42)
Const WM_CAP_DLG_VIDEODISPLAY As Integer = (WM_CAP_start + 43)
Const WM_CAP_GET_VIDEOFORMAT As Integer = (WM_CAP_start + 44)
Const WM_CAP_SET_VIDEOFORMAT As Integer = (WM_CAP_start + 45)
Const WM_CAP_DLG_VIDEOCOMPRESSION As Integer = (WM_CAP_start + 46)
Const wm_cap_set_preview As Integer = (WM_CAP_start + 50)
```

```
Const wm_cap_set_overlay As Integer = (WM_CAP_start + 51)
Const WM_CAP_SET_PREVIEWRATE As Integer = (WM_CAP_start + 52)
Const WM_CAP_SET_SCALE As Integer = (WM_CAP_start + 53)
Const WM_CAP_GET_STATUS As Integer = (WM_CAP_start + 54)
Const WM_CAP_SET_SCROLL As Integer = (WM_CAP_start + 55)
Const WM_CAP_SINGLE_FRAME_OPEN As Integer = (WM_CAP_start + 70)
Const WM_CAP_SINGLE_FRAME_CLOSE As Integer = (WM_CAP_start + 71)
Const WM_CAP_SINGLE_FRAME As Integer = (WM_CAP_start + 72)
Const WM_CAP_GRAB_FRAME As Integer = (WM_CAP_start + 60)
Const WM_CAP_GRAB_FRAME_NOSTOP As Integer = (WM_CAP_start + 61)
Const WM_CAP_SEQUENCE As Integer = (WM_CAP_start + 62)
Const WM_CAP_SEQUENCE_NOFILE As Integer = (WM_CAP_start + 63)
Const WM_CAP_SET_SEQUENCE_SETUP As Integer = (WM_CAP_start + 64)
Const WM_CAP_GET_SEQUENCE_SETUP As Integer = (WM_CAP_start + 65)
Const WM_CAP_STOP As Integer = WM_CAP_start + 68
Const WM_CAP_ABORT As Integer = WM_CAP_start + 69
Const WM_CAP_SET_CALLBACK_ERROR As Integer = (WM_CAP_start + 2)
Const WM_CAP_SET_CALLBACK_STATUS As Integer = (WM_CAP_start + 3)
Const WM_CAP_SET_CALLBACK_YIELD As Integer = (WM_CAP_start + 4)
Const WM_CAP_SET_CALLBACK_FRAME As Integer = (WM_CAP_start + 5)
Const WM_CAP_SET_CALLBACK_VIDEOSTREAM As Integer = (WM_CAP_start +
      6)
Const WM_CAP_SET_CALLBACK_WAVESTREAM As Integer = (WM_CAP_start +
      7)
Const WM_CAP_GET_USER_DATA As Integer = (WM_CAP_start + 8)
Const WM_CAP_SET_USER_DATA As Integer = (WM_CAP_start + 9)
Const WM_CAP_SET_CALLBACK_CAPCONTROL As Integer = (WM_CAP_start +
      85)
Const WS_CHILD As Integer = &H40000000
Const WS_VISIBLE As Integer = &H10000000
Const SWP_NOMOVE As Short = &H2S
Const SWP_NOSIZE As Short = 1
Const SWP_NOZORDER As Short = &H4S
Const HWND_BotTOM As Short = 1
Dim iDevice As Integer = 0 ' Geräte ID
Dim hHwnd As Integer ' Gerätekontext-Handle

'jetzt kommen die APIs
Declare Function SendMessage Lib "user32" Alias "SendMessageA" _
 (ByVal hwnd As Integer, ByVal wMsg As Integer, ByVal wParam As
      Integer, _
 <MarshalAs(UnmanagedType.AsAny)> ByVal lParam As Object) As
      Integer



Declare Function SetWindowPos Lib "user32" Alias "SetWindowPos"
      (ByVal hwnd As Integer, _
 ByVal hWndInsertAfter As Integer, ByVal x As Integer, ByVal y As
      Integer, _
 ByVal cx As Integer, ByVal cy As Integer, ByVal wFlags As Integer)
      As Integer
```

```
Declare Function DestroyWindow Lib "user32" (ByVal hndw As Integer)
As Boolean

Declare Function capCreateCaptureWindowA Lib "avicap32.dll" _
 (ByVal lpszWindowName As String, ByVal dwStyle As Integer, _
  ByVal x As Integer, ByVal y As Integer, ByVal nWidth As Integer, _
  ByVal nHeight As Short, ByVal hWndParent As Integer, _
  ByVal nID As Integer) As Integer

Declare Function capGetDriverDescriptionA Lib "avicap32.dll"
    (ByVal wDriver As Short, _
  ByVal lpszName As String, ByVal cbName As Integer, ByVal lpszVer
    As String, _
  ByVal cbVer As Integer) As Boolean

Public Declare Function AVIGetStatus Lib "user32" Alias
    "SendMessageA" (ByVal hWnd As Long,  ByVal wMsg As Long, ByVal
    wParam As Long, ByRef lParam As tagCAPSTATUS) As Long
Public Declare Function AVIGetCaps Lib "user32" Alias
    "SendMessageA" (ByVal hWnd As Long, ByVal wMsg As Long, ByVal
    wParam As Long, ByRef lParam As tagCAPDRIVERCAPS) As Long
Public Declare Function AVIFileNames Lib "user32" Alias
    "SendMessageA" (ByVal hWnd As Long, ByVal wMsg As Long, ByVal
    wParam As Long, ByVal lParam As String) As Long
Public Declare Function AVICallBack Lib "user32" Alias
    "SendMessageA" (ByVal hWnd As Long, ByVal wMsg As Long, ByVal
    wParam As Long, ByVal lParam As Long) As Long
```

Beim Programmstart muss man zuerst nach den Treibern suchen.

```
Private Sub Main_Load(ByVal sender As Object, ByVal e As
      System.EventArgs) Handles Me.Load
  LoadDeviceList()
  If lstDevices.Items.Count > 0 Then
   StopKameraStripMenuItem.Enabled = False
   lstDevices.SelectedIndex = 0
   StartKameraStripMenuItem.Enabled = True
  Else
   lstDevices.Items.Add("No Capture Device")
   StopKameraStripMenuItem.Enabled = False
  End If

  picCapture.SizeMode = PictureBoxSizeMode.StretchImage
End Sub
```

LoadDeviceList() sucht den Treiber.

```
Private Sub LoadDeviceList()
  Dim strName As String = Space(100)
```

```
    Dim strVer As String = Space(100)
    Dim bReturn As Boolean
    Dim x As Integer = 0

    'lade alle Namen der verfügbaren Videogeräte in lstDevice
    Do
     'gib die Treibernamen und die Version wieder
     bReturn = capGetDriverDescriptionA(x, strName, 100, strVer, 100)

     If bReturn Then lstDevices.Items.Add(strName.Trim)
     x += 1
    Loop Until bReturn = False
End Sub
```

Mit der „Sub“ OpenPreviewWindow() startet man die Videowiedergabe.

```
Private Sub OpenPreviewWindow()
    Dim iHeight As Integer = picCapture.Height
    Dim iWidth As Integer = picCapture.Width
    Dim ret As Long
    'Videobild in der Picturebox wiedergeben (640 x 480)
    hHwnd = capCreateCaptureWindowA(iDevice, WS_VISIBLE Or WS_CHILD,
          0, 0, 640, _
     480, picCapture.Handle.ToInt32, 0)

    'Mit den Videotreiber verbinden
    If SendMessage(hHwnd, wm_cap_driver_connect, iDevice, 0) Then
     'VideoAbb. Größe festlegen
     ret = SendMessage(hHwnd, WM_CAP_SET_SCALE, True, 0)
     'VideoAbb. Wiederholung in ms
     ret = SendMessage(hHwnd, WM_CAP_SET_PREVIEWRATE, 10, 0)
     'Videowiedergabe starten
     ret = SendMessage(hHwnd, wm_cap_set_preview, True, 0)
     'Bild auf die Picturebox anpassen
     SetWindowPos(hHwnd, HWND_BotTOM, 0, 0, picCapture.Width,
          picCapture.Height, _
       SWP_NOMOVE Or SWP_NOZORDER)
    Else
     'bei Fehler Fenster schließen
     DestroyWindow(hHwnd)
    End If
End Sub
```

Die folgenden Befehle und Subs müssen nun in einen Klickbefehl, z. B. „Mouse_Click“ bei einem Button, eingefügt werden.

Klickbefehl: Wiedergabe starten

```
iDevice = lstDevices.SelectedIndex
OpenPreviewWindow()
```

Bei Kamera „Stopp" trennt man sich wieder vom Videotreiber und beendet die Wiedergabe.

```
Private Sub ClosePreviewWindow()
Dim ret As Long
'vom Treiber trennen
ret = SendMessage(hHwnd, WM_CAP_DRIVER_DISCONNECT, iDevice, 0)
'Fenster schließen
DestroyWindow(hHwnd)
End Sub
```

Klickbefehl: Sub ClosePreviewWindow()

```
ClosePreviewWindow()
```

Klickbefehl: Video Format

```
Dim ret As Long
ret = SendMessage(hHwnd, WM_CAP_DLG_VIDEOFORMAT, 0, 0&)
```

Klickbefehl: Video Source

```
Dim ret As Long
ret = SendMessage(hHwnd, WM_CAP_DLG_VIDEOSOURCE, 0, 0&)
```

Klickbefehl: Overlay „on"

```
Dim ret As Long
ret = SendMessage(hHwnd, wm_cap_set_overlay, 1, 0&)
ret = SendMessage(hHwnd, wm_cap_set_preview, 0, 0&)
```

Klickbefehl: Overlay „off"

```
Dim ret As Long
ret = SendMessage(hHwnd, wm_cap_set_preview, 1, 0&)
ret = SendMessage(hHwnd, wm_cap_set_overlay, 0, 0&)
```

4.6 Serielle Daten empfangen

Wie bereits in der Funktionserklärung geschildert werden die Telemetriedaten seriell über den Comport übertragen. Wie dieser in VB.NET angesprochen wird, sieht man an dem folgenden Beispiel. Es beginnt mit dem Abholen der Daten von der Schnittstelle.

Man benötigt zwei Com-Boxen: eine für die verfügbaren Comports, die zweite für die Baudraten. Zudem sind ein Textfeld zur Datenanzeige „Terminalfenster“ und die ComControl „Serialport“ erforderlich.

```
Imports System.Runtime.InteropServices
Imports System.IO.Ports.SerialPort
Imports System.Threading
```

In der Main Class benötigt man folgende Variablen:

```
Public ports As String() = GetPortNames()
Public port As String = ""
Dim Buffer As String
```

Bei Programmbeginn sucht man nach verfügbaren Ports:

```
Private Sub Main_Load(ByVal sender As Object, ByVal e As
System.EventArgs) Handles Me.Load
  For Each port In ports
   ComboBox1.Items.Add(port)
  Next port
End Sub
```

Jetzt legt man zwei Buttons an: einen namens „Trennen“, einen zweiten namens „Verbinden“.

Der Code für das Verbinden mit der Com-Schnittstelle:

```
Try
  SerialPort1.PortName = ComboBox1.Text
  SerialPort1.BaudRate = ComboBox2.Text
  SerialPort1.Open()
 Catch ex As Exception
  MessageBox.Show("Attention the interface could not be opened! " +
         e.ToString _
   , "Exception error", MessageBoxButtons.OK, MessageBoxIcon.Error)
  ComboBox1.Enabled = True
  ComboBox2.Enabled = True
End Try
```

Der Code für das Trennen von der Com-Schnittstelle:

```
ComboBox1.Enabled = True
ComboBox2.Enabled = True
SerialPort1.Close()
```

Nun liest man alles ein, was an der Schnittstelle ankommt, und gibt es in der Textbox wieder.

```
Private Sub SerialPort1_DataReceived(ByVal sender As Object, ByVale
  As System.IO.Ports.SerialDataReceivedEventArgs)
Handles SerialPort1.DataReceived
  'RS232-Empfang
  Control.CheckForIllegalCrossThreadCalls = False
  Buffer = (SerialPort1.ReadExisting)
  'Die Textbox heißt Terminal und die Daten werden dort
  'hineinkopiert
  Terminal.AppendText(Buffer)
  Terminal.ScrollToCaret()
End Sub
```

4.7 Serielle Daten senden

Den vorhandenen Code erweitern Sie nun, um auch Daten an den Roboter zu senden. Dazu ist eine Sub-Routine angelegt, die mit *Send_command(Befehlsadresse, Befehl)* angesprochen wird. Der Befehl wird daraufhin dreimal hintereinander zum Roboter übertragen. So kommt eine Sendung auf jeden Fall an.

Schreibt man z. B. in ein *Klickkommando send_command(10,25)*, wird der Befehl „10,25“ dreimal kurz hintereinander gesendet. In dieser Routine wird auch gleich noch die Checksumme aus Befehlsadresse und dem Befehl über eine XOR-Funktion generiert.

```
Private Sub send_command(ByVal adr As Integer, ByVal command As
        Integer)

  'Kommando senden 3 x
  Dim send_counter As Byte

  CRC = adr Xor command

  For send_counter = 1 To 3
   Control.CheckForIllegalCrossThreadCalls = False
   SerialPort1.DiscardOutBuffer()
   SerialPort1.WriteLine(Chr(adr) & Chr(command) & Chr(CRC))
  Next send_counter

End Sub
```

4.8 Datenauswertung auf dem Bot

Nun kommen wir zu dem Programm, das auf dem Roboter installiert wird. Auch hier ist nicht der komplette Code abgebildet, es werden lediglich Code-Ausschnitte behandelt.

Datenauswertung auf dem Bot

Im letzen Abschnitt war zu sehen, wie man Befehle sendet. Damit der Bot nun auch etwas damit anfangen kann, müssen die Daten empfangen und zugeordnet werden.

Zunächst müssen die Baudrate und der Buffer der seriellen Schnittstelle festgelegt werden.

```
$baud = 19200

'UART Config mit Buffer
Config Serialin = Buffered , Size = 100
Config Serialout = Buffered , Size = 1
```

Nun deklariert man die Routine für den Empfang über die UART und legt die Variablen für den Datenempfang an.

```
Declare Sub Sub_rs232()

'RS232 Input
Dim Adresse As Byte
Dim Kommando As Byte
Dim Crc As Byte
Dim Crc_save As Byte

'Kommandoadressen
Const Adr_status = 1
Const Adr_manuel = 2
Const Adr_autonom = 3
Const Adr_speed = 4
Const Adr_drive_stop = 5
Const Adr_forward = 6
Const Adr_backward = 7
Const Adr_turn_left = 8
Const Adr_turn_right = 9
Const Adr_drive_left_forward = 10
Const Adr_drive_right_forward = 11
Const Adr_drive_left_backward = 12
Const Adr_drive_right_backward = 13
Const Adr_cam_stop = 14
Const Adr_cam_left = 15
Const Adr_cam_right = 16
Const Adr_cam_center = 17
Const Adr_cam_1 = 18
Const Adr_cam_2 = 19
Const Adr_light_off = 20
Const Adr_light_on = 21
Const Adr_connect = 22
'Kommandobefehle

Dim Status As Byte          '127 = Roboterstatus abfragen
```

```
Dim Manuel As Byte                          '10 = manueller Betrieb
Dim Autonom As Byte                         '11 = autonomer Betrieb
Dim Speed As Byte                           'Geschwindigkeit in drei Stufen
Dim Drive_stop As Byte                      '127 = Antrieb stopp
Dim Forward As Byte                         '100 = vorwärts
Dim Backward As Byte                        '101 = rückwärts
Dim Turn_left As Byte                 '102 = links drehen auf der Stelle
Dim Turn_right As Byte                '103 = rechts drehen auf der Stelle
Dim Drive_left_forward As Byte              '104 = links fahren vorwärts
Dim Drive_right_forward As Byte             '105 = rechts fahren vorwärts
Dim Drive_left_backward As Byte             '106 = links fahren rückwärts
Dim Drive_right_backward As Byte            '107 = rechts fahren rückwärts
Dim Cam_stop As Byte                        '90 = Kamera drehen stoppen
Dim Cam_left As Byte                        '91 = Kamera links drehen
Dim Cam_right As Byte                       '92 = Kamera rechts drehen
Dim Cam_center As Byte                      '93 = Kamera Mittelstellung
Dim Cam_1 As Byte                           '80 = Kamera 1
Dim Cam_2 As Byte                           '81 = Kamera 2
Dim Light_off As Byte                       '70 = Licht aus
Dim Light_on As Byte                        '71 = Licht ein
Dim Connect As Byte                         '100 = PC is connected

'autonomer oder manueller Betrieb
Dim Manueller As String * 5
Dim Autonomer As String * 5
```

In der Hauptroutine ruft man mit Call Sub_rs232() den Datenempfang auf und wertet die Daten gleich mit aus.

Das Einlesen der Daten und die Berechnung der Checksumme:

```
Sub_rs232()
'Daten einlesen, wenn Daten an der UART anstehen
If Ischarwaiting() = 1 Then

  '3 Byte einlesen
  Adresse = Inkey()
  Kommando = Inkey()
  Crc = Inkey()

  Clear Serialin

  'Checksumme berechnen
  Crc_save = Adresse Xor Kommando
```

Jetzt ordnet man die Befehle den entsprechenden Unterroutinen zu und führt diese gleich aus. Aus Platzgründen folgt nur ein kleiner Ausschnitt aus dem Programm zur Veranschaulichung.

```
  'Antrieb stopp!
  If Adresse = Adr_drive_stop Then
   If Crc_save = Crc Then
```

```
    Drive_stop = Kommando
    If Drive_stop = 127 Then
     Call Drive(100 , 100)
     Print "Bot> drive stop"
    End If
    End If
   End If

   'manueller Betrieb
   If Adresse = Adr_manuel Then
    If Crc_save = Crc Then
    Manuel = Kommando
    If Manuel = 10 Then
     Manueller = "on"
     Autonomer = "off"
     Print "Bot> drive manuel"
    End If
    End If
   End If

   'autonomer Betrieb
   If Adresse = Adr_autonom Then
    If Crc_save = Crc Then
    Autonom = Kommando
    If Autonom = 11 Then
     Manueller = "off"
     Autonomer = "on"
     Print "Bot> drive autonom"
    End If
    End If
   End If

Usw. usw.

End sub
```

Zuerst wird nachgesehen, wo die Befehlsadresse passt. Ist eine If-Anweisung *true*, wird die Checksumme CRC verglichen. Erst wenn beide Daten übereinstimmen, wird der eigentliche Befehl übergeben und ausgeführt.

Nach jedem Kommando steht ein Print-Befehl. Dieser gibt an das Terminal die Bestätigung zurück, dass der Befehl nun ausgeführt worden ist.

4.9 Daten vom Bot zum PC senden

Wie bereits bei der Befehlsquittierung wird die Datenübertragung vom Roboter zum PC über den *PRINT*-Befehl gehandhabt. Da dieser bereits in Bascom integriert ist, muss man sich darum keine Gedanken mehr machen. Wichtig ist, dass bei mehreren Print-Befehlen hintereinander eine kleine Pause von etwa 50 ms eingefügt wird.

Dadurch vermeidet man Überschneidungen, die durch die Übertragung per Funk zustande kommen können. Außerdem wird der String dadurch im Terminal richtig wiedergegeben und nicht auseinandergerissen.

```
'Telemetrieausgabe
Sub Sub_telemetrie_senden()

 Waitms 50
 Print "********************"
 Waitms 50
 Print "* PC--Bot-Interface *"
 Waitms 50
 Print "********************"
 Waitms 50
 Print "Systime: " ; Sys_min ; ":" ; Sys_sec
 Waitms 50
 Print "Akku: " ; Volt_send ; " Volt"
 Waitms 50
 Print "bla bla bla...  "
 Waitms 50
 Print
 Waitms 50
 Print "Bot>"
 Waitms 50

 Clear Serialout 'Buffer löschen

End Sub
```

4.10 Anregungen zu Erweiterungen

- Auswertung des Datenstrings mit Zuweisung der Variablen für eine grafische Darstellung, z. B. zur Kartenerstellung
- E-Mail-Versenden bei einer Alarmmeldung
- Ein Webinterface zur Steuerung des Roboters über das Internet
- Bildauswertung zur Personenerkennung
- Software Bewegungsmelder
- Radaranzeige für einen Umgebungs-Scan
- Mitloggen der gefahrenen Daten
- Komplette Visualisierung der Sensordaten
- Roboter-Teaching zum Erlernen von Fahrstrecken

Diese Aufzählung zeigt nur einen kleinen Teil dessen, was das Interface an Aufgaben übernehmen könnte. Der erfahrene Programmierer wird sich dem ein oder anderen Hindernis mit Erfolg stellen und das Interface zu einer mächtigen Steuerzentrale ausbauen.

5 Die Sensoren: Sinne für die Maschinen

Zu den wichtigsten Bestandteilen eines Roboters zählen die Sensoren. Sie dienen dazu, Hindernisse und Umgebungseinflüsse zu messen und den Roboter darauf reagieren zu lassen. Die Roboter müssen sehen und fühlen können, sonst können sie nicht auf ihre Umgebung reagieren.

Als Hindernissensoren kommen Infrarot, Ultraschall und einfache Schalter (Bumper) zum Einsatz.

Zur Messung von Umgebungseinflüssen gibt es Temperatur-, Luftfeuchte-, Licht- und Erschütterungssensoren.

Die bekanntesten und am leichtesten zu beschaffenden Sensoren werden in diesem Kapitel vorgestellt. Die Beispielprogramme zur Auswertung sind für den Bascom-Compiler geschrieben. Er befindet sich als Demoversion auf der mitgelieferten CD-ROM.

5.1 Ultraschallsensoren

Bei Ultraschallsensoren wird ein Ultraschallimpuls von 8-16 Perioden Dauer ausgesendet und die Zeit gemessen, bis das Echo am Empfänger eintrifft. Mit diesem Verfahren wird die Zeit bis zum ersten eingehenden Echo gemessen und über die Schallgeschwindigkeit, die bekannt ist (etwa 300 m/s), der Abstand zum Objekt bestimmt. Die Genauigkeit der Sensoren liegt im Zentimeterbereich. Es gibt auch Systeme mit anderen Verfahren. Kurz nach dem ersten Echo wird der Empfänger wieder empfindlich gemacht, dann werden weitere (maximal sieben) Echos (Bursts) registriert. Auf diese Weise kann man erkennen, ob hinter einem kleinen Hindernis (z. B. ein Ball) noch ein anderes (z. B. eine Wand) vorhanden ist. Bei ungünstiger Montage der Sensoren kann es auch vorkommen, dass der Sendepuls am eigenen Roboter reflektiert wird. Ein „normales" Echolot liefert dann keine brauchbaren Ergebnisse mehr. Denkbar wäre, dass man einfach alle Ergebnisse weglässt, die kleiner als 10 cm sind.

Abb. 5.1: SRF04 von hinten

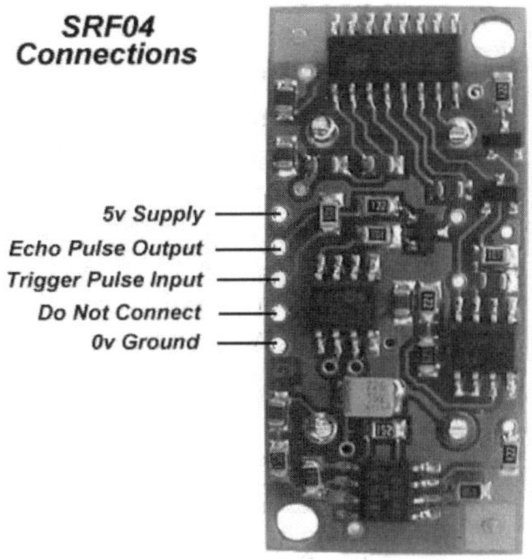

Abb. 5.2: Anschlüsse des SRF04

Ultraschallsensor SRF04

Die Firma Devantech hat eine Serie preiswerter und kleiner Ultraschallsensoren entwickelt, die sich als „autonome Robotersysteme“ durchgesetzt haben. Sie sind sehr verbreitet, da sie auch für „Hobbyrobotiker“ erschwinglich sind. Es würde sich nicht lohnen, vergleichbare Module selbst zu bauen, da diese meistens ungenauer und teurer wären.

Bekannt wurde die Serie durch den SRF04. Mit ihren kleinen Abmessungen, der niedrigen Stromaufnahme und der hohen Genauigkeit ist sie für kleine Messaufgaben im Entfernungsbereich von 3 cm bis 3 m gut geeignet. Der SRF04 kann einen 3 cm dicken Besenstiel in 2 m Entfernung erkennen und gibt seine gemessene Entfernung als PWM aus.

Ultraschallsensor SRF08

Die Alternative zum SRF04 sind der beliebte SRF08 und dessen Nachfolger SRF10, die nun über den I^2C-Bus ausgewertet werden können und über eine Reichweite von 3 cm bis 6 m verfügen. Sie haben eine noch kleinere Stromaufnahme und zusätzlich befindet sich auf ihrer Platinenfront ein Fotowiderstand (LDR), dessen Lichtmesswerte sich ebenfalls über den I^2C-Bus auswerten lassen. Durch den SRF08 wird es möglich, bis zu 16 Mehrfachechos von weiter hinten gelegenen Gegenständen auszuwerten, die bei dem SRF04 ignoriert wurden. Über den I^2C-Bus kann man die Messwerte in cm, Zoll und in der Laufzeit µs auslesen und spart sich somit die externe Auswertung der Laufzeit, wie sie beim SRF04 erforderlich ist. Weiterhin können insgesamt 16 SRF08-Module an einen I^2C-Bus angeschlossen werden.

Abb. 5.3: SRF08

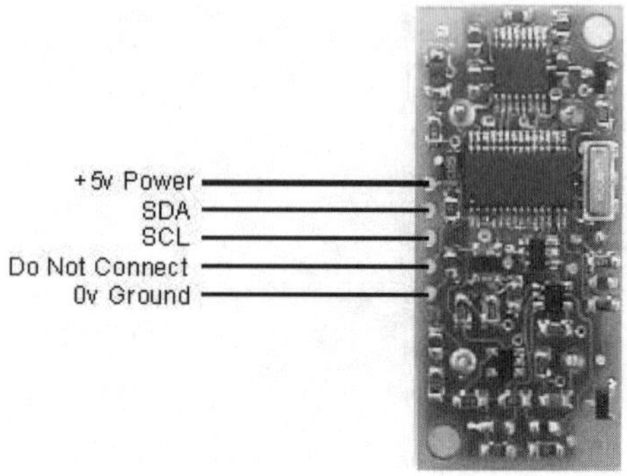

Abb. 5.4: Anschlüsse SRF08

SRF08-Programmbeispiel

```
Const Sf08_adr_0 = &HE0      'I2C-Adresse
Const Sf08_c_range = 100     'Reichweite
Const Sf08_c_gain = 1       'Empfindlichkeit
```

Die Adresse ist der Default-Wert für den Sensor und kann eingestellt werden. Range und Gain sind anzupassen, die angegeben Werte sind aber grundsätzlich verwendbar.

Setup

Nach dem Reset sind einmal Range und Gain zu setzen.

Die Reichweite „Range" einstellen:

```
I2cstart
I2cwbyte Sf08_adr_0        'Device I2C-Adresse
I2cwbyte 2                 'Register „range“
I2cwbyte Sf08_c_range
I2cstop
```

Gain einstellen:

```
I2cstart
I2cwbyte Sf08_adr_0        'Device I2C-Adresse
I2cwbyte 1                 'Register „gain"
I2cwbyte Sf08_c_gain
I2cstop
```

Abfrage Trigger:

Die Abfrage soll laut Beschreibung in zwei Schritten erfolgen, zwischen denen ca. 70 mS gewartet werden muss. Diese Zeit braucht das Gerät zum Messen.

```
I2cstart
I2cwbyte Sf08_adr_0        'Device I2C-Adresse
I2cwbyte 0                 'Register "Trigger"
```

```
I2cwbyte 81                  'Messwert in Zentimetern
Waitms 70
```

Messergebnis abholen:

```
DIM Lsb as Byte
DIM Msb as Byte
DIM IVal as word

 I2cstart                    ' Repeated Start
 I2cwbyte Sf08_adr_0         ' Device I2C-Adresse
 I2cwbyte 2                  ' Messwert US

 I2cstart                    ' repeated Start
 I2cwbyte Sf08_adr_0 + 1     ' Device I2C-Adresse read!
 I2crbyte Msb , Ack          ' Bit 8-15
 I2crbyte Lsb , Nack         ' Bit 0-7
 I2cstop

 Ival = Makeint(lsb , Msb) ' umwandeln in Word (16 Bit)
```

Ultraschallsensor SRF02

Der Ultraschallsensor SRF02 ist der erste Sensor aus der SRF-Reihe, der mit nur einem Ultraschallwandler auskommt. Dennoch können sich die Leistungen sehen lassen. Vor allem die Tatsache, dass eine RS232- und eine I²C-Bus-Schnittstelle vorhanden sind, dürfte viele Bastler erfreuen. Er ist der aktuellste und vor allem preiswerteste Sensor der SRF-Reihe.

Abb. 5.5: SRF02

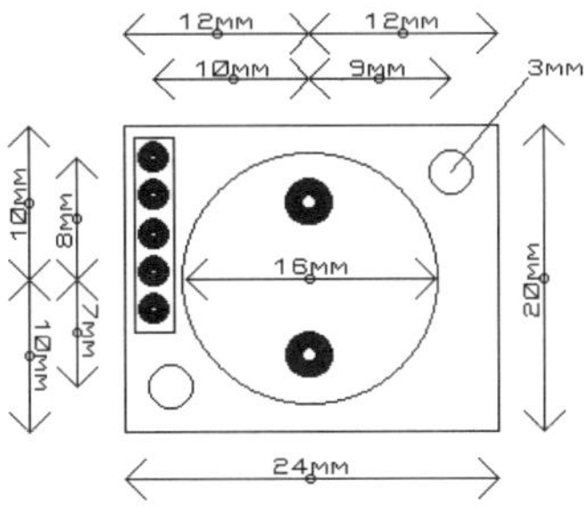

Abb. 5.6: Masse des SRF02

- Betriebsspannung 5 V (stabilisiert)
- Stromaufnahme nur 4 mA (typisch)
- Ultraschallfrequenz 40 kHz
- Reichweite 15 cm bis 6 m
- Schnittstellen RS232 (TTL) und I²C-Bus

- Ausgabeeinheit wahlweise in mm, Inch oder µSek
- einfachste Verwendung, keine Kalibration/Justierung notwendig
- Größe 24 x 20 x 17 mm

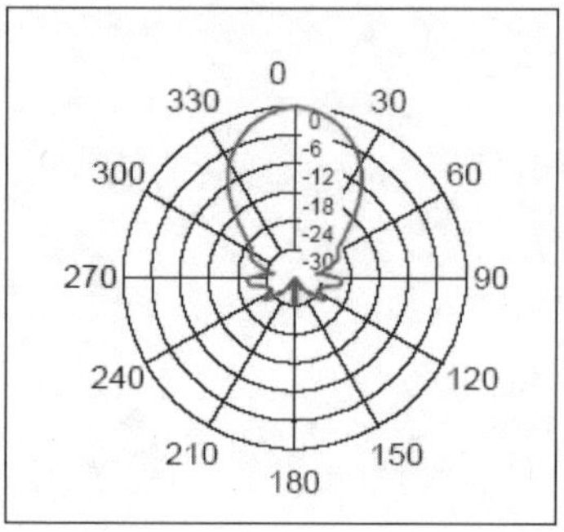

Abb. 5.7: Öffnungswinkel des SRF02.

Der Sensor lässt sich wahlweise per RS232 oder I²C anschließen. Jeweils bis zu 16 Stück können an einer Schnittstelle betrieben werden – auch an der RS232-TTL, was durchaus ungewöhnlich ist.

SRF02 im RS232-Mode

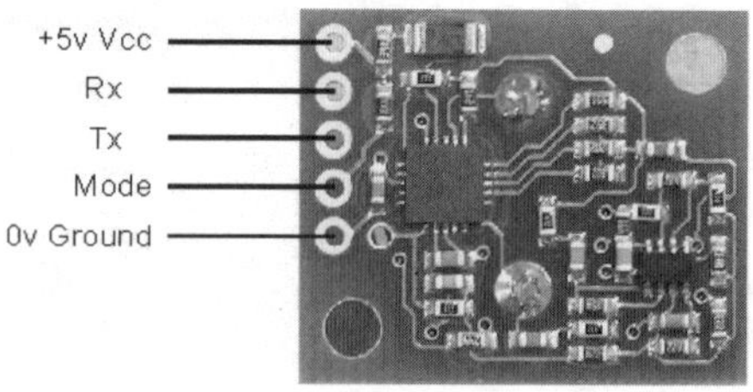

Abb. 5.8: Anschlüsse des SRF02 im RS232 Mode

Beispiel-Code:

```
'####################################################################
' SRF02_RS232.bas
' Gibt die Firmware-Version vom SRF02 aus und
' anschließend in einer Endlosschleife die
' Entfernung von Objekten in Zentimetern
' Die Entfernung wird 1-mal pro Sekunde über RS232
' ausgegeben.
' Dieses Beispiel nutzt den RS232-Mode vom SRF02
' Um die Ergebnisse auch gleichzeitig an den PC
' übermitteln zu können, wird in dem Beispiel eine
' zweite RS232-Schnittstelle per Software eingerichtet.
' Dadurch kann der Sensor (oder auch mehrere) bequem
' an der Steckklemme angeschlossen werden
'####################################################################
```

```
Declare Function Srf02_firmware(byval Slaveid As Byte) As Byte
Declare Function Srf02_entfernung(byval Slaveid As Byte) As Integer

$regfile = "m32def.dat"
$crystal = 16000000
$baud = 9600

Open "COMA.0:9600,8,N,2" For Output As #1
Open "COMA.1:9600,8,N,2" For Input As #2

Const Srf02_slaveid = 0
Dim Entfernung As Integer
Wait 1
Print "SRF02 RS232 Testprogramm"
Print "SRF02 US-Firmware Version:" ;Srf02_firmware(srf02_slaveid)
Print "PA0 wird TX und PA1 wird als RX genutzt

Do

 Entfernung = Srf02_entfernung(srf02_slaveid)
 Print "Entfernung:" ; Entfernung ; "cm"
 Wait 1

Loop
End


'------------ Sub-Routine ----------------------------------

Function Srf02_firmware(byval Slaveid As Byte) As Byte
 Print #1 , Chr(slaveid) ; Chr(93);
 Srf02_firmware = Waitkey(#2)
End Function

Function Srf02_entfernung(byval Slaveid As Byte) As Integer
 Local Lob As Byte
 Local Hib As Byte

 Print #1 , Chr(slaveid) ; Chr(84); ,Messvorgang in cm starten
 Inputbin #2 , Hib , Lob    ,Warte auf Ergebnis
 Srf02_entfernung = Makeint(lob , Hib)
End Function
```

SRF02 im I^2C-Mode

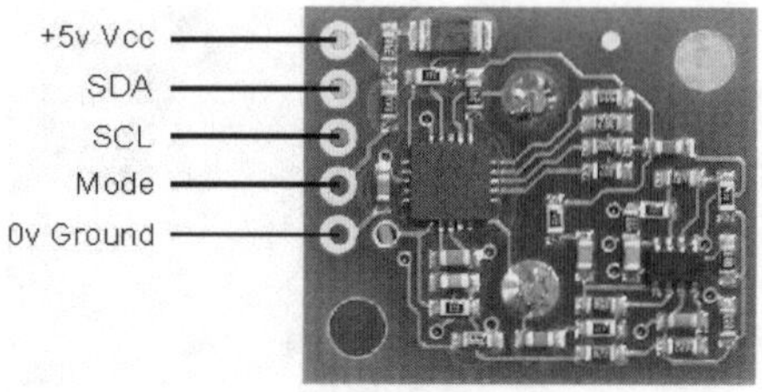

Abb. 5.9: Anschlüsse SRF02 im I^2C-Mode

```
Beispiel-Code:
'###########################################################################
'SRF02_i2c.bas
'Aufgabe:
'Gibt die Firmware-Version vom SRF02 aus und
'anschließend in einer Endlosschleife die
'Entfernung von Objekten in Zentimetern.
'Die Entfernung wird 1 mal pro Sekunde über RS232
'ausgegeben.
'Hier wird noch genau gescheckt, ob ein Sensor die
'Messung schon beendet hat. Dadurch sind noch
'schnellere Messungen als nur 15 pro Sekunde möglich
'###########################################################################

$regfile = "m32def.dat"
$framesize = 42
$swstack = 42
$hwstack = 42
$crystal = 16000000
$baud = 9600

Config Scl = Portc.0
Config Sda = Portc.1

Declare Function Srf02_firmware(byval Slaveid As Byte) As Byte
Declare Function Srf02_entfernung(byval Slaveid As Byte) As Integer

'Default I2C- Adresse von SRF02
Const Srf02_slaveid = &HE0
Dim Entfernung As Integer

Wait 1 'Warte 1 Sekunde
I2cinit

Print "SRF02 Testprogramm"
Print "SRF02 Ultraschall-Firmware Version:" ;
                Srf02_firmware(srf02_slaveid)
```

```
,------------ Hauptprogramm ----------------------

Do
    Entfernung = Srf02_entfernung(srf02_slaveid)
    Print "Entfernung:" ; Entfernung ; "cm"
    Wait 1
Loop
End

'------------ Hilfsfunktionen für SRF02 -----------

Function Srf02_firmware(byval Slaveid As Byte) As Byte

      Local Firmware As Byte
      Local Slaveid_read As Byte
      slaveid_read = Slaveid + 1

      I2cstart
      I2cwbyte Slaveid
      I2cwbyte 0 'Leseregister festlegen
      I2cstop

      I2cstart
      I2cwbyte Slaveid_read
      I2crbyte Firmware , Nack
      I2cstop

      Srf02_firmware = Firmware

End Function

Function Srf02_entfernung(byval Slaveid As Byte) As Integer

      Local Lob As Byte
      Local Hib As Byte
      Local Firmware As Byte
      Local Temp As Byte
      Local Slaveid_read As Byte
      slaveid_read = Slaveid + 1

      'Messvorgang in starten
      I2cstart
      I2cwbyte Slaveid
      I2cwbyte 0
      I2cwbyte 81            'in Zentimetern messen
      I2cstop

      Warteaufmessung:
      Waitms 1

      Firmware = Srf02_firmware(slaveid)
```

```
        If Firmware = 255 Then Goto Warteaufmessung

        I2cstart
        I2cwbyte Slaveid
        I2cwbyte 2              'Leseregister festlegen
        I2cstop

        I2cstart
        I2cwbyte Slaveid_read
        I2crbyte Hib , Ack
        I2crbyte Lob , Nack
        I2cstop

        Srf02_entfernung = Makeint(lob , Hib)

End Function
```

Die I²C-Adresse des SRF02 ändern:

Will man mehrere SRF02-Sensoren an einem I²C-Bus betreiben, muss man die Adresse der Sensoren ändern. Wie das geht, sieht man am folgenden Beispiel-Code.

Beispiel-Code:

```
'SRF02_Adr_Change.bas

'Mikrocontroller
'AVR-File, Quarz, Baudrate, Hardwarestack, Softwarestack,
'            Framesize
$regfile = "m32def.dat"
$crystal = 16000000
$baud = 19200

'I²C-Pins
'I²C-Bus Pinbelegung (Hardware I²C-Bus)
Config Scl = Portc.0
Config Sda = Portc.1
I2cinit

'Command # 1
I2cstart
I2cwbyte &HE2
I2cwbyte 0              'Register 0 Command Register
I2cwbyte &HA0           '1. Byte Sequenz
I2cstop

'Command # 2
I2cstart
I2cwbyte &HE2
I2cwbyte 0              'Register 0 Command Register
I2cwbyte &HAA           '2. Byte Sequenz
```

```
I2cstop

'Command # 3
I2cstart
I2cwbyte &HE2
I2cwbyte 0                  'Register 0 Command Register
I2cwbyte &HA5               '3. Byte Sequenz
I2cstop

'Command # 4
I2cstart
I2cwbyte &HE2
I2cwbyte 0                  'Register 0 Command Register
I2cwbyte &HE4               'neue Adresse ist E2
I2cstop

End
```

5.2 Infrarotsensoren

1. Optischer Reflexkoppler

Ein integriertes Sensor-IC gibt Stromimpulse für eine IR-LED aus und detektiert die Echos, die diesem Impulsmuster entsprechen. Man erreicht damit eine gute Unterdrückung der Umgebungshelligkeit. Eine genaue Abstandsmessung ist jedoch mit dieser Methode nicht möglich.

Der Distanzsensor mit IS471F

Das hier vorgestellte *IC IS471F* erlaubt eine einfache und sogar preisgünstige Hinderniserkennung per Infrarot. Dazu muss im Wesentlichen nur noch eine Infrarotdiode

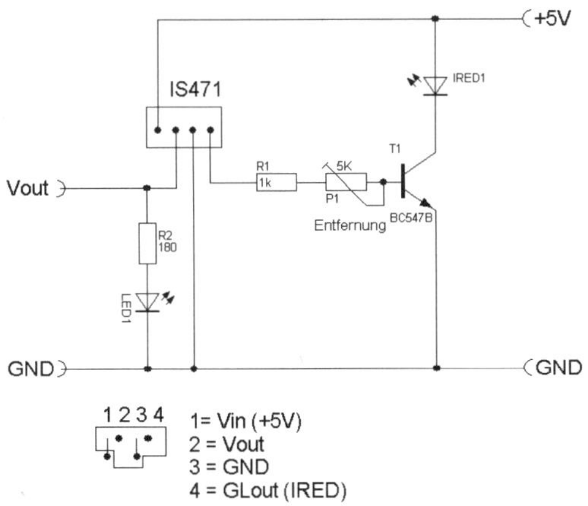

Abb. 5.10: IR-Kollisionsschalter mit IS471F

an das IC angeschlossen werden. Das modulierte Licht wird von einem Gegenstand direkt auf das IC zurückgeworfen und somit das Hindernis erkannt. Tageslicht/ Fremdlicht stört den IS471 nicht, da das Licht mit einer bestimmten Frequenz moduliert wird. Die Reichweite liegt bei der unten aufgeführten Schaltung zwischen 5 und 50 cm. Die Reichweite hängt jedoch stark vom reflektierenden Objekt ab. Bei hellen Gegenständen erreicht man mühelos eine Entfernung von bis zu 50 cm. Dunkle oder sogar ganz schwarze Objekte lassen die Reichweite jedoch bis unter 5 cm sinken.

Die Einbaurichtung des IC erkennt man an den unterschiedlich langen Beinchen. Pin1 ist das kurze Bein außen.

Die IR-empfindliche Fläche ist, gegenüber der beschrifteten Seite, annähernd quadratisch.

2. Optische Triangulation

Sehr viel genauer arbeiten Sensoren, die den Abstand bis zu einem Hindernis trigonometrisch vermessen. Sie bestehen aus einer IR-Diode und einem Empfänger, die zusammen mit einer Steuerung in einem Modul integriert sind. Die Impulse werden wieder nach einem Schema zur Unterdrückung der Umgebungshelligkeit ausgesendet und detektiert. Hier aber handelt es sich um einen gebündelten Lichtstrahl, der auf das Hindernis trifft. Der seitlich versetzte Empfänger – eine *Position Sensitive Device* (PSD) – misst, aus welchem Winkel das Licht reflektiert wird, und setzt den Winkel in einen Spannungswert um. Leider ist der Zusammenhang Entfernung/Spannung nichtlinear. Über entsprechende Formeln oder Tabellen ist eine einfache Umrechnung möglich. Für die Module mit einer Abstandsmessung von 80 und 150 cm kann der folgende Bascom-Code benutzt werden. Er verwendet eine Formel zur Umrechnung auf cm.

Beispiel-Code:

```
Dim Sharp_dist as word

Sharp_dist = Getadc(X)                   'X = ADC Port am AVR
Sharp_dist = Shap_dist - 13              'Umrechnung auf cm
Sharp_dist = 5915  Sharp_dist
Sharp_dist = Sharp_dist - 2

'Begrenzung
If Sharp_dist > 80 then Sharp_dist = 80 'bzw. 150 bei Sensor bis
                                         '150 cm
```

Abb. 5.11: Sharp GP2D12

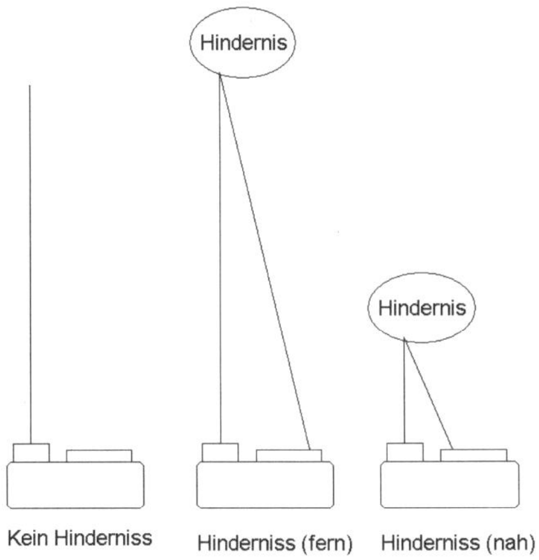

Abb. 5.12: Triangulations-Prinzip des GPZD12

Die Zeichnung zeigt, wie sich die Triangulation je nach Objektentfernung verhält. Der IR-Strahl trifft somit, je nach Abstand des Objekts, unterschiedlich auf den PSD-Sensor auf.

5.3 Bumpers

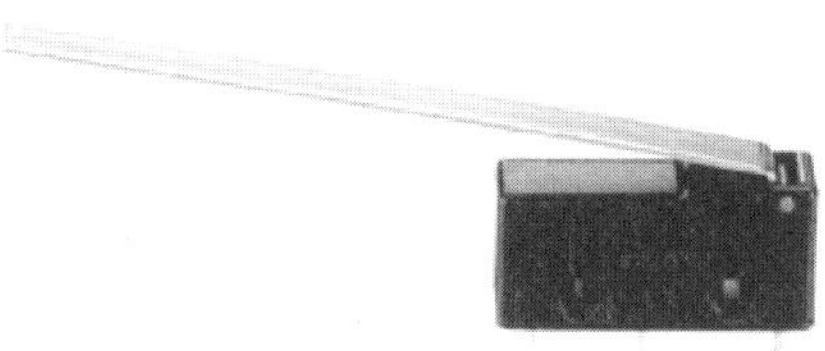

Abb. 5.13: ein Mikroschalter, der als Bumper benutzt werden kann.

Bumper sind zur Navigation und zum Schutz des Roboters vor Kollision geeignet. Sie bestehen im einfachsten Fall aus einem Mikrotaster oder einem Tastergürtel als Stoßstange. Sie sind preisgünstig und reagieren sicher auf eine direkte Kollision. Sie werden auch gerne in Verbindung mit Infrarot- und Ultraschallsensoren als zusätzliche Absicherung eingesetzt. Der Nachteil der Sensoren besteht darin, dass sie erst auf eine direkte Kollision reagieren – also erst dann eine Ausweichroutine starten können, wenn der Roboter am Hindernis bereits angestoßen ist. Dies kann zu unnötigem Schlupf (Durchdrehen) der Räder führen. Die Auswertung erfolgt digital an einem Pin mit PullUp-Widerstand. Manche Controller besitzen interne PullUp-Widerstände, die hierfür genutzt werden können. Man kann den Eingang auch „pollen“ (immer wieder abfragen). Besser ist es aber, einen Interrupt-Eingang zu benutzen, der bei Auslösen des Schalters sofort in seine Routine springt und das dafür zuständige Unterprogramm ausführt.

5.4 Whiskers

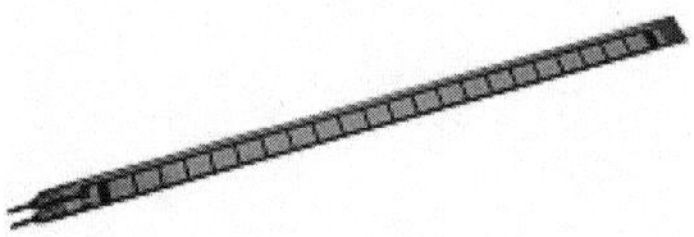

Abb. 5.14: Flexsensor

Whiskers sind flexible Kunststoffstreifen von ca. 10 cm Länge und eigentlich für Datenhandschuhe vorgesehen. Aber man kann sie auch als Fühler einsetzen und daher auch für die Kollisionssensorik verwenden. Beim Verbiegen steigt der Widerstand an. Um den Widerstand zu messen, wird mit Hilfe eines zweiten Widerstands ein Spannungsteiler aufgebaut, der dann mit einem Analogeingang des Controllers verbunden wird. Dadurch kann man den Grad der Verbiegung über eine Spannungsänderung erkennen. *Whiskers* werden häufig auch *Flexsensoren* genannt.

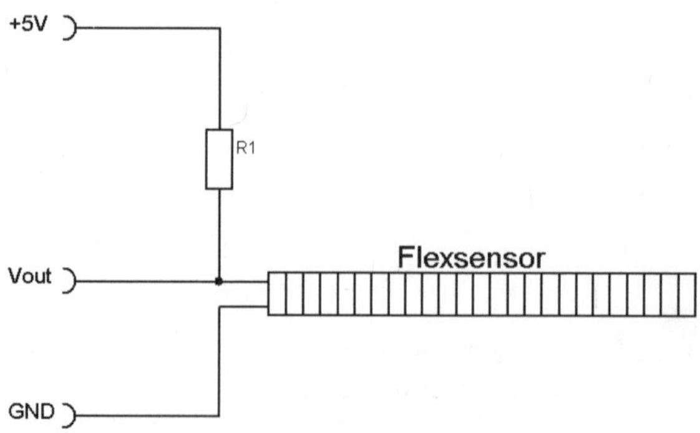

Abb. 5.15: Flexsensor

5.5 Drucksensor als Kollisionssensor

Abb. 5.16: Drucksensor MPX 5100 MP

Drucksensoren lassen sich sehr gut als „Rundum-Bumper" in Robotersystemen einsetzen. Dazu legt man um den äußeren Bereich des Roboters einen Silikonschlauch, den man auf einer Seite verschließt. Das offene Ende wird mit dem Drucksensor verbunden. Fährt der Roboter an einen Gegenstand heran, wird der Schlauch zusammengedrückt und es entsteht ein Überdruck im Schlauch. Diesen kann man mit dem Sensor auswerten und dazu benutzen, den Roboter ausweichen zu lassen. Im Programm kann man jetzt festlegen, dass man vorwärts fährt und, falls der Sensor auslöst, vorn das Hindernis liegen muss, dem man entsprechend ausweichen kann.

Sehr gut geeignet, wenn leider auch recht teuer, ist der Motorola Drucksensor MPX5100DP (lieferbar z. B. von Conrad Electronic unter der Bestellnummer 183890-82).

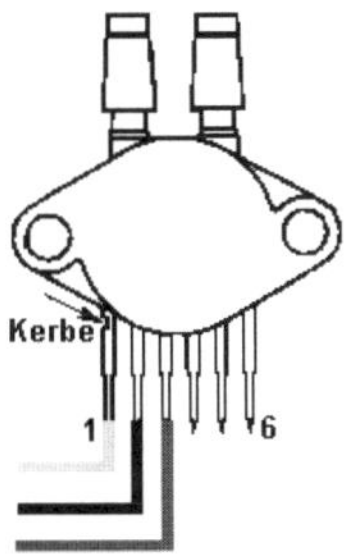

Abb. 5.17: MPX 5100 MP

Pin 1 = Spannungsausgang
Pin 2 = Masse (GND)
Pin 3 = pos. Betriebsspannung (UB) +5 V
Pin 4, 5, 6 nicht anschließen

Das Ausgangssignal wird an Pin-1 (Kerbe) ausgegeben. Die Masseleitung wird daneben an Pin-2 angeschlossen, die positive 5-Volt-Betriebsspannung an Pin-3. Die anderen drei Pins dürfen nicht angeschlossen werden. Der nutzbare Ausgangsspannungs-Bereich beträgt 0,5 Volt (keine Druckdifferenz zwischen den beiden Druckanschlüssen) bis 4,5 Volt (100 kPa entspricht etwa 1 Atmosphäre zwischen den Druckanschlüssen). Leider kann man mit diesem Sensor nur den Überdruck des Anschlusses auf der Beschriftungsseite in Relation zum anderen Anschluss oder den Unterdruck des Anschlusses auf der unbedruckten Seite messen.

Um den Sensor für den praktischen Einsatz robuster zu machen, sollten die Anschlussdrähte nicht frei an den Sensor gelötet werden. Man sollte die Drähte vorsichtig um 90 Grad abwinkeln und den Sensor auf eine Lochrasterplatte schrauben, die Anschlüsse durch die Platte stecken und von unten die Drähte anlöten.

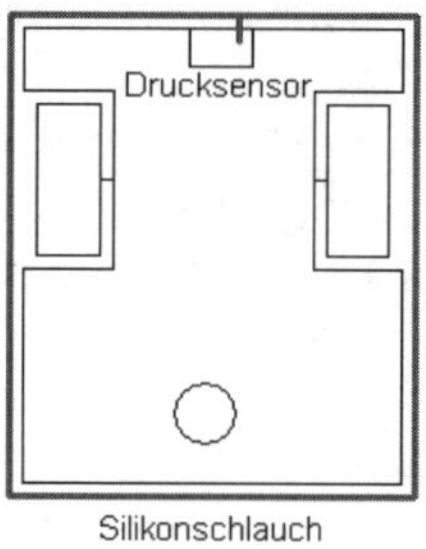

Abb. 5.18: So könnte die Schlauch-/Sensor-Anordnung aussehen

Die Abbildung zeigt, wie der Schlauch um den Roboter zu legen ist. Das eine Ende des Schlauchs muss dicht verschlossen werden. Man kann dieses Problem mit einer kleinen Nylonschraube lösen, die man mit einem Tropfen Sekundenkleber in den Schlauch eindrückt. Zudem sollte der Schlauch auf einer Seite fest aufliegen, damit er sich bei einer Kollision gut zusammendrücken kann und am Drucksensor genügend Überdruck anliegt. Dadurch gibt er einen deutlichen Spannungsunterschied aus.

5.6 Impuls-/Inkrementalgeber

Abb. 5.19: Gabellichtschranke GP1A038RBK

Impuls- und Inkrementalgeber werden in der Robotertechnik dazu benutzt, Wegstrecken zu messen und Drehzahlen von Motoren zu erfassen (*Odometrie* von „Odometer"). Bei Roboterarmen werden sie auch benötigt, um den Winkel des Roboterarms zu bestimmen. Es gibt optische und mechanische Geber, wir werden uns hier nur den optischen Sensoren widmen. Mechanische Sensoren werden in Bedienpulten oder im Hi-Fi-Bereich als digitale Lautstärkeregler eingesetzt. Sie sind für unsere Anwendungen weniger gut geeignet, da sie wie ein Schalter Kontaktverschleiß unterliegen. Ein mechanischer Impulsgeber wäre in einem Antrieb zur Wegmessung nach wenigen Stunden verschlissen und müsste ausgetauscht werden. Der Unterschied zwischen Impuls- und Inkrementalgeber ist, dass beim Impulsgeber keine Richtungserkennung möglich ist. Er liefert nur Impulse mit einem High- oder Low-Pegel. Der Inkrementalgeber besitzt jedoch zwei Ausgänge die zueinander um 90° phasenverschoben sind. Anhand dieser Phasenverschiebung kann ein Rückschluss auf die Drehrichtung gezogen werden.

Der oben abgebildete optische Inkrementalgeber ist bei Conrad Electronic unter der Bestellnummer 185377-82 erhältlich.

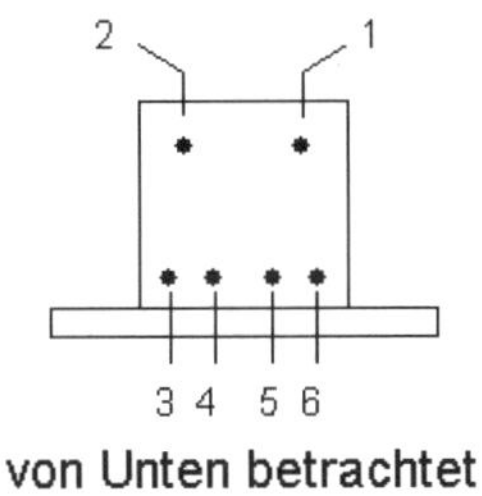

1 = Anode
2 = Kathode
3 = GND
4 = Kanal B
5 = Kanal A
6 = Ub +5 V

Abb. 5.20: Anschlussübersicht

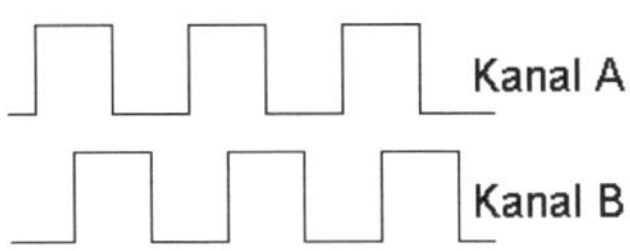

Abb. 5.21: Ausgangssignal des Gebers

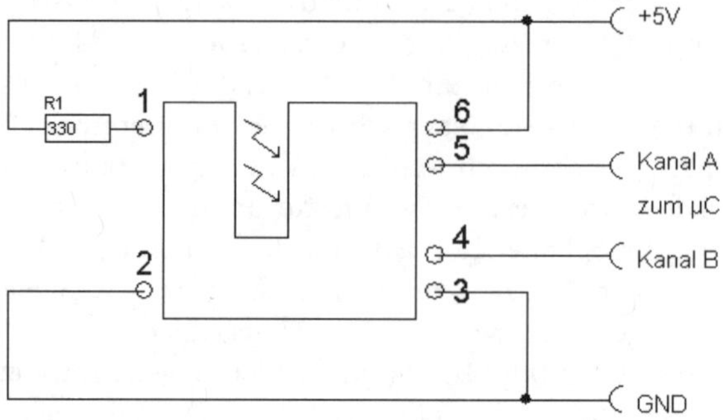

Abb. 5.22: Beispielschaltung zum GP1A038RBK

Diese Lichtschranke ist sehr gut für das Messen der Drehzahl oder des zurückgelegten Wegs des Roboters geeignet. Leider liegt der Lichtschranke keine Taktscheibe bei, man muss sich hier selbst helfen. Man kann dafür z. B. ein Platinenmaterial mit einseitiger Kupferbeschichtung nehmen. Dieses schneidet man mit der Modellbau-Stichsäge rund aus und stellt die Teilungen durch Einschlitzen der Scheibe her. Die Schlitzung für die Teilung nimmt man ebenfalls mit der Stichsäge vor. In der Mitte bohrt man ein Loch mit dem Wellendurchmesser und lötet einen passenden Stellring auf, um die Taktscheibe an der Welle zu fixieren.

Bei Robotik-Hardware gibt seit neustem die Lichtschranke mit Endcoderscheibe. Wer also nicht selbst eine Taktscheibe anfertigen möchte, muss geringfügig tiefer in die Hobbykasse greifen, erhält dafür aber eine Präzisionstaktscheibe.

Impulsgeber mit CNY70

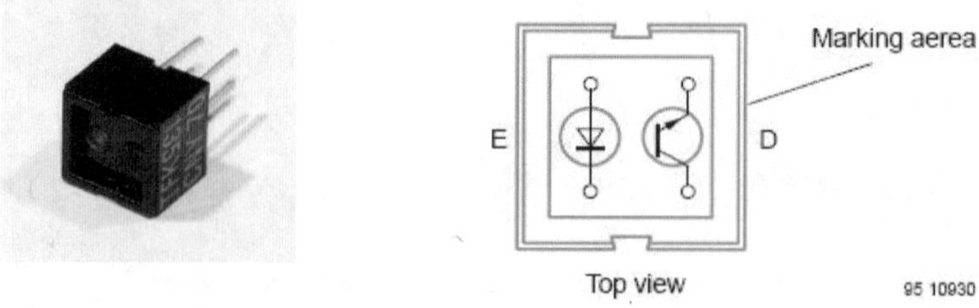

Abb. 5.23: CNY70-Reflexlichtschranke, Conrad-Bestellnummer 184241-82

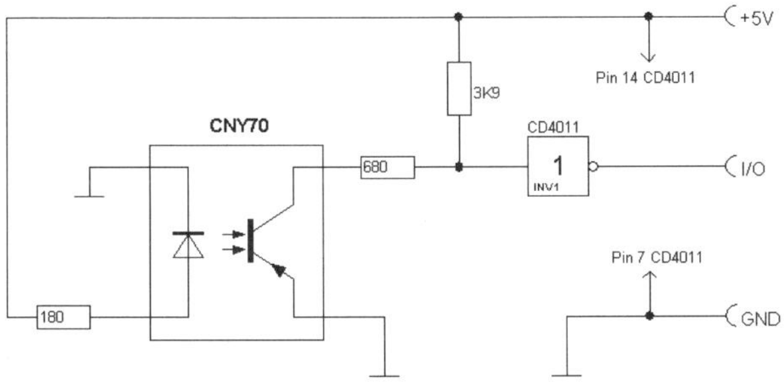

Abb. 5.24: Auswerte-Elektronik für den CNY70

Eine weitere einfache und preiswerte Lösung ist die CNY70-Reflexlichtschranke.

Beispiel-Code:

```
'##################################################################################
'Drehzahl_Messung.BAS
'
'Aufgabe:
'Dieses Testprogramm demonstriert, wie man mit Drehgeber
'die Umdrehungszahl von Motoren anzeigen kann.
'Als Drehgeber wird ein Sharp GP1A038 mit Codescheibe verwendet.
'In diesem Code wird nicht die Drehrichtung ausgewertet, daher
'wird nur ein Interrupt Port (INT0) an den Sensorausgang (VOA)
'angeschlossen. Zudem noch +5 V, GND und +5V über 330 Ohm
'Widerstand an die Anode des Sensors. Also einfachste Beschaltung.

'Wenn man nun das Programm startet, wird jede Sekunde die Drehzahl
'ermittelt und alle 3 Sekunden über RS232 auf einem
'Terminalprogramm ausgegeben.

'Das Programm eignet sich somit zum Messen von Drehzahlen
'wie auch zur Überprüfung der Drehgeberfunktion. Es lässt sich
'sehr einfach zur Wegstrecken-Auswertung ausbauen. Statt
'an einem Interrupt könnte man den Sensor auch an einen Timer-
'Eingang anschließen, jedoch wird dies hier im Programm nicht
'berücksichtigt.
'##################################################################################

$regfile = "m32def.dat"
$framesize = 32
$swstack = 32
$hwstack = 32

$crystal = 16000000
$baud = 9600

Config Int0 = Falling
```

```
Config Timer1 = Timer , Prescale = 256
Const Timervorgabe = 3036
Const Markierungenproscheibe = 120

Dim Zaehlerirq0 As Long
Dim Impulseprosekunde As Long
Dim Impulseprominute As Long
Dim Umdrehungenprominute As Integer

Print
Print "Drehzahl Messung" "

Zaehlerirq0 = 0
On Int0 Irq0
Enable Int0

On Timer1 Timer_irq
Enable Timer1

Enable Interrupts

'----------------------- Hauptprogramm ------------------------

Do
 Print
 Print "Impulse Sek: " ; Impulseprosekunde
 Impulseprominute = Impulseprosekunde * 60
 Umdrehungenprominute = Impulseprominute / Markierungenproscheibe
 Print "Umdreh. Min: " ; Umdrehungenprominute
 Wait 3
Loop
End

'----------------------- Sub-Routinen ------------------------

'Pro Impuls (Markierung auf Scheibe) ein Aufruf
Irq0:
 Incr Zaehlerirq0
Return

'Pro Sekunde ein Aufruf
Timer_irq:
 Timer1 = Timervorgabe
 Impulseprosekunde = Zaehlerirq0
 Zaehlerirq0 = 0

Return
```

Impulsgeber mit Reflexlichtschranke

Abb. 5.25: SMD-Reflexlichtschranke SFH-9102

Der SFH-9102, bei Conrad Electronic unter der Bestellnummer 153808-82 erhältlich, ist wohl die günstigste Lösung im Aufbau eines Radimpulsgebers. Es handelt sich bei diesem Bauteil um eine SMD-Reflexlichtschranke, die mit geringer Beschaltung an den AD-Port des Mikrocontrollers angeschlossen werden kann. Da die Ausgangsspannung der Lichtschranke, bedingt durch Umgebungslicht und unterschiedliches Reflexionsverhalten der Taktscheibe, keinen sauberen High-/Low-Pegel liefert, muss man den Ausgang an einen AD-Port des Mikrocontrollers anschließen.

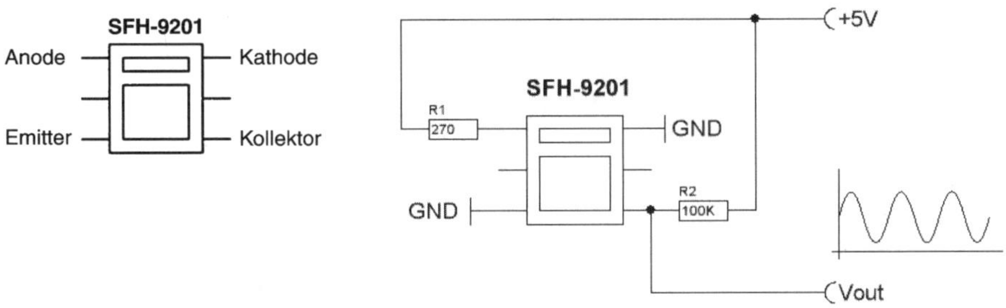

Abb. 26: Beispielschaltung zum SFH-9201

Das Ausgangssignal sieht, auf dem Oszilloskop betrachtet, etwa so aus wie in der Zeichnung (oben). Das Signal kann man softwaremäßig leicht auswerten, wie folgendes Beispiel zeigt:

Beispiel-Code:

```
'*******************************************************************
'Lichtschranke_sfh-9201.bas
'Compiler : BASCOM-AVR
'Projekt  : Reflexlichtschranke SFH-9201 Auswertung zur Wegmessung
'         : SFH-9201.bas
'Hardware : S-Control Mega32
'Autor    : Sommer Ulli
'Datum    : 14.12.2006
'*******************************************************************
```

```
'Mikrocontroller
$regfile = "m32def.dat"
$crystal = 16000000
$hwstack = 32
$swstack = 10
$framesize = 40

'ADC einstellen
'Analog-Digitalwandler einstellen, Teiler, Spannungsreferenz
'intern starten
Config Adc = Single , Prescaler = Auto , Reference = Internal
Start Adc

Dim Zaehler_l As Long
Dim Zaehler_r As Long
Dim Counter_flag_l As Bit
Dim Counter_flag_r As Bit

Adc_l Alias Getadc(2)
Adc_r Alias Getadc(1)

Enable Interrupts

Const Dunkel = 25
Const Hell = 150

'------------------- Hauptroutine ------------------------------
Main:
Do

 'Counter links
 If Adc_l < Hell And Counter_flag_l = 0 Then
  Incr Zaehler_l
  Counter_flag_l = 1
 End If

 If Adc_l > Dunkel Then
  Incr Zaehler_l
  Counter_flag_l = 0
 End If

 'Counter rechts
 If Adc_r < Hell And Counter_flag_r = 0 Then
  Incr Zaehler_r
  Counter_flag_r = 1
 End If

If Adc_r > Dunkel Then
  Incr Zaehler_r
  Counter_flag_r = 0
 End If
```

```
'Hier könnte nun der Zählerwert an ein LCD zum Testen ausgegeben
'werden!

Loop
```

Das Ausgangssignal der Lichtschranke kann aber auch über einen Schmitt-Trigger (wie einen CMOS CD4093) geführt und an einen I/O-Port des Mikrocontrollers angeschlossen werden. Der Schmitt-Trigger macht daraus ein sauberes High-/Low-Rechtecksignal.

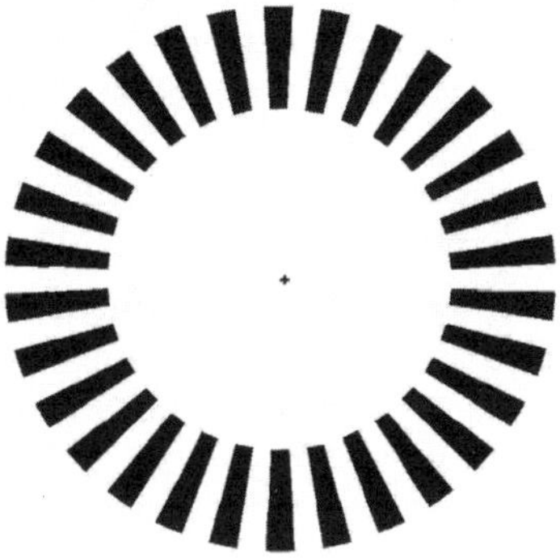

Abb. 25.7: Taktscheibe für Reflexlichtschranken 1:1

Die Taktscheibe ist als JPG-File auf der mitgelieferten CD enthalten. Man kann sie dann, je nach Wunsch, auf die gewünschte Größe anpassen und ausdrucken.

Tipp: Nach dem Ausdrucken sollte man die schwarzen Flächen mit einem wasserfesten dicken Filzstift nachschwärzen, denn die schwarze Druckertinte reflektiert fast so gut wie die weißen Felder.

Tipp: Diverse Taktscheiben und IR-Lichtschranken findet man in alten mechanischen Kugelmäusen und Trackballs. Diese kann man gut für die Rad-Endcoder verwenden.

5.7 Beschleunigungssensoren

Abb. 5.28: ADXL330-Sensor von Analog Device

Beschleunigungssensoren messen die Beschleunigung, die auf sie wirkt. Wenn sie auf dem Tisch liegen, messen sie beispielsweise die Erdbeschleunigung von 1 g (g = Maßeinheit für Beschleunigung). Beschleunigungssensoren sind meist mehrdimensional ausgelegt (x-, y-, z-Achse), so dass für mehrere Achsen ein Sensor verwendet werden kann.

Zusammen mit einem Gyroskop werden diese Sensoren zur Trägheitsnavigation eingesetzt. Damit kann man die Lage im Raum sowie die Bewegung des Fahrzeugs messen und dadurch den aktuellen Standpunkt bestimmen. Piezo-Sensoren haben nur noch die Größe eines Chips und können direkt in Schaltungen integriert werden.

Interessante und vor allem preiswerte Sensoren bietet mittlerweile Conrad Electronic unter den Bestellnummern 155032-82 und 155087-82 an. Leider standen diese Sensoren zum Zeitpunkt des Schreibens dieses Buchs noch nicht zur Verfügung. Die Sensoren liefern eine analoge Ausgangsspannung im mV-Bereich und können mittels eines Operationsverstärkers auf einen Spannungspegel von 0 bis 5 Volt angehoben werden.

Die Trägheitsnavigation ist fast schon ein eigenes Buch wert, denn die mathematisch erforderlichen Berechnungen sind höchst kompliziert. Die Sensoren können aber auch zur Verwendung von Lageanzeigen (künstlicher Horizont) in U-Boot-Robotern (ROV) und für balancierende Zweiradroboter eingesetzt werden.

5.8 Elektronischer Kompass

Abb. 5.29: Der Kompass CMPS03 der Firma Devantech

Das Kompassmodul CMPS03 der Firma Devantech eignet sich ideal für mobile Roboter oder Fahrzeuge, die sich in einer Umgebung orientieren müssen. Das Modul ermittelt anhand des Erdmagnetfelds die genaue Himmelsrichtung in Schritten von 0,1 Grad. Die Orientierung wird dadurch erheblich vereinfacht.

Das Modul arbeitet sowohl im Außenbereich als auch in geschlossenen Räumen, die Anwendung ist äußerst einfach. Die Kommunikation mit dem Kompassmodul CMP03 erfolgt über den I²C-Bus. Alternativ dazu kann das Ergebnis auch durch Messung eines Ausgangsimpulses bestimmt werden.

Abb. 5.30: Pinbelegung des Moduls

Das einzige Problem sind Metallteile und Magnetfelder wie Motoren, Lautsprecher oder geschlossene Metallgehäuse. Man kann den Kompass separat auf eine Art Masten aufbauen (siehe Abbildung).

Abb. 5.31: Der Kompass wurde hoch über die Elektronik montiert um Störungen zu unterbinden

Abb. 5.32: Der Kompass eingebaut in ein Gehäuse

Der Kompass wurde in ein kleines Plastikgehäuse eingebaut und hoch über den Roboter installiert (30 cm). Der zusätzliche Kondensator von 470 µF stützt die Versorgungsspannung des Kompasses. Das Kompassmodul zieht teilweise sehr hohe Ströme. Dies liegt daran, dass die Sensoren eine Coil (Spule) eingebaut haben, die den Sensor immer wieder neutralisiert. Diese Spitzen werden mit dem Kondensator ausgeglichen.

Tipp: Baut man den Kompass innerhalb des Roboters ein, kann es dazu kommen, dass er durch magnetische Störungen kein sinnvolles Ergebnis liefert und sich nicht richtig kalibrieren lässt. Abhilfe schafft hier meist ein Einbau des Kompasses mit einer Neigung von ±45° Richtung Norden.

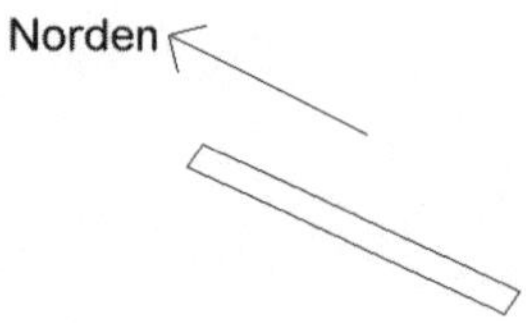

Abb. 5.33: Kompass mit Neigung von ±45° Richtung Norden

Kalibrierung des Moduls:

Es kann vorkommen, dass das Modul nach dem Einbau nachkalibriert werden muss. Die Kalibrierung sollte man nach Möglichkeit weit weg von Störquellen wie Netzteilen oder anderweitigen Magnetfeldern machen, z. B. im Freien.

1. Taster an Pin 6 und GND anlöten
2. Normalen Nadelkompass neben den Bot stellen und auspendeln lassen
3. Den Bot auf Norden stellen und den Taster drücken (diesen Vorgang mit allen anderen Himmelsrichtungen wiederholen). Als Referenz dient der Nadelkompass.

Es spielt keine Rolle, mit welcher Richtung begonnen wird. Wichtig ist lediglich, dass alle vier Himmelsrichtungen kalibriert werden.

Beispiel-Code:

```
'##############################################################################
'cmps03.bas
'Kompassmodul CMPS03 für Erkennung der Himmelsrichtung
'Aufgabe:
'Gibt die Himmelsrichtung in Bezug auf Norden aus
'Die Unterfunktionen können gerne in eigenen Programmen
'genutzt werden.
'##############################################################################

$regfile = "m32def.dat"
$framesize = 42
$swstack = 32
$hwstack = 32

$crystal = 16000000
$baud = 9600

Config Scl = Portc.0
Config Sda = Portc.1

Declare Function Rn_cmps_himmelsrichtung() As Word
Declare Function Rn_cmps_firmware() As Byte

Dim Himmelsrichtung As Word
Dim Grad As Single

Wait 1
I2cinit
Print "CMPS03 Kompass Testprogramm "
Print "CMPS03 Kompass Firmware Version:" ; Rn_cmps_firmware()

'---------------- Hauptprogramm ----------------------------------

 Do
  Himmelsrichtung = Rn_cmps_himmelsrichtung()
  Print "Himmelsrichtung in 0,1 Grad Schritten: " ; Himmelsrichtung
  Grad = Himmelsrichtung / 10
  Print "Himmelsrichtung in Grad: " ; Grad
  Wait 1
 Loop

End

'---------------- Sub-Routinen ----------------------------------

Function Rn_cmps_himmelsrichtung() As Word

Local Lob As Byte
```

```
 Local Hib As Byte
 Local Cmps_slaveid As Byte
 Local Cmps_slaveid_read As Byte

 Cmps_slaveid = &HC0
 Cmps_slaveid_read = Cmps_slaveid + 1

 'Register auswählen
 I2cstart
 I2cwbyte Cmps_slaveid
 I2cwbyte 2
 I2cstop

 I2cstart
 I2cwbyte Cmps_slaveid_read
 I2crbyte Hib , Ack
 I2crbyte Lob , Nack
 I2cstop

 Rn_cmps_himmelsrichtung = Makeint(lob , Hib)

End Function

Function Rn_cmps_firmware() As Byte

Local Firmware As Byte
Local Cmps_slaveid As Byte
Local Cmps_slaveid_read As Byte

 Cmps_slaveid = &HC0
 Cmps_slaveid_read = Cmps_slaveid + 1

 I2cstart
 I2cwbyte Cmps_slaveid
 I2cwbyte 0    'Leseregister festlegen
 I2cstop

 I2cstart
 I2cwbyte Cmps_slaveid_read
 I2crbyte Firmware , Nack
 I2cstop

 Rn_cmps_firmware = Firmware

End Function
```

5.9 GPS

Abb. 5.34: Navilock-Empfänger NL-208

Das *Global Positioning System* (GPS) ist die Grundlage aller modernen Navigations- und Ortungssysteme im Bereich der Land-, Luft- und Seenavigation.

Es ist ein satellitengestützter Mobilfunkdienst, der in den 70er Jahren vom amerikanischen Verteidigungsministerium für militärische Zwecke aufgebaut wurde und noch heute unterhalten wird.

Das System besteht aus 24 Satelliten, die auf sechs kreisförmigen Bahnen im 24-Stunden-Rhythmus in einer Entfernung von rund 20.000 km um die Erde kreisen.

Diese Anordnung stellt sicher, dass immer mindestens das Signal von vier Satelliten erfasst werden kann. Dies stellt die Positionsberechnung mittels Triangulationsprinzip (mind. drei Satelliten) sicher. Hierbei können über geometrische Berechnungen die Entfernungen zum Satelliten anhand der Signallaufzeit berechnet werden. Da die Position der drei Satelliten bekannt ist, kann damit die Position bestimmt werden.

Jeder Satellit sendet 50 x pro Sekunde drei verschiedene Signale: den Pseudo-Zufallscode (zur Positionsbestimmung), das Almanach-Signal (Satellitenstandort) und das Zeitkorrektursignal (Zeitbestimmung).

Der Pseudo-Zufallscode wird auf zwei unterschiedlichen Frequenzen ausgesendet. Der eine ist für die militärische, der zweite für die zivile Nutzung vorgesehen. Für die zivile Nutzung wurde das Signal bis Mai 2000 mit einem künstlichen Timing-Fehler versehen, der die Genauigkeit der Positionsbestimmung auf ca. 100 m beschränkte. Am 2. Mai 2000 um 5:05 Uhr wurde diese Signalverschleierung *selective availability* (SA) abgeschaltet.

Mit mathematischen Funktionen im Empfängerteil hochwertiger GPS-Receiver konnte der Timingfehler in den Jahren bis 2000 jedoch auch korrigiert werden, so dass eine Genauigkeit von 20 bis 30 Metern machbar war. Heute ist die Genauigkeit der Positionsbestimmung durch die Aufhebung der Signalverschleierung (SA) für die zivile Nutzung mit 5 bis 25 Metern Abweichung, je nach verwendetem GPS-Empfänger, für die einfache zivile Nutzung mehr als ausreichend. Je nach Stellung der Satelliten am Himmel ist die Qualität des GPS-Signals jedoch auch stark zeit- und ortsabhängig.

Für die Güte der Satellitengeometrie wird der DOP-Wert angegeben. H-DOP für den horizontalen Wert und V-DOP für den vertikalen Wert (dieser ist jedoch im Bereich der Straßennavigation nicht weiter von Bedeutung). So sind H-DOP-Werte unter 4 sehr gut, über 8 jedoch schlecht. Die H-DOP-Werte werden schlechter, wenn sich die empfangenen Satelliten hoch am Himmel befinden. V-DOP-Werte hingegen sind eher schlechter, wenn sich die Satelliten sehr nahe am Horizont befinden. Die H-DOP- und V-DOP-Werte werden im NMEA-Satz $GPGSA ausgegeben.

GPS-Signale werden in einem sehr hohen Frequenzbereich (~1,5 GHz) ausgesendet, um die weiten Distanzen problemlos zurückzulegen. Nachteil der hohen Frequenzen ist die leichte Abschirmbarkeit der Signale bei fehlender Sichtverbindung zum Himmel, z. B. in Gebäuden. Zur Nutzung von GPS-Signalen in Gebäuden gibt es mittlerweile Spezialantennen und Empfänger, die einen Empfang in Gebäuden ermöglichen. Deshalb sollte beim Aufbau eigener präziser GPS-Anwendungen grundsätzlich vor allem auf eine hohe Qualität der Antenne und einen sehr empfindlichen Empfänger geachtet werden („Jede GPS-Anwendung ist so gut wie seine Antenne" – Joe Wynders/GPS-Systems for High Precision/2004).

Künftig wird vor allem Galileo, ein GPS-System der Europäischen Gemeinschaft, das mittlerweile veraltete GPS-System der Amerikaner revolutionieren und der bestehenden Abhängigkeit der EU begegnen. Die Inbetriebnahme ist für 2008 geplant.

Wie viele Satelliten sind notwendig?
Es genügen drei Satelliten, damit wir daraus die genaue Position und Höhe bestimmen können. Dies setzt jedoch eine genaue Zeitvorgabe voraus. In der Praxis haben aber die Mehrzahl der GPS-Empfänger keine Uhr, die genau genug ist, um daraus die Laufzeiten korrekt berechnen zu können. Deshalb wird meist das Signal eines vierten Satelliten herangezogen, um die Position möglichst genau zu bestimmen. Drei Satelliten reichen jedoch stets aus, um die genaue 2D-Position zu ermitteln (also ohne Höhe).

Aber unsere Erde ist dreidimensional. Braucht man dann nicht doch vier Satelliten?
Theoretisch ja, in der Praxis nein. Man kann in der Praxis auch mit drei Satelliten eine Ortsbestimmung erhalten, jedoch nur zweidimensional. Zweidimensional bedeutet, dass sich die zu bestimmende Position auf der Erdoberfläche befinden muss. Da für die dreidimensionale Berechnung ein vierter Satellit notwendig wäre, würde als Ersatz der Erdmittelpunkt als „theoretischer Satellit" verwendet . Die zu diesem Satelliten bestimmte Entfernung wäre die Entfernung von der Erdoberfläche (0 m über NN) zum Erdmittelpunkt (6.360 km). Somit hätte man wieder vier gemessene Pseudoent-

fernungen aus denen die tatsächliche Position bestimmt werden könnte. Da der Empfänger aber immer davon ausgehen würde, dass er sich auf 0 m über NN befindet, käme es zu erheblichen Fehlern, befindet er sich z. B. auf einem Berg.

Wie schließe ich nun das GPS am Mikrocontroller an?
GPS-Module sind inzwischen preiswert mit RS232-Schnittstelle für Mikrocontroller erhältlich. Meist jedoch besitzen sie einen Mini-DIN-Stecker und es liegt zudem keine Pinbelegung bei. Im Internet auf der Herstellerseite findet man unter *Download* oder *Support* die meisten Datenblätter mit den jeweiligen Steckerbelegungen.

Beachten Sie auf jeden Fall, dass es zwei Empfängertypen gibt. Einige Empfänger haben bereits einen RS232-Spannungspegel von ±12 V und können ohne einen Schnittstellenwandler nicht direkt an den Mikrocontroller angeschlossen werden. Man muss erst den Pegel mittels MAX232 auf TTL-Pegel von 5 Volt bringen, da sonst der Controller zerstört wird.

Die Mäuse arbeiten meist mit einer Baudrate von 4.800 Baud. Man kann aber mit der vom Chipsatz-Hersteller angebotenen Software, z. B. von der Firma SIRF, auf eine andere Baudrate und auf das gewünschte Protokoll umstellen.

Tipp: Sollte man die Maus dennoch einmal so verstellt haben, dass sie nicht mehr funktioniert, hilft es, die kleine eingebaute Speicherbatterie kurz zu trennen und dann wieder anzulöten. Damit ist die GPS-Maus auf Werkseinstellung zurückgesetzt.

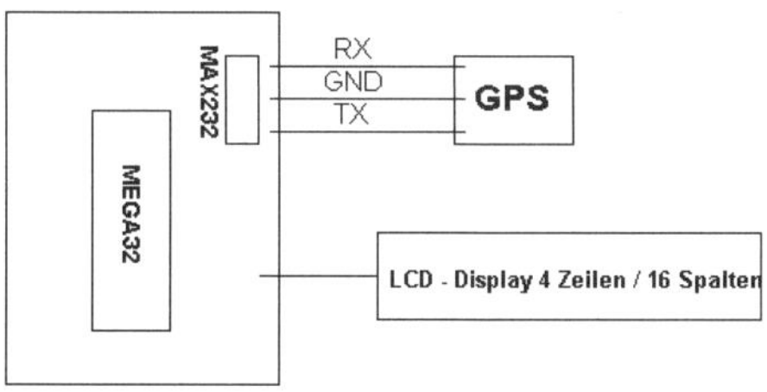

Abb. 5.35: Anschlussbeispiel mit GPS und LCD-Display

Beispiel-Code:

```
'*****************************************************************
'GPS_RX.bas
'Compiler    : Bascom-AVR
'Projekt     : GPS-Signalauswertung
'Hardware    : GPS-Maus + S-Control und LC-Display 16*4
'Autor       : Sommer Ulli
'
'Notiz:      : Software für den GPS Reader
'*****************************************************************
```

```
$regfile = "m32def.dat"
$crystal = 16000000
$baud = 4800
$framesize = 100
$swstack = 100
$hwstack = 100

'RS232 HW und Soft
Config Serialin = Buffered , Size = 100

'I²C LCD-Display Config
Config Lcdpin = Pin , Rs = Portc.3 , E = Portc.2 , Db4 = Portc.4 ,
                Db5 = Portc.5 , Db6 = Portc.6 , Db7 = Portc.7
Config Lcd = 16 * 4
Initlcd
Cursor Off
Cls

'ADC Config
Config Adc = Single , Prescaler = Auto , Reference = Internal
Start Adc

'Globale Variable
Dim Code As Word
Dim A As Byte
Dim Datenstrom As String * 80
Dim Block As String * 6
Dim Suche As Byte

Dim Stunden As String * 2
Dim Minuten As String * 2
Dim Sekunden As String * 2

Dim Lat_grad As String * 2
Dim Lat_min As String * 2
Dim Lat_sec As String * 4
Dim Lat_pol As String * 1

Dim Lat_grad_ist As Single
Dim Lat_min_ist As Single
Dim Lat_sec_ist As Single

Dim Lon_grad As String * 3
Dim Lon_min As String * 2
Dim Lon_sec As String * 4
Dim Lon_pol As String * 1

Dim Lon_grad_ist As Single
Dim Lon_min_ist As Single
Dim Lon_sec_ist As Single
```

```
Dim Signal As String * 1
Dim Sat As String * 2
Dim Sat_dec As Byte
Dim Signal_lcd As String * 2

Dim Lcd_signal As String * 6
Dim Laenge As Byte

Enable Interrupts

'Main
Main:
Do

 'GPGGA abfangen
 '===============
 'warte auf Zeichen „$“
 'lese kompletten Datenstrom
 '6 Zeichen nach „$“ einlesen
 'frage immer wieder bis Zeichenfolge
 '„GPGGA“ kommt, gehe dann weiter

 Do
 A = Inkey()
 If A = "$" Then Input Datenstrom
 Block = Mid(datenstrom , 1 , 6)
 Loop Until Block = "GPGGA,"

 'Uhrzeit
 '========
 Suche = Instr(datenstrom , ",")
 Suche = Suche + 1
 Datenstrom = Mid(datenstrom , Suche)
 Stunden = Mid(datenstrom , 1 , 2)
 Minuten = Mid(datenstrom , 3 , 2)
 Sekunden = Mid(datenstrom , 5 , 2)

 'Latitude „4938.4444"
 '======================
 Suche = Instr(datenstrom , ",")
 Suche = Suche + 1
 Datenstrom = Mid(datenstrom , Suche)

 'Latitude
 Lat_grad = Mid(datenstrom , 1 , 2)
 Lat_min = Mid(datenstrom , 3 , 2)
 Lat_sec = Mid(datenstrom , 6 , 4)

 'ASCII in Dezimalzahlen umgewandelt
 Lat_grad_ist = Val(lat_grad)
 Lat_min_ist = Val(lat_min)
```

```
Lat_sec_ist = Val(lat_sec)

'Sekunden umrechnen mit Nachkomma!
Lat_sec_ist = Lat_sec_ist / 100
Lat_sec_ist = Lat_sec_ist * 0.6

'Formatierte Sec. für LCD
Lat_sec = Fusing(lat_sec_ist , "#.#")

'Norden oder Süden
'===================
Suche = Instr(datenstrom , ",")
Suche = Suche + 1
Datenstrom = Mid(datenstrom , Suche)
Lat_pol = Mid(datenstrom , 1 , 1)

'Longitude „01229.7088"
'=======================
Suche = Instr(datenstrom , ",")
Suche = Suche + 1
Datenstrom = Mid(datenstrom , Suche)

'Longitude
Lon_grad = Mid(datenstrom , 1 , 3)
Lon_min = Mid(datenstrom , 4 , 2)
Lon sec = Mid(datenstrom , 7 , 4)

'ASCII in Dezimalzahlen umgewandelt
Lon_grad_ist = Val(lon_grad)
Lon_min_ist = Val(lon_min)
Lon_sec_ist = Val(lon_sec)

'Sekunden umrechnen mit Nachkomma!
Lon_sec_ist = Lon_sec_ist / 100
Lon_sec_ist = Lon_sec_ist * 0.6

'Formartierte Sec. für LCD
Lon_sec = Fusing(lon_sec_ist , "#.#")

'Westen oder Osten
'=======================
Suche = Instr(datenstrom , ",")
Suche = Suche + 1
Datenstrom = Mid(datenstrom , Suche)
Lon_pol = Mid(datenstrom , 1 , 1)

'Qualität der Messung
'=======================
'0 = ungültig
'1 = GPS
'2 = DGPS
'6 = geschätzt nur NMEA-0183 2.3
```

```
'ASCII Ausgabe, nicht Dec.!
'=======================
Suche = Instr(datenstrom , ",")
Suche = Suche + 1
Datenstrom = Mid(datenstrom , Suche)
Signal = Mid(datenstrom , 1 , 1)

Select Case Signal

 Case "0" : Lcd_signal = "Fehler"
 Case "1" : Lcd_signal = "GPS "
 Case "2" : Lcd_signal = "DGPS "
 Case "6" : Lcd_signal = "etwa "

 Case Else : Lcd_signal = "-----"

End Select

'Zahl der Satelliten in Sicht
'======================
Suche = Instr(datenstrom , ",")
Suche = Suche + 1
Datenstrom = Mid(datenstrom , Suche)
Sat = Mid(datenstrom , 1 , 2)
Sat_dec = Val(sat)

'GPS-Daten anzeigen
'=====================
Locate 1 , 1
Lcd "UTC:" ; Stunden ; ":" ; Minuten ; ":" ; Sekunden ; " "
Locate 2 , 1
Lcd "LAT:" ; Lat_grad ; "." ; Lat_min ; "'" ; Lat_sec ; Lat_pol ;
" "
Locate 3 , 1
Lcd "LON:" ; Lon_grad ; "." ; Lon_min ; "'" ; Lon_sec ; Lon_pol ;
" "
Locate 4 , 1
Lcd "Sat:" ; Sat_dec ; " Sig:" ; Lcd_signal ; " "

Loop
End
```

5.10 Temperatursensoren

Abb. 5.36

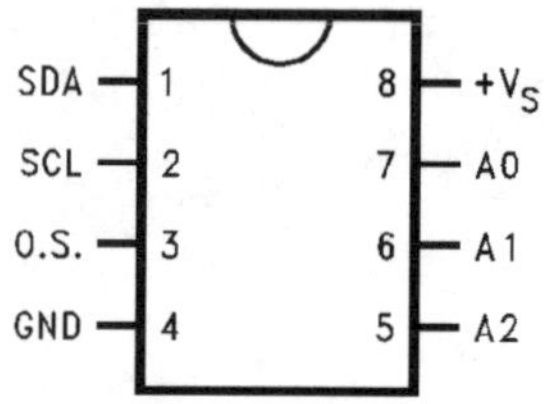

Abb. 5.37: I²C-Temperaturfühler LM75

I²C-Temperatursensor LM75

Temperatursensoren sind für die Erfassung der Umgebungstemperatur und zur Überwachung von Leistungsbaugruppen wie Motorendstufen in den in diesem Buch beschriebenen Anwendungen äußerst wichtig. Will man wissen, in welchen Temperaturbereichen man sich bewegt (Wohnung, Garten), und die Motorstufe vor Überhitzung schützen, kann man den I²C-Baustein von National Semiconductor namens *LM75* nutzen.

Dieser Temperatursensor ist in der Lage, Temperaturen von -55 bis +125 °C mit einer Genauigkeit von ±3 °C max. zu messen. Erfreulich ist, dass, bis auf die I²C-PullUp-Widerstände (2K2), keine externe Beschaltung benötigt wird, was den Aufbau leicht und günstig gestaltet.

Die Adressierung ist folgendermaßen:

1	**0**	**0**	**1**	**A2**	**A1**	**A0**
MSB						LSB

Die ersten 4 Bits sind fest vom Hersteller vorgegeben (Bauteileadresse) die letzten 3 Bits können über die Adressleitungen auf *high* oder *low* gelegt werden, um die Adresse einzustellen. Es ist jedoch immer noch das achte Bit mit einzurechnen. Eine Adresse, bei der A0 bis A1 auf Masse liegt, sieht komplett dann folgendermaßen aus:

10010001 = Hex 91

Beispiel-Code:

```
'LM75.bas
'
'Mikrocontroller
'AVR-File, Quarz, Baudrate, Hardwarestack, Softwarestack,
'Framesize
$regfile = "m32def.dat"
$crystal = 16000000
```

```
$baud = 19200

'I²C-Pins
'I²C-Bus Pinbelegung (Hardware I²C-Bus)
Config Scl = Portc.0
Config Sda = Portc.1
Const Lm75 = &H91

'Temperaturmessung LM75

Dim Ival As Integer
Dim Msb As Byte
Dim Lsb As Byte

Main:
Do
 I2cstart
 I2cwbyte Lm75
 If Err = 1 Then
  I2cstop
  Ival = 0
  Else
  I2crbyte Msb , Ack
  I2crbyte Lsb , Nack
  I2cstop
  If Msb.7 = 1 Then
   Ival = Makeint(msb , &HFF)
  Else
   Ival = Makeint(msb , &H00)
  End If
   Ival = Ival * 10
   If Lsb.7 = 1 Then
    Ival = Ival + 5
   End If
 End If

Print "Aktuelle Temperatur = " ; Ival ; "°C"
Wait 1

Loop
End
```

Temperatursensor DS1621

Abb. 5.38

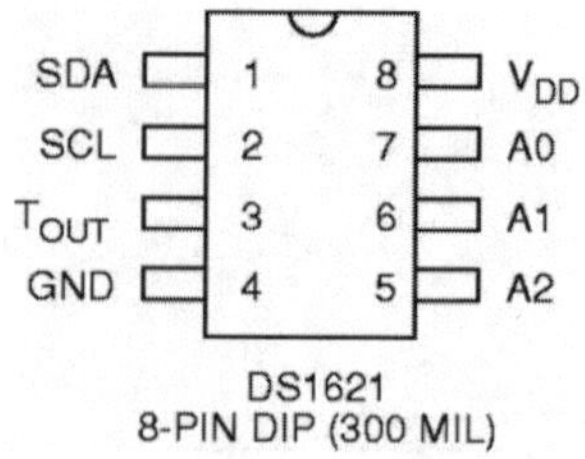

Abb. 5.39: Temperatursensor DS1621

Ähnlich wie der oben vorgestellte LM75 ist auch der DS1621 ein I²C-Temperatursensor. Es gibt ihn im 8-Pin-DIP-Gehäuse, das wesentlich leichter zu verdrahten ist als die SMD-Bauform. Die technischen Daten sind weitgehend identisch.

Temperaturbereich: -50 bis +125 °C
Abtastrate: 1 Sample pro Sekunde
Datenausgabe: 9 Bit

Beispiel-Code:

```
'DS1621.bas
$regfile = "m32def.dat"
$crystal = 1600000
$baud = 9600

Config Scl = Portc.0
Config Sda = Portc.1
i8<xc
Config Pind.6 = Output
Portd.6 = 0

Dim ___lcdno As Bit

Config Lcdpin = Pin , E = Portc.3 , E2 = Portd.7 , Rs = Portc.2 ,
Db4 = Portd.2 ,
Db5 = Portd.3 , Db6 = Portd.4 , Db7 = Portd.5
Config Lcd = 20 * 4

Dim Convert_strg As String * 10
Declare Sub Showvalue_kommal(byval Format As String)as Byte
Dim Device As Byte
Dim Deviceread As Byte
Dim Lowtemp As Byte
Dim Hightemp As Byte
Dim Value As Word
I2cinit
```

```
Device = 144      'Wenn alle Adressleitungen des 1621 auf GND sind.
Deviceread = 145

'------------------ Hauptprogramm --------------------
Do

I2cstart
I2cwbyte Device
I2cwbyte &HEE               'Temperaturmessung anstoßen
I2cstop

I2cstart
I2cwbyte Device
I2cwbyte &HAA               'Temperaturmessung Lesekommando
I2cstop

I2cstart
I2cwbyte Deviceread
I2crbyte Lowtemp , Ack              'LSB holen
I2crbyte Hightemp , Nack            'MSB holen
I2cstop

Value = Lowtemp * 10
If Hightemp = 128 Then
Value = Value + 5
End If

Print
Cursor Off
Cls
Cursor 1 , 1
Lcd Showvalue_komma1()
Waitms 500                'kurze Pause
Loop
End
'-------------------------------------------------------------
Sub Showvalue_komma1()
 Convert_strg = Str(value)
 Convert_strg = Format(convert_strg , " 0.00")
 Lcd Convert_strg
End Sub
```

Temperatursensor LM335

Abb. 5.40: Conrad Electronic Bestellnummer 176656-82

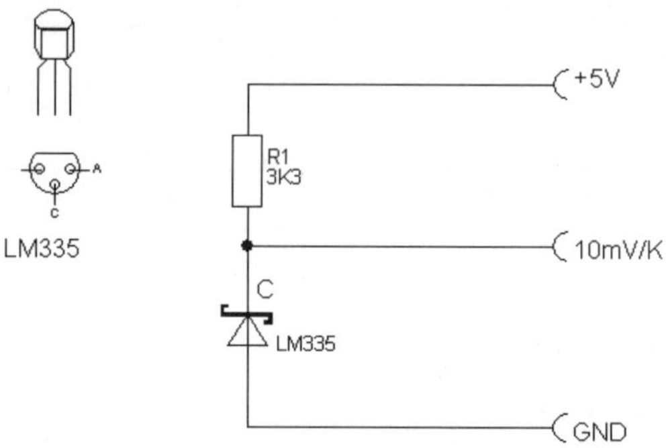

Abb. 5.41: Beschaltung für den LM335

Der Temperaturfühler LM335 ist ein analoger Fühler. Er liefert eine Ausgangsspannung von 2,75 V bei 0 °C, aufsteigend mit 0,01 Volt pro Grad. Mit einem Mega32-Mikrocontroller, der einen 10-Bit-AD-Wandler besitzt, kann man damit eine einfache Temperaturmessung realisieren. Der 10-Bit-AD-Wandler im Mega32 benötigt, um eine Stufe zu erhöhen, 0,0048 Volt (4,8 mV). Das errechnet sich folgendermaßen: ref = 5 Volt /1.023 (1.023 stammt von der 10-Bit-Auflösung).

Somit hat man bei 0 °C einen AD-Wert von 573. Dieser AD-Wert errechnet sich: 2,75 Volt / 0,0048 = 572,91 – gerundet 573. Der Wert erhöht sich jetzt bei jedem halben Grad um 1 Stufe.

5.11 Luftfeuchtesensoren

Abb. 5.42: Temperatur und Hygrometer der Firma Humirel

Um die Luftfeuchte in der Umgebung zu erfassen, benötigt man ein elektronisches Hygrometer. Der abgebildete Sensor ist bei Conrad Electronic unter der Bestellnummer 180003-82 erhältlich. Es gibt diverse Sensoren zur Erfassung der Luftfeuchte auf den Markt und meist muss man sie aufwendig extern beschalten, um sie nutzen zu können. Bei diesem Sensor, der eine analoge Ausgangsspannung liefert, ist die Auswertung bereits auf der Platine enthalten. Der Sensor besitzt zudem noch einen Temperatursensor (NTC). In Kombination der beiden Sensoren kann man nun eine relative Luftfeuchtemessung realisieren. Die kleinste messbare Luftfeuchte des Sensors ist 10 %, die maximale 95 %. Die Ausgangsspannung verhält sich linear zur Luftfeuchte, siehe Tabelle:

RH(%)	Vout (mV)	RH (%)	Vout (mv)
10	1.325	**55**	2.480
15	1.465	**60**	2.605
20	1.600	**65**	2.730
25	1.735	**70**	2.860
30	1.860	**75**	2.990
35	1.990	**80**	3.125
40	2.110	**85**	3.260
45	2.235	**90**	3.405
50	2.360	**95**	3.555

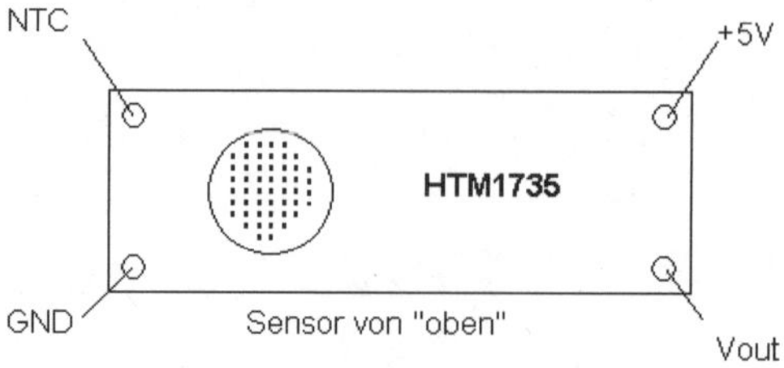

Abb. 5.43: Anschlussplan: Vout geht zum AD-Wandler des Mikrocontrollers

5.12 Helligkeitssensoren (Lichtsensoren)

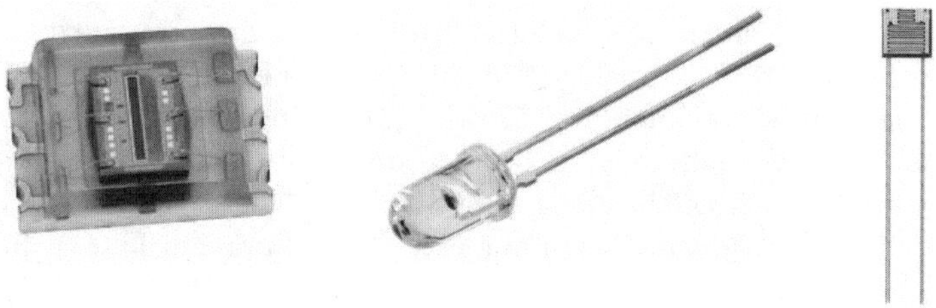

Abb. 5.44: Diverse Helligkeitssensoren: LDR-, Fototransistor-, I²C-Lichtsensor

Die Hauptanwendung dieser Sensoren im Bereich Robotik ist, den hellsten Punkt im Raum zu finden. Dies ist auch Teil vieler Roboterwettbewerbe. Solche Sensoren können einfache LDRs oder Fotodioden bzw. Phototransistoren sein. LDRs haben den Vorteil, relativ hoch auszusteuern. Ihr großer Nachteil ist aber, dass sie wärmeempfindlich und etwas träge sind. Fotodioden und Phototransistoren haben den Vorteil zwar sehr genau zu sein, aber nicht besonders hoch auszusteuern. Diese kleine Spannung muss man mit einem Operationsverstärker verstärken.

Helligkeitssensor LDR

Ein LDR (Light Dependent Resistors) ist ein lichtabhängiger Widerstand. Er ändert seinen Widerstandswert je nach Lichteinfall. Je mehr Licht auf den LDR fällt, desto kleiner wird sein Widerstand. LDRs bestehen meist aus einer Cadmium-Sulfid-Schicht.

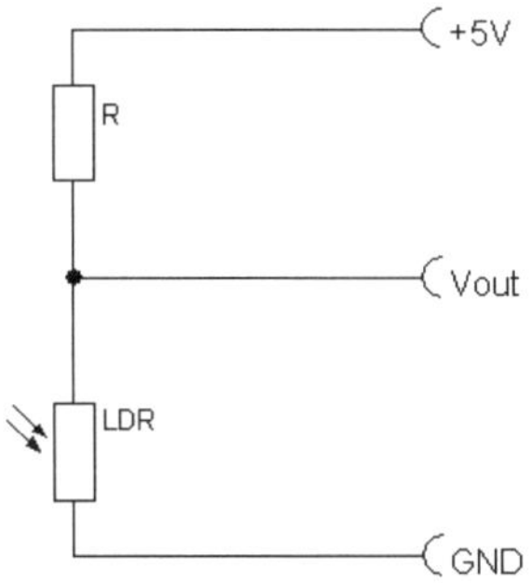

Abb. 5.45: LDR-Beschaltung

Das Schaltbeispiel zeigt, wie man einen LDR am Mikrocontroller anschließt. Je heller es wird, umso kleiner wird die Spannung an Vout. Die Widerstandswerte wurden extra weggelassen, da es LDRs in unterschiedlichen Werten gibt und der Widerstand „R“ angepasst werden muss (die Werte liegen in etwa zwischen 1 und 100 KOhm). Die meisten LDRs haben bei 10 Lux einen Widerstand von etwa 10 KOhm. Als Serienwiderstand „R“ lassen sich für den Innenbereich (Lichtverhältnisse) gut 2,2 KOhm verwenden.

Liniensensor mit CNY70

Auch bei der Linienverfolgung kommen Helligkeitssensoren zum Einsatz. Ähnlich wie beim Impulsgeber wird bei der Linienverfolgung der Hell-/Dunkelübergang ausgewertet. Der CNY70 besteht aus einer Infrarotdiode und einem Phototransistor, die IR-Diode strahlt Licht auf die Linie, das vom Boden reflektiert wird. Ist der Sensor über der schwarzen Linie, wird wenig Licht reflektiert, auf hellem Hintergrund viel. Das steuert den Phototransistor unterschiedlich stark durch. Mit den gemessenen Werten kann man den Roboter so nachregeln, dass er der Linie folgt.

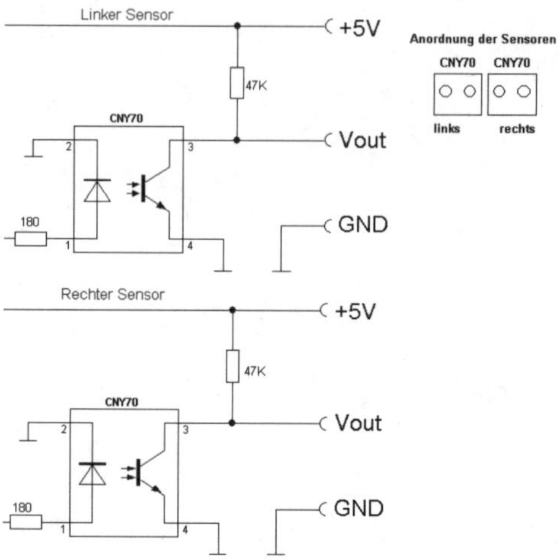

Abb. 5.46: Schaltbild Liniensensor: Die Vout-Ausgänge werden mit den AD-Ports verbunden

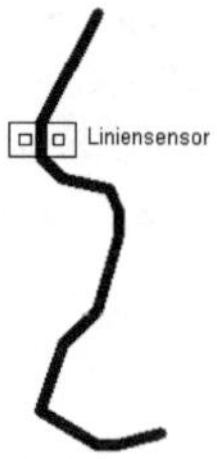

Abb. 5.47: Beispiel Linienverfolgung

5.13 Erschütterungssensoren

Abb. 5.48: 360°-Erschütterungssensor, Conrad Electronic Bestellnummer 185232-82

Einen Erschütterungs- oder Vibrationssensor kann man zur Umgebungsüberwachung auf dem Roboter verwenden. Ist der Roboter im Stillstand und fragt man regelmäßig den Vibrationssensor ab, kann man Personen, die auf ihn zukommen oder vorbeigehen, erkennen. Auch wenn der Roboter aufgehoben oder umgeworfen wird, lässt sich damit detektieren.

Der 360°-Vibrationssensor ist, je nach Einbau, unterschiedlich empfindlich.

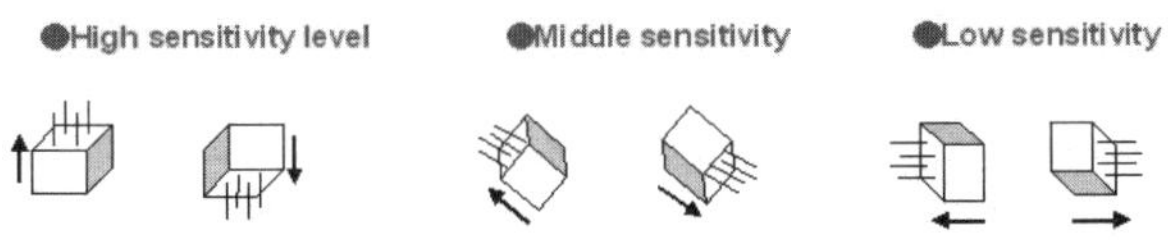

Abb. 5.49: Je nach Einbau erhält man unterschiedliche Empfindlichkeitsstufen.

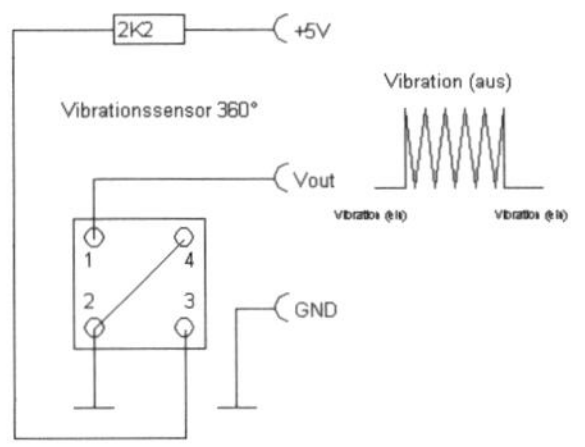

Abb. 5.50: Beschaltung des Sensors

5.14 Bewegungssensoren

Abb. 5.51: PIR-Bewegungsmelder der Firma Hygrosens, Conrad Electronic Bestellnummer 172526-82

Die Abbildung zeigt einen Passiv-Infrarot(PIR)-Bewegungsmelder. Bewegungsmelder reagieren beim Eintritt einer Person in das Erfassungsfeld des Sensors. Die Anwendungsmöglichkeiten sind nahezu unbegrenzt. Man kennt die Technik z. B. von Terrassenlampen, die sich beim Vorbeigehen automatisch einschalten. Reagiert wird auf die Körperwärme einer sich im Erfassungsfeld „bewegenden" Person.

Zum Prinzip: Wärmestrahlen, die einen Erfassungsvorgang auslösen, liegen im Infrarotbereich des Wellenspektrums. In diesem Bereich gibt der menschliche Körper seine Wärmestrahlung ab. Leuchtmittel wie Glüh-, Halogen und Entladungslampen, die für eine Strahlung im sichtbaren Bereich um 0,555 µm entwickelt wurden, geben aber auch einen erheblichen Teil an Wärmestrahlung im Infrarotbereich ab. Im Spektrum oberhalb des sichtbaren Lichts, ab 0,780 µm, beginnt der Infrarotbereich. Die Wellenlänge dieser Infrarot(IR)-Strahlung ist abhängig von der Temperatur eines Körpers. Die Wärmestrahlung des Menschen hat ihr Maximum zwischen 7 und 14 µm im Infrarotbereich. Diese Tatsache nutzt der PIR-Sensor mittels sogenannter *pyroelektrischer IR-Detektoren*, die eine hohe Empfindlichkeit im langwelligen Infrarotbereich aufweisen. Die IR-Strahlung verhält sich ähnlich wie sichtbares Licht. Sie kann reflektiert und durch Linsen gebündelt werden. Basis eines solchen IR-Detektors sind Lithium-Tantalat-Kristalle. Diese Kristalle erzeugen bei Wärmeänderung (positive oder negative Temperaturänderung) eine elektrische Spannung. Die von den Kristallen abgegebene Spannung liegt im Bereich von einigen µV (µV = millionstel Volt) und ist von folgenden Bedingungen abhängig:

- Intensität der Wärmequelle (Temperatur und Größe)
- Umgebungsmedium (Temperatur, unterschiedliche Luftfeuchtigkeit)
- Entfernung zwischen Wärmequelle und IR-Sensor
- Bewegungsgeschwindigkeit und Bewegungsrichtung der Wärmequelle
- Empfindlichkeit des PIR-Elements (frequenzabhängiges Bandpassverhalten mit Maximum bei ca. 0,1 Hz)

Zur Unterdrückung von Einflüssen aus der Umgebung (übliche wetterbedingte Temperaturänderungen), sind in jedem Sensor zwei Kristalle antiparallel geschaltet. Einer der Kristalle gibt bei Auftreffen von Wärmestrahlung einen positiven, der andere einen negativen Spannungsimpuls ab. Wärmeänderungen, die gleichzeitig und mit gleicher Intensität auf beide Kristalle einwirken, lösen so keinen Erfassungsvorgang aus, denn die beiden Impulse heben sich gegenseitig auf. Dadurch ist ein Auslösen bei Wärmeänderungen der Umgebung weitgehend ausgeschlossen. Anders verhält es sich bei schnellen Bewegungen. Die Lithium-Tantalat-Kristalle geben, entsprechend der Bewegung und der dadurch hervorgerufenen Wärmeänderung im Erfassungsfeld, ihre Impulse zeitversetzt ab. Die beiden Impulse addieren sich zu einer Wechselgröße mit höherer Signalamplitude. Dieses elektrische Ausgangssignal verhält sich proportional zur Wärmeänderung und führt zur Meldung einer Bewegung.

Technische Daten des Bewegungsmelders PIR-STD-LP

Spannungsversorgung: 3-5 V DC
Betriebsstrom Ruhe Ausgang: „H" 40 µA
Aktivausgang: „L“ 400 µA
Reichweite: ca. 12 bis 4 m,
über Lötbrücken in 4 Stufen einstellbar
Signalbandbreite: 0,2 Hz bis 10 Hz
Öffnungswinkel horizontal: ±50°
Öffnungswinkel vertikal ±30°
digitaler Ausgang: Open Kollektor max. 30 V, 20 mA
Analogausgang: 0,5 UB ± 0,5 Ub
Einsatztemperatur: -20°C bis 60°C
Umgebungsfeuchte: 0 bis 90 % rF
Betauung nicht zulässig
Abmessungen: 25 x 25 x 20 mm
Montagebohrung: 24 mm

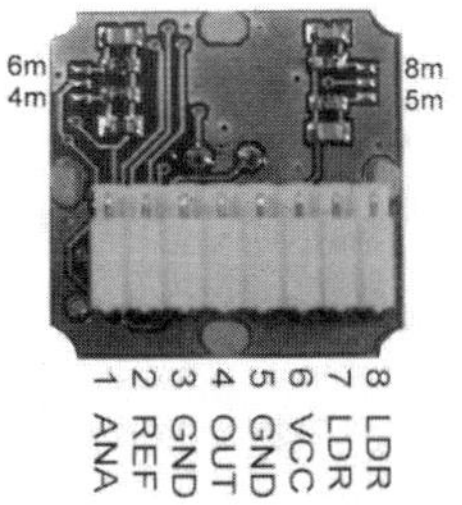

Abb. 5.52: Anschlussbelegung des PIR-Sensors

Dieser Sensor verfügt über einen analogen und einen digitalen Ausgang. Durch die Analyse des analogen Ausgangs kann man die Spannungsänderung auswerten und damit die Größe, den Abstand und die Geschwindigkeit eines Objekts (Mensch, Tier) auswerten. Indem man eine Art Profil in den Controller hinterlegt, kann man Fehlalarme unterbinden. Der Digitalausgang gibt ein reines Schaltsignal 0 oder 5 Volt aus, das auf einen einfachen I/O-Port des Controllers gelegt werden kann.

Beispiel-Code:

```
,PIR.bas
$regfile = "m32def.dat"
$crystal = 16000000
$baud = 4800
$framesize = 100
$swstack = 100
$hwstack = 100

'ADC Config
Config Adc = Single , Prescaler = Auto , Reference = Internal
Start Adc

Config Portc.1 = Output
Alarm Alias Portc.1

'Systemvariable
Dim Bw1 As Word           'BW1 ist aktueller Analogmesswert
Dim Bw1_save As Word      'BW1_SAVE ist letzter Analogmesswert
Dim Bw1_diff As Long      'BW1_DIFF ist Differenz zwischen altem und
                          'neuem Analogmesswert
Dim X As Word             'Messintervall Counter

Do
 Gosub Mess
 Gosub Blinken
Loop

Mess:
X = 0
```

```
Bw1_save = 0

While X < 2               'macht zwei Messungen
X = X + 1
 Bw1 = Getadc(0)          'analoge Spannung vom Sensor einlesen an AD2
 Bw1_diff = Bw1 - Bw1_save  'Differenz bilden für Auswertung
 Bw1_diff = Abs(bw1_diff)
 Bw1_save = Bw1           'letzten Spannungswert vom BW abspeichern
Waitms 20                 'Spanne zwischen altem und neuem Messwert |--|
 Wend
Return

Blinken:
 Select Case Bw1_diff

 Case Is > 20             'ist Differenz größer 20 dann Alarm „on“
  Set Alarm
 Case Is < 5              'ist die Differenz kleiner 5 Alarm „off“
  Reset Alarm

 End Select
Return
```

5.15 Akustikschalter

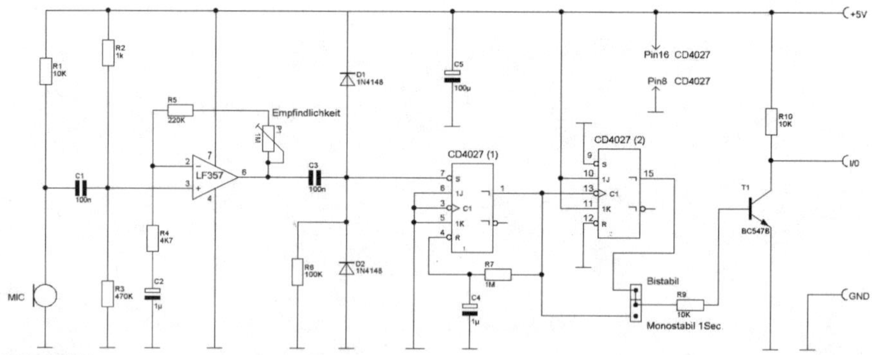

Abb. 5.53: Ein einfacher Akustikschalter mit I/O-Ausgang

Der Akustikschalter, auch unter dem Namen „Klatschschalter“ bekannt, wird oft zum Schalten von Steckdosen oder Leuchten benutzt.

Für die in diesem Buch beschriebenen Roboter ist diese Schaltung gut geeignet, um auf Umgebungsgeräusche zu regieren. Baut man sie zweimal auf und ordnet die

Mikrofone so an, dass eines direkt nach links und das andere direkt nach rechts sieht, kann man die Richtung, aus der das Geräusch kommt, bestimmen. Idealerweise benutzt man dazu die Interrupteingänge des Mikrocontrollers und wertet dann nur noch aus, welcher Interrupt als Erstes ausgelöst hat (z. B. INT0 oder INT1).

Die Schaltung ist einfach. Das relativ schwache Signal wird über den Operationsverstärker in nicht invertierender Beschaltung entsprechend angehoben und damit ein Flip-Flop geschaltet, das den Wert „speichert" und eine logische 1 am Ausgang liefert – je nach Ausgang bi- oder monostabil.

Der Ausgang (mono- oder bistabil) wird direkt mit dem Interrupteingang des Mikrocontrollers verbunden.

Tipp: Ist die Zeitkonstante von 1 Sekunde zu hoch oder zu niedrig, verkleinert oder vergrößert man, je nach gewünschter Zeitkonstante, den Kondensator C4.

6 Motoren, Servos und Getriebe

Jeder Roboter, sei es ein fahrender, ein laufender, ein fliegendender oder auch nur ein Roboterarm, braucht einen Antrieb, um agieren zu können. In den meisten Fällen werden DC-Motoren (Gleichstrommotoren) eingesetzt. Sie sind preiswert zu bekommen und in der Ansteuerung relativ unkompliziert.

6.1 Gleichstrommotoren

Abb. 6.1: Gleichstrommotor mit Getriebe der Firma Doga

Um einen Gleichstrommotor zum Laufen zu bringen, muss man nur eine Gleichspannung z. B. aus einer Batterie oder einem Netzgerät mit der Nennspannung des Motors anlegen (z. B. 12 V =) – und schon dreht sich der Motor. Will man die Richtung ändern, müssen nur die Anschlusspole +/- vertauscht werden.

Diese Motoren bestehen aus einem unbeweglichen Teil, dem Stator, und einem drehbar gelagerten Teil, dem Rotor (Anker). Die meisten Gleichstrommotoren sind als Innenläufer ausgeführt. Der Rotor ist der innere Teil, der Stator der äußere. Beim Außenläufer ist es umgekehrt.

Kleinere Motoren besitzen als Stator einen Permanentmagneten, größere Motoren, wie sie in Industriemaschinen eingesetzt werden, einen Elektromagneten (stromdurchflossene Spule).

Die Spulen auf dem Anker werden in einem magnetischen Feld (Permanentmagnet) so platziert, dass ein Drehimpuls ausgelöst wird. Die Wicklung des Ankers wird über den Kommutator angeschlossen. Die Kontakte des Kommutators, auch *Kohlebürsten* genannt, werden so angebracht, dass sie während der Drehung des Ankers ständig ihre Polung in der Ankerwicklung ändern. Durch die wechselnde Polung erhält man ein änderndes Magnetfeld, das den Anker drehen lässt.

6.2 DC-Motorentstörung

Die Gleichstrommotoren müssen mit einem Entstörfilter versehen werden. Bei der Umpolung des Magnetfelds am Anker entstehen Hochfrequenzstörungen, die nicht nur im heimischen Radio ein unschönes Summen hervorrufen, sondern auch die Elektronik im Roboter beeinträchtigen können. Die Funkübertragung, sei es ein Video- oder ein Datensender, leidet darunter sehr oder funktioniert gar nicht mehr. Benutzt man zur Ansteuerung des Motors noch eine Pulsweitenmodulation (PWM) sind die Störungen im unteren Pulspausenverhältnis, dort, wo der Motor sehr langsam läuft, noch um ein Hundertfaches höher.

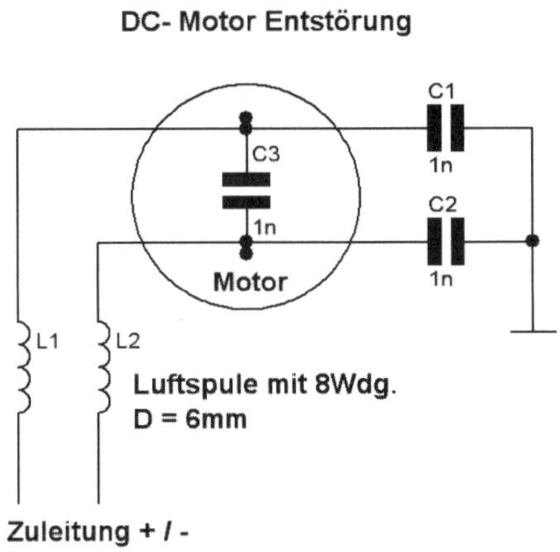

Abb. 6.2: Dieses Schaltbild zeigt eine Filterbeschaltung

Sind die Störungen dadurch nicht komplett beseitigt und haben Sie noch immer Spannungsspitzen vom Motor auf der Elektronik, hilft meist nur noch das Trennen von Motor und Elektronikspannung. Ein DC-DC-Wandler oder zwei getrennte Akkus schaffen hier Abhilfe.

6.3 Der Schrittmotor, Schritt für Schritt

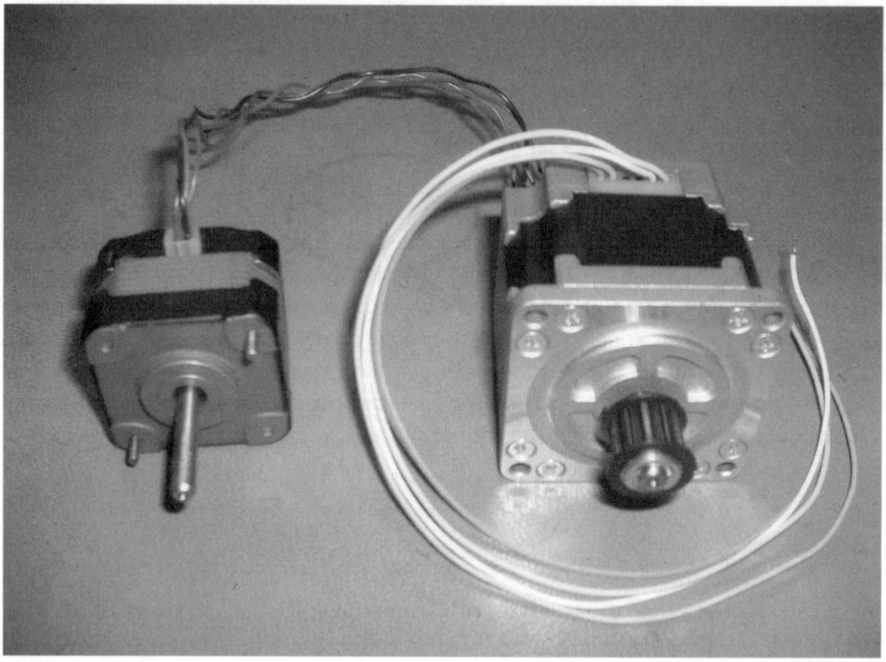

Abb. 6.3: Zwei Schrittmotoren unterschiedlicher Leistung

Schrittmotoren arbeiten völlig anders als Gleichstrommotoren. Das ist schon daran zu erkennen, dass diese nicht nur zwei, sondern meist vier, sechs oder acht Anschlüsse (bipolare oder unipolare Motoren) besitzen. Demzufolge ist es also nicht damit getan, irgendwo Spannung anzulegen, um den Motor zum Drehen zu bewegen.

Ein Schrittmotor (oft auch *Stepper* genannt) ist ein Gleichstrommotor, bei dem der Rotor (drehbares Motorteil mit der Welle) bei geschickter Wahl der angesteuerten Statorspulen (nicht drehbarer Motorteil) gezielt um einen Winkel gedreht werden kann. Auf diese Weise kann man in mehreren Schritten jeden Drehwinkel, wenn er ein Vielfaches des minimalen Drehwinkels ist, anfahren.

Man unterscheidet die Schrittmotoren nach ihrer Bauform in Reluktanz- und Permanentmagnet-Schrittmotoren, wobei man beide Formen auch zu einem Hybrid-Schrittmotor kombinieren kann. Beim Reluktanz-Schrittmotor besteht der Rotor aus einem gezahnten Weicheisenkern. Dieses Material gewährleistet nach dem Ausschalten des Statorstroms das Verschwinden jedes Restmagnetfelds. Dadurch kann der magnetische Fluss bei eingeschaltetem Strom ungehindert durch den Weicheisenkern fließen. Die Drehbewegung des Rotors kommt zustande, weil so der Abstand zwischen dem nächstliegenden Zahn des Rotors und dem Stator sowie der magnetische Widerstand verringert werden.

Beim Permanentmagnet-Schrittmotor besteht der Stator aus Weicheisen und der Rotor aus Dauermagneten, die abwechselnd einen Nord- und einen Südpol aufweisen. Mit dem Stator-Magnetfeld richtet man den dauermagnetischen Rotor so aus, dass eine Drehbewegung entsteht.

Da der Reluktanzschrittmotor keine Permanentmagnete enthält, hat er, im Gegensatz zum Permanentmagnet-Schrittmotor, auch kein Rastmoment bei ausgeschaltetem Strom. Beim Permanentmagnet-Schrittmotor ist die Anzahl der Pole (und damit die Auflösung) begrenzt. Der Hybrid-Schrittmotor vereint die Eigenschaften beider Bauformen, indem dem Permanentmagneten ein gezahnter Weicheisenkranz zugefügt wird. Nahezu alle heute erhältlichen Schrittmotoren sind Hybridmotoren. Als High-Torque-Motoren (= hohes Drehmoment) werden häufig Typen bezeichnet, bei denen für den Rotor besonders starke Magnete verwendet werden. So lässt sich eine besonders hohe Kraftdichte erzielen.

Typische Anwendungsgebiete sind Drucker, vor allem Matrixdrucker oder der Antrieb des Schreib-/Lesekopfs in einem Diskettenlaufwerk. Da Schrittmotoren (solange sie nicht überlastet werden) exakt dem außen angelegten Feld folgen, können sie ohne Sensoren zur Positionsrückmeldung (Encoder, Drehgeber oder Ähnliches) betrieben werden (Synchronmotorverhalten). Daher können sie, im Gegensatz zu Servomotoren, gesteuert betrieben werden. Servos müssen auf Position geregelt werden.

Der bipolare Motor besitzt zwei Spulen und, da jede Spule zwei Enden hat, vier Anschlüsse. Der unipolare Motor ist ebenfalls so aufgebaut, jedoch wird hier noch jede Spule in der Mitte durch eine Anschlussleitung angezapft.

Um den Motor nun in Bewegung zu bringen, muss an den Spulen eine Spannung angelegt werden. Legt man die Mittelanzapfung auf Masse, hat man also noch vier Anschlüsse. Legt man nun an zwei dieser Anschlüsse die Spannung an, bewegt sich der Motor – allerdings nur einen winzigen, kaum sichtbaren Schritt. Wie groß ein Schritt ist, hängt vom jeweiligen Motor ab. Bei den meisten Motoren beträgt der Schrittwinkel 1,8°. Das bedeutet, dass 200 Schritte notwendig sind, um die Achse einmal rund zu drehen. Nachdem der Motor nun einen Schritt gemacht hat, muss die Spannung an einer anderen Kombination von Anschlüssen eingeschaltet werden. Es gibt somit vier Kombinationen, wobei immer zwei Anschlüsse an die Spannung und zwei andere auf 0 V gelegt werden. Dies ist die sogenannte *unipolare Ansteuerung*. Wechselt man ständig diese verschiedenen Anschlussbelegungen, dreht sich der Motor mit jeder Änderung einen Schritt.

Um dies zu erreichen, benötigt man entweder eine elektronische Schaltung oder man verbindet die einzelnen Spulenenden jeweils mit einem Port eines Mikrocontrollers – aber natürlich nicht direkt. Die Leistung eines Ports reicht nicht aus, um einen Motor zu bewegen. Ein Motortreiber (Verstärker) muss also schon dazwischengeschaltet werden, so z. B. der Schaltkreis L293D (siehe Zeichnung).

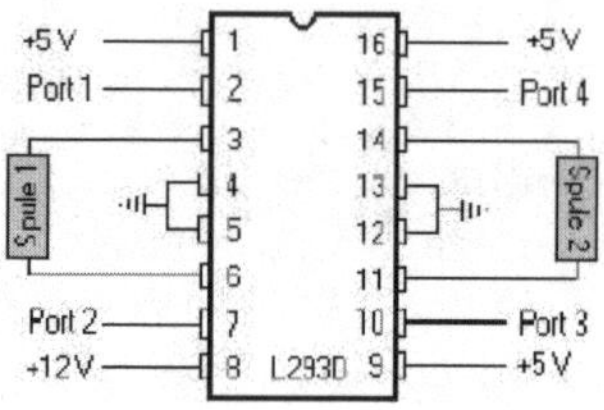

Abb. 6.4: Schrittmotor-Treiber L293D für bipolare Motoren

Soll es etwas mehr Leistung sein ...

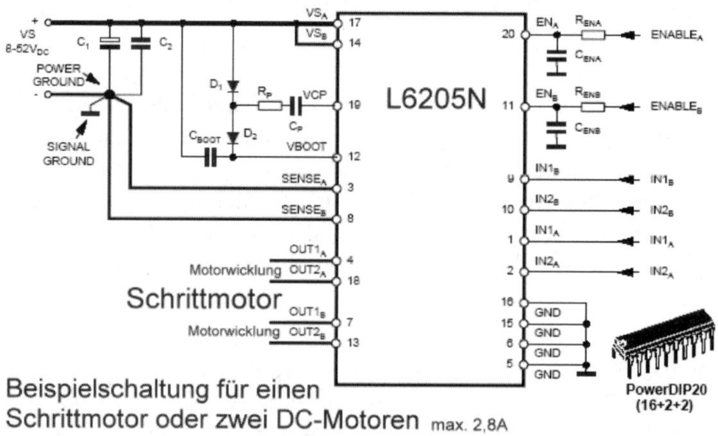

Abb. 6.5: Schrittmotor-Treiber L6205N. Quelle: www.Robotikhardware.de

Nun müsste der Mikrocontroller also nur noch eine 4-stellige Bitfolge ausgeben, um den Motor an den vier Anschlüssen ständig in einer bestimmten Kombination mit Spannung zu versorgen. Bei jeder Portausgabe würde sich somit der Schrittmotor einen Schritt bewegen. Das Ganze könnte natürlich in der Software in einer Schleife gemacht werden. Der Schleifenindex würde somit die Zahl der Schritte angeben. Der große Vorteil bei Schrittmotoren ist, dass man durch diese Methode genau festlegen kann, wie weit sich ein Schrittmotor dreht. Man kann somit auch genau ausrechnen, wie viele Schritte pro Radumdrehung notwendig sind. Nutzt man keine Untersetzung (was zusätzlich allerdings zu empfehlen ist), bräuchte man bei den meisten Motoren 200 Schritte pro Radumdrehung. Berechnet man dann den Umfang des Rads, kann man genau ausrechnen, wie viele Schritte pro cm Fahrstrecke notwendig sind. So könnte man schnell eine Routine schreiben, die als Parameter die Fahrstrecke entgegennimmt, daraus die Schritte errechnet und in einer Schleife an die Ports weitergibt.

Genauer lässt sich ein Roboter kaum steuern. Ein Schrittmotor bewegt sich nur bei einem Schritt, ansonsten sorgt das Haltemoment dafür, dass er sich nicht weiter bewegt. Nachteil ist, dass der Motor auch im Stand mit Strom versorgt wird, damit er sich nicht bei unebenen Böden oder an Steigungen bewegt. Bei Robotern, die sich nur in der Wohnung bewegen, kann man auch die Spannung abschalten, ohne dass sich der Motor bewegt – vor allem dann, wenn man vielleicht durch einen Zahnriemen noch eine Untersetzung von 4:1 oder 6:1 eingebaut hat.

In der Tat werden viele Roboter bereits auf diese Weise gesteuert. Optimal ist diese Methode allerdings nicht. Besonders bei schweren Robotern reicht die Kraft bei dieser Art Steuerung nicht aus. Dies wird leider oft in Artikeln zu diesem Thema verschwiegen. Wenn ein Motor zu schwach ist und die Kraft nicht ausreicht, um z. B. einen höheren Teppichrand zu überfahren, können auch Schritte verloren gehen. Dadurch würde die genaue Positionierung wieder gestört. Doch dazu später mehr.

Die bipolaren Motoren mit vier Anschlüssen sind im Prinzip nicht anders aufgebaut als die unipolaren. Da sie jedoch keine Mittelanzapfung besitzen, wird das unterschiedliche Magnetfeld dadurch erreicht, dass man die Spannung an den Spulenenden immer umpolt. Lange Zeit galt das für Bastler als zu kompliziert, daher wurde die unipolare Ansteuerung oft vorgezogen. Durch neue integrierte Schaltkreise wie den L298 ist aber auch das kein Problem mehr.

Die Motoren mit acht Anschlüssen sind Motoren, in denen die beiden Spulen in der Mitte aufgetrennt und herausgeführt wurden. Diese Motoren erlauben wahlweise eine bi- oder unipolare Ansteuerung. Man kann die Leistung und Anschlusswerte auch verändern, indem man hier die vier Spulen (vier = durch die Auftrennung) entweder parallel oder in Serie schaltet.

Auf dem folgenden Bild sehen Sie alle denkbaren Ansteuerungsmöglichkeiten bei den verschiedenen Motoren (die Farbangaben können sehr unterschiedlich sein).

Die einfachste Art, einen Schrittmotor zu betreiben, ist der sogenannte *Wave-Drive-Betrieb*, bei dem immer nur eine Spule stromerfüllt ist. Dies ist am einfachsten zu realisieren, birgt aber ein geringes Drehmoment. Die Positionen, die der Rotor einnehmen kann, liegen bei 0°, 90°, 180° und 270°. Werden dagegen immer zwei benachbarte Spulen mit Strom versorgt, gelangt man zum sogenannten *Vollschrittbetrieb* und erreicht ein größeres Drehmoment. Die Positionen liegen hier genau zwischen den Positionen des Wave-Drive-Betriebs. Werden beide Betriebsarten kombiniert, also immer abwechselnd eine oder beide Spulen versorgt, können insgesamt schon acht

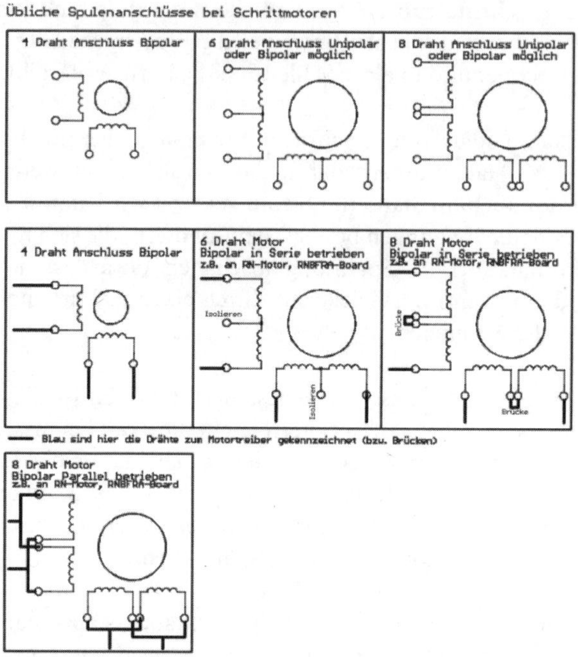

Abb. 6.6: Übliche Spulenanschlüsse bei Schrittmotoren

Positionen anfahren werden. Dies nennt man *Halbschrittbetrieb.* Baut man diese Idee weiter aus, gelangt man zu einem idealen Drehfeld. Beide Spulenpaare werden mit einer Sin-/Cos-Welle angesteuert, so dass sich ein nahezu idealer Rundlauf ergibt. Die Vorteile des Mehrschrittbetriebs liegen auf der Hand: Der Kraftverlauf wird bei kleineren Schritten gleichmäßiger, die Gefahr des Schrittverlusts sinkt und der Motor wird deutlich leiser.

Schrittmotoren eignen sich vorzüglich für Roboter, die sich nur im Haus bewegen und weniger als 20 kg wiegen. Sie zeichnen sich dadurch aus, dass die Steuerung besonders leicht und präzise per Software möglich ist. Oft liest man in Foren, dass Schrittmotoren, im Vergleich zu Getriebemotoren, recht schwach seien. Aber ein Schrittmotor könnte durchaus ebenfalls mit einem Getriebe versehen werden. Wenn man also Getriebemotoren mit Schrittmotoren vergleicht, müssten beide über ein Getriebe verfügen. Allerdings braucht man bei Schrittmotoren oft gar kein Getriebe, denn die Kraft ohne Getriebe ist in der Regel wesentlich höher als die der Gleichstrommotoren. Auch niedrige Drehzahlen sind bei Schrittmotoren kein Problem, sondern eher sogar von Vorteil. Je niedriger die Drehzahl ist, desto höher ist bei Schrittmotoren das Drehmoment. Dass es bei Einsteigern trotzdem immer wieder Probleme mit der Wahl des richtigen Schrittmotors gibt, liegt vorwiegend am mangelnden Wissen über das Stromverhalten dieser Motoren. Dazu folgen später ein paar

Tipps, die zeigen, dass man auch schwere Roboter durchaus mit recht kleinen Motoren bewegen kann. Zuvor aber ein paar Grundlagen für die Einsteiger. Anwender, die sich mit Schrittmotoren ein wenig auskennen, können den nächsten Absatz überspringen.

Die hier abgebildete Schaltung ist quasi der Standard für Schrittmotoren. Auch bei Drehmaschinen wird diese Schaltung oft eingesetzt.

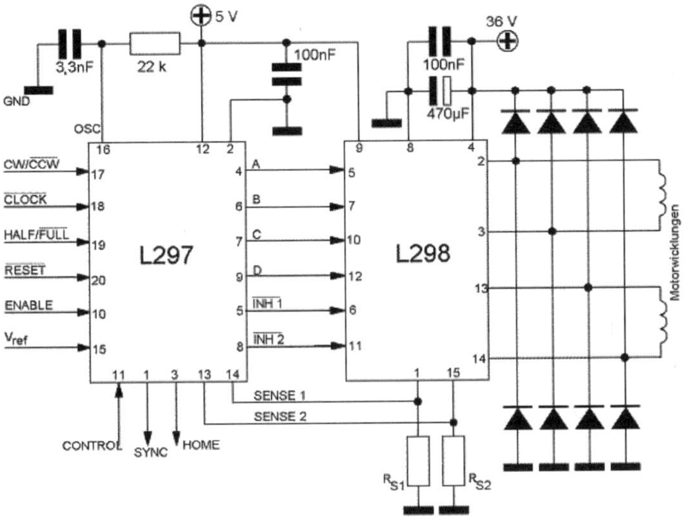

Abb. 6.7: Schaltung mit L279 und L298 als Leistungstreiber

Die Schaltung lässt sich recht einfach auf einer Experimentierplatine aufbauen.

Wie identifiziert man die Leitungen, wenn man kein Datenblatt zum Motor hat?
Ein Schrittmotor ist aus zwei Spulen aufgebaut.

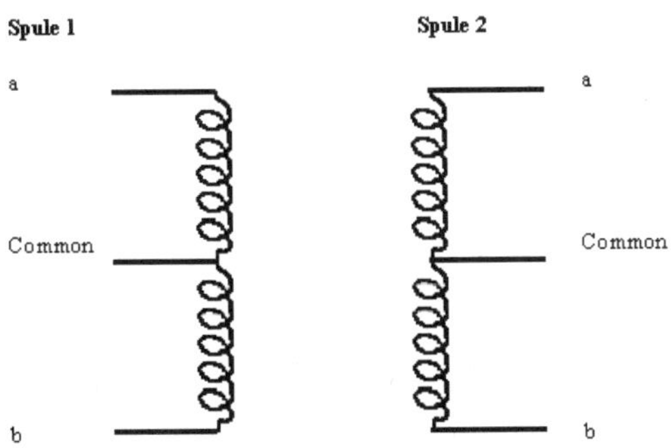

Abb. 6.8: Unipolare Wicklung

Mit einem Ohmmeter kann man die Anschlüsse einfach identifizieren, von Spule 1-a nach Spule 1-Common ist der Widerstand halb so groß wie der Widerstand von Spule 1-a nach Spule 1-b. Der Widerstand nach den Anschlüssen von Spule 2 sollte unendlich sein.

Dass die Anschlüsse (a) und (b) nicht voneinander zu unterscheiden sind, ist unwichtig. Falls man sie vertauscht, dreht sich der Motor andersherum. Wichtig ist allenfalls, dass man bei mehreren Motoren gleichen Typs die Anschlüsse gleich legt um voraussagen zu können, in welche Richtung der Motor sich drehen wird.

Um den Motor bipolar anzusteuern, werden die Common-Anschlüsse nicht benötigt.

6.4 Servos

Abb. 6.9: Standardservo von Conrad Electronic

Ein Servo ist ein geregelter Getriebemotor. Im Inneren eines Servos befinden sich ein Getriebe mit DC-Motor, eine Ansteuerplatine und ein Potenziometer (auch „Poti" genannt), die die Servostellung an die Elektronik zurückgeben, die wiederum den Motor in der vorgegeben Stellung hält.

Servos besitzen drei Anschlussdrähte: zwei für die Stromversorgung, die in den meisten Fällen 5 Volt beträgt, und einen für die Positionsvorgabe. Man muss also dem Servo mitteilen, wohin es sich drehen soll. Dies geschieht mit der Einspeisung von Impulsen, die, je nach Servostellung, eine Länge von 1 bis 2 ms besitzen, gefolgt von einer Pause, die zwischen 10 und 20 ms liegen kann. Je kürzer die Pause ist, desto mehr Kraft bekommt der Servo. Das liegt daran, dass das Servo viel öfter die Servostellung korrigiert, um es auf Istwert zu halten. Der Istwert wird über das interne Potenziometer gemessen und an die Ansteuerplatine zurückgeführt, die den Getriebemotor dementsprechend nachregelt.

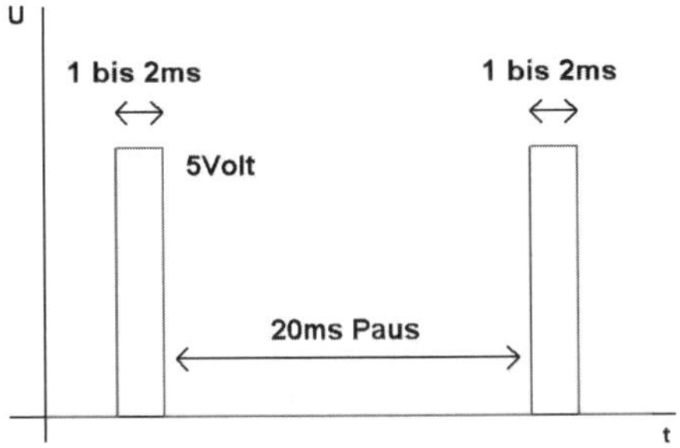

Abb. 6.10: Das Diagramm zeigt, wie die Ansteuerung aussehen muss

Bascom-Code zur Servo-Ansteuerung

```
'Servo.bas
'Mikrocontroller
$regfile = "m32def.dat"
$crystal = 16000000

'Servo
Config Porta.2 = Output
Declare Sub _servo()
Dim Servo_pos As Word
Dim Servo_pos_save As Word
Dim Multiplikator_servo As Byte
Dim Setup as Word
Dim X as Byte
Multiplikator_servo = 15
Setup = 3900

'Servo Ansteuerung
For X = 1 To 50
 Servo_pos = 128  'Servo in Mittelstellung fahren
 Call _servo()
Next X

Sub _servo()

  Servo_pos_save = Servo_pos * Multiplikator_servo
  Servo_pos_save = Setup + Servo_pos_save
  Pulseout Porta , 2 , Servo_pos_save
```

```
    Waitms 10
End Sub
```

Im Beispiel wird das Servo an einem Atmel Mega32 am Porta.2 betrieben.

Mit den Werten Setup und Multiplikator_Servo kann man jedes Servo anpassen. Setup legt die mittlere PWM fest, der Multiplikator_Servo gibt an, mit welcher Zahl der Stellwert multipliziert wird.

Der Code zeigt, wie mit Werten von 0 bis 255 das Servo von einem Anschlag zum anderen dreht. Es muss nur der Wert Servo_Pos geändert werden, im Beispiel ist Servo_Pos=128 die Mittelstellung des Servos.

Bascom stellt auch selbst eine Funktion zur Servo-Ansteuerung vor, jedoch wird hier ein Timer benutzt, der meist noch für andere Aufgaben benötigt wird.

Den Original Bascom-Code finden Sie in der Hilfe von Bascom.

6.5 Hack a Servo I: Aus einem Servo wird ein Getriebemotor

Abb. 6.11: Unser Opfer: ein Carson-Standard-Servo

Oft benötigt man einen kleinen und preiswerten Getriebemotor für ein geplantes Roboterprojekt. Hierfür bieten sich die günstigen Standard-Servos an.

Zuerst nimmt man das Ruderhorn, sollte es bereits montiert sein, ab. Danach öffnet man die vier Schrauben an der Unterseite des Servogehäuses. Nun kann man den flachen Deckel und das Getriebegehäuse entfernen. Das Servo sieht jetzt so aus wie auf der folgenden Abbildung.

Abb. 6.12: Servo mit abgenommenem Getriebedeckel und bereits entferntem Anschlag

Damit sich das Servo in einen Getriebemotor verwandelt, muss man den Anschlag am Hauptantriebsrad (siehe obige Abbildung Markierung „rot“) entfernen. Am besten lässt sich das mit einem Elektronik-Seitenschneider lösen. Er ist klein, sehr scharf und an der Schnittfläche glatt – dadurch bleibt kein Rand stehen.

Nun setzt man den Getriebedeckel vorsichtig wieder auf und achtet dabei darauf, dass alle Lagerstifte und Zahnräder in der richtigen Position sind.

Jetzt widmet man sich der Entfernung der Ansteuerplatine. Dazu muss man die Platine vom Motor trennen. Mit dem Lötkolben und einer Entlötlitze ist diese Arbeit schnell erledigt. Die drei dünnen Kabel, die zum Potenziometer führen, entfernt man ebenfalls.

Abb. 6.13: Servo ohne Ansteuerplatine und umgebauten Poti

Hat man das Servo soweit „ausgeschlachtet“, bearbeitet man noch das Istwert-Potenziometer. In den meisten Fällen ist das Poti mit Klammern geschlossen oder vernietet. Diese Befestigung muss man nun lösen, um den Schleifer und den Anschlag des Potis zu entfernen. Das Poti dient nur noch als Lager für das Hauptzahnrad.

Zum Schluss lötet man noch zwei Entstörkondensatoren sowie zwei Anschlussdrähte für die Stromzuführung an den Motor. Die Entstörung besteht aus je 1 nF/63 V von den Motoranschlüssen gegen Masse.

Jetzt kann man den Deckel wieder aufsetzen und das Gehäuse zuschrauben. Fertig ist der Getriebemotor!

Kleine Räder können, am besten mit Zweikomponentenkleber wie Stabilit Express, direkt am Ruderhorn (Rund) angeklebt werden.

Größere Räder werden festschraubt. Ein modifiziertes Ruderhorn zeigt die folgende Abbildung.

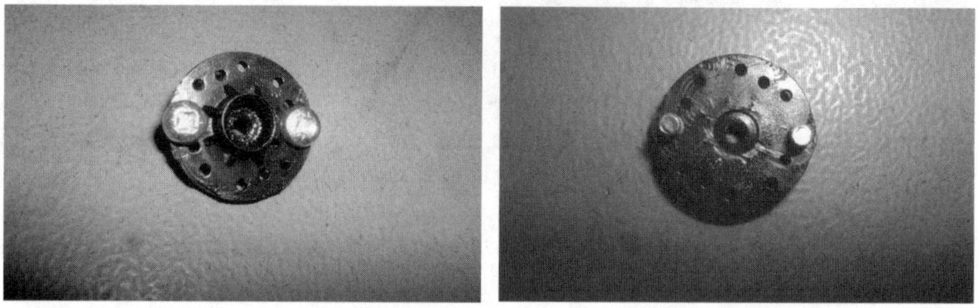

Abb. 6.14: In das Ruderhorn wurde ein M3-Gewinde für die Schrauben geschnitten

Um das nun umgebaute Servo befestigen zu können, benötigt man noch eine Halterung. Diese kann man aus Aluminiumresten herstellen.

Abb. 6.15: Fertig umgebautes Servo mit Rad-Mitnehmer und Servo-Halterung

6.6 Hack a Servo II: Getriebemotor inklusive Fahrtregler

Wer beim Bau seines Roboters nicht viel Platz „on board" des Roboters zur Verfügung hat, um noch einen Motortreiber unterzubringen, kann die Elektronik im Servo belassen und es zu einem Fahrtregler umbauen. Die Ansteuerung erfolgt dann genauso wie bei einem Servo bzw. Modell-Fahrtregler.

Dazu muss man so vorgehen wie bei „Hack a Servo I", jedoch mit dem kleinen Unterschied, dass man die Servoelektronik nicht komplett entfernt. Das Potenziometer muss wieder geschlachtet werden. Es dient, wie bereits erwähnt, weiter als Lager für die aufgesetzten Zahnräder. An der Platine werden die Pins vom Potenziometer jedoch wieder entfernt. Es wird ein Spannungsteiler aus zwei Widerständen eingesetzt, der die Neutralstellung des Fahrtreglers vorgibt (1,5 ms). Die Widerstände sollten den halben Wert des bereits eingebauten Potenziometers besitzen. In den meisten Servos besitzt das Potenziometer einen Wert von 4,7 oder 10 KOhm, somit muss man als Wert etwa die Hälfte verwenden (2,2 K/4,7 K). Die beiden äußeren Pins der Widerstände werden als Ersatz für den linken und rechten Poti-Anschlag verwendet, die anderen beiden Enden bilden zusammengefasst nun den Schleifer. Die Platine wird wieder eingebaut und fertig ist das Servo mit integriertem Fahrtregler.

6.7 Ein RB35-Motor bekommt einen optischen Drehgeber

Abb. 6.16: RB35-Getriebemotor von Conrad Electronic

Die Beschaffung von Getriebemotoren mit integrierten Drehgebern zu erschwinglichen Preisen ist für den Hobbybastler eine größere Hürde. Es gibt nicht viele kleine Elektromotoren mit Drehgeber, die zudem noch im Rahmen der Hobbykasse liegen. Wie man einen Drehgeber an einen RB35-Motor selbst nachrüstet, folgt in diesem Abschnitt.

Um eine Taktscheibe auf der Welle befestigen zu können, muss man die Motorwelle erst einmal freilegen.

Dazu muss man das Getriebe abschrauben, das mit drei Kreuzschrauben an der Vorderseite des Motors befestigt ist.

Die Getriebehalterung, das ist die Scheibe zwischen Motor und Getriebe, muss man nicht zwingend entfernen. Sie stört beim weiteren Umbau nicht.

Abb. 6.17: RB35-Motor mit abgenommen Getriebe

Die schwierigste Arbeit ist die Entfernung der Ankerplatte an der Rückseite des Motors. Dazu legt man den Motor auf einen stabilen Untergrund. Mit einem passenden Schlitzschraubendreher und einem kleinen Hammer klopft man nun die Halteklammern, die den Deckel am Motorgehäuse festhalten, zurück. Wichtig ist, dass man den Motor zu dieser Arbeit nicht in einen Schaubstock einspannt, denn dadurch würde man das Motorgehäuse zerdrücken und könnte den Motor nur noch entsorgen.

Nun schiebt man den Deckel durch Vordrücken der Motorwelle (Zahnrad) aus dem Gehäuse heraus. Als Nächstes entfernt man den Kohlebürstenhalter, der mit zwei kleinen Schrauben befestigt ist.

Abb. 6.18: Der zerlegte Motor

Die Ankerplatte weist eine kleine Auswölbung auf, in die das Gleitlager des Ankers eingepresst ist. Das Lager muss man nun so weit kürzen, dass es plan mit dem Deckel abschließt. Dazu spannt man die Ankerplatte in den Schraubstock und sägt das überstehende Lager mit einer Eisensäge ab. Danach feilt man noch etwas ab und entgratet das Lager vorsichtig mit einem Kegelsenker.

Abb. 6.19: Das gekürzte Lager

Nun baut man den Motor wieder zusammen. Dabei sind Sorgfalt und Fingerspitzengefühl gefragt. Der Kollektor des Motors sollte beim Zusammenbau auf keinen Fall die Kohlebürsten beschädigen.

Den beiden Lagern des Ankers spendiert man vor dem Zusammenbau noch einen Tropfen Öl.

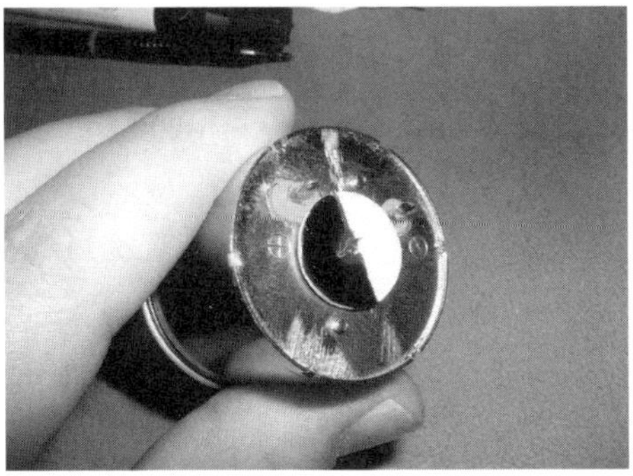

Abb. 6.20: Zusammengebauter Motor mit aufgeklebter Taktscheibe

Die Taktscheibe fertigt man aus Kunststoff – die Deckel von Eisbechern, wie man sie im Supermarkt finden kann, sind dafür gut geeignet. Die Scheibe besitzt die Größe eines 2-Cent-Stücks. In die Mitte der Scheibe bohrt man ein 2-mm-großes Loch, das zur Befestigung auf der Motorwelle dient.

Die Taktscheibe fixiert man jetzt mit Sekundenkleber auf der Motorwelle.

Die Schwärzung des Gebers nimmt man mit einem wasserfesten Filzstift vor. Dieser liefert den besten Kontrast für die Lichtschranke.

Jetzt kann man problemlos eine Lichtschranke, wie bereits im Kapitel *Impuls- und Inkrementalgeber* beschrieben, anbringen.

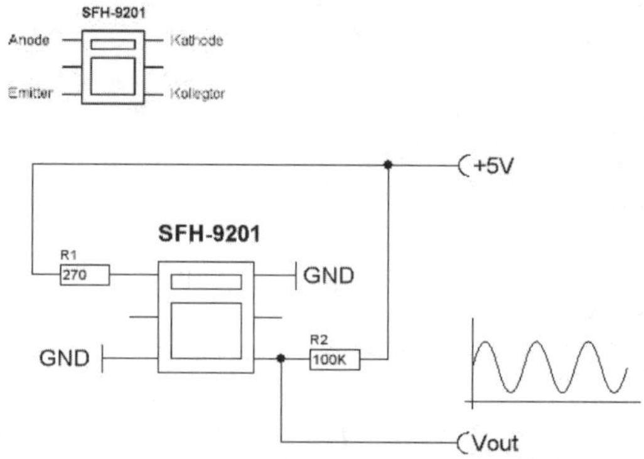

Abb. 6.21: Die Schaltung der Lichtschranke mit einen SMD SFH-9201

Abb. 6.22: Die Original RB35-Motorhalterung mit Gewindestange zur Aufnahme der Auswerte-Elektronik

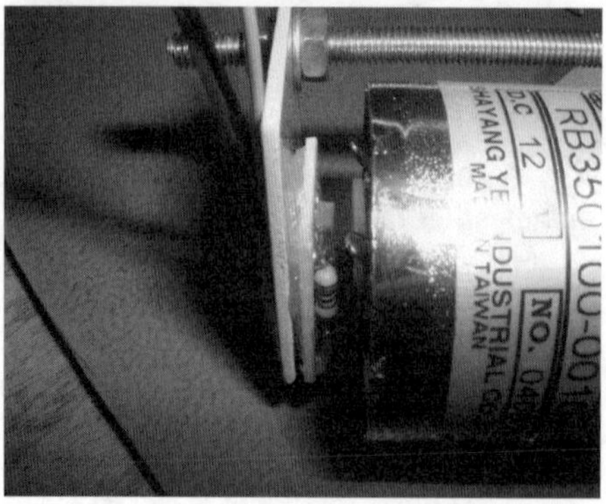

Abb. 6.23: So sieht die fertige Arbeit aus

Zum Schluss klebt man die Auswerteelektronik auf ein Platinenmaterial und schraubt sie an der Gewindestange fest. Um die Sonnenlichteinstrahlung zu verringern, wird das Ganze mit schwarzem Isolierband abgeklebt.

6.8 Hallgeber an der Motorwelle (Low-Cost-Drehgeber)

Abb. 6.24: Bipolarer Hallsensor von Conrad Electronic

Alternativ zur Taktscheibe kann man auch einen kleinen Permanentmagneten (Neodymmagnet) an der Motorwelle anbringen. Der Vorteil zur Taktscheibe ist der einfachere elektronische Aufbau, der Nachteil ist, dass sich an den Magneten gerne Metallteile sammeln, sollten Sie den Geber ohne Abdeckung betreiben.

Um einen Magneten auf der Motorwelle zu befestigen, muss man der Welle eine kleine Kerbe verpassen. So bekommt der Magnet etwas mehr Halt. Am besten schleift man die Welle mit einer Schleifmaschine ein wenig an (1 mm Kerbe) und klebt den Magneten darin fest. Als Klebstoff dient, wie fast immer, ein Zweikomponentenkleber.

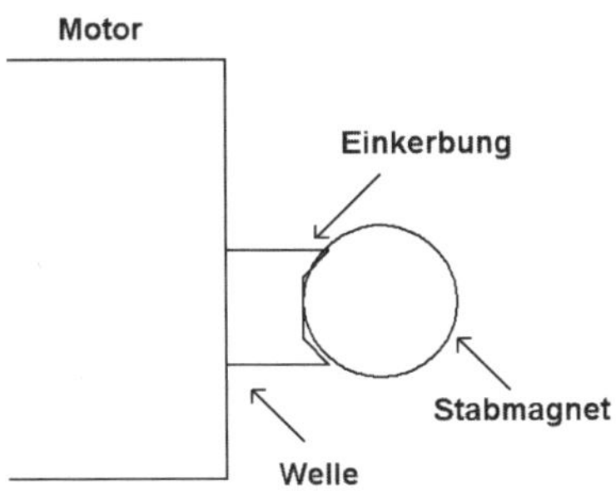

Abb. 6.25: Skizze des Motors mit angeklebten Magneten

Nun muss man nur noch einen Hallgeber (der für ein paar Cent erhältlich ist) hinter dem Magneten anbringen. Ein Abstand von etwa 3 bis 5 mm zwischen Magnet und Hallgeber war im Versuch ideal, ist aber magnetabhängig.

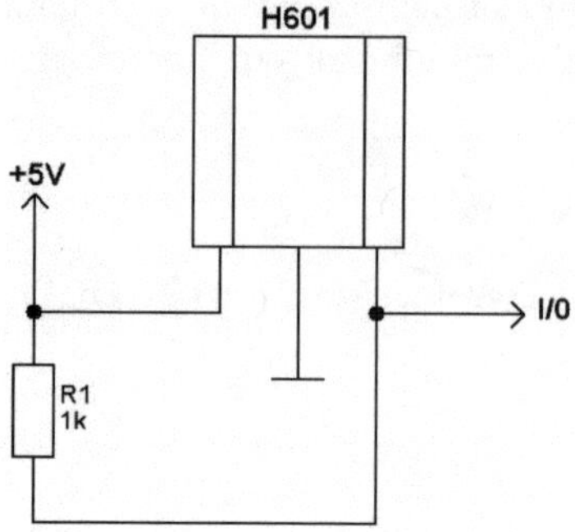

Abb. 6.26: Beschaltung des Hallsensors H601, erhältlich bei Conrad Electronic unter der Bestellnummer 158623.

7 Fahrtregler

7.1 Die H-Brücke im Allgemeinen

Hat man beschlossen, einen Gleichstrommotor für das Projekt zu verwenden, muss man sich jetzt Gedanken machen, wie man den Motor ansteuern möchte. Am einfachsten wäre es, den Motor mit einem Relais ein- oder auszuschalten. Da man aber später den Motor mit unterschiedlichen Geschwindigkeiten „regeln" will, um die Fahrgeschwindigkeit auf die örtlichen Bedingungen anzupassen, ist der Vorschlag mit dem Relais hinfällig. Außerdem möchte man später den Motor mit einer Programmiersprache ansteuern und ihm sagen können, in welche Richtung er drehen soll. Folgend werden Sie sehen, mit welchen Schaltungen und Bausteinen diese Aufgabe zu realisieren ist.

Die Ansteuerung der Fahrtregler erfolgt über ein Controllerboard, sei es ein RN-Controller von Robotik-Hardware oder ein selbst gebautes Controllersystem wie die Robo-Control im noch folgenden Kapitel Projekte.

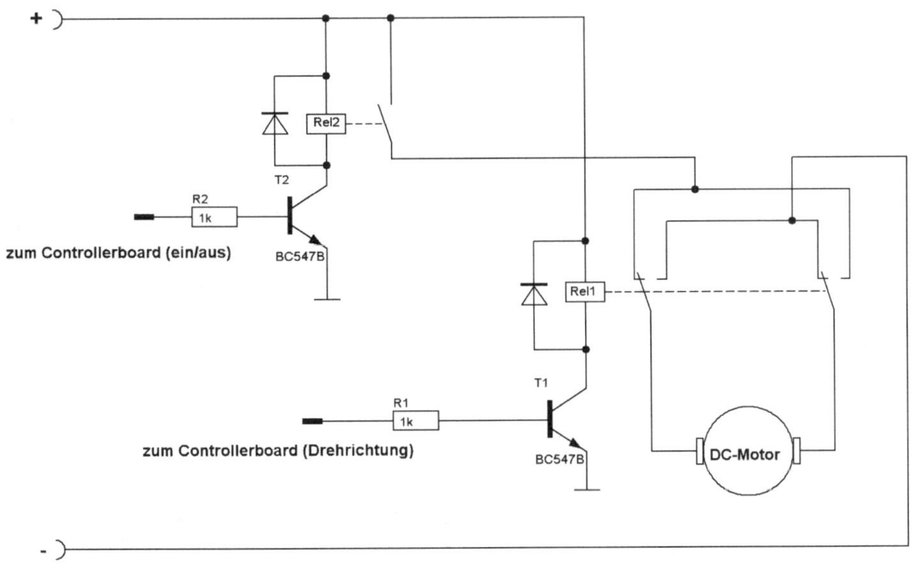

Abb. 7.1: Die Widerstände R1 und R2 werden direkt mit einem freien I/O-Ausgang verbunden

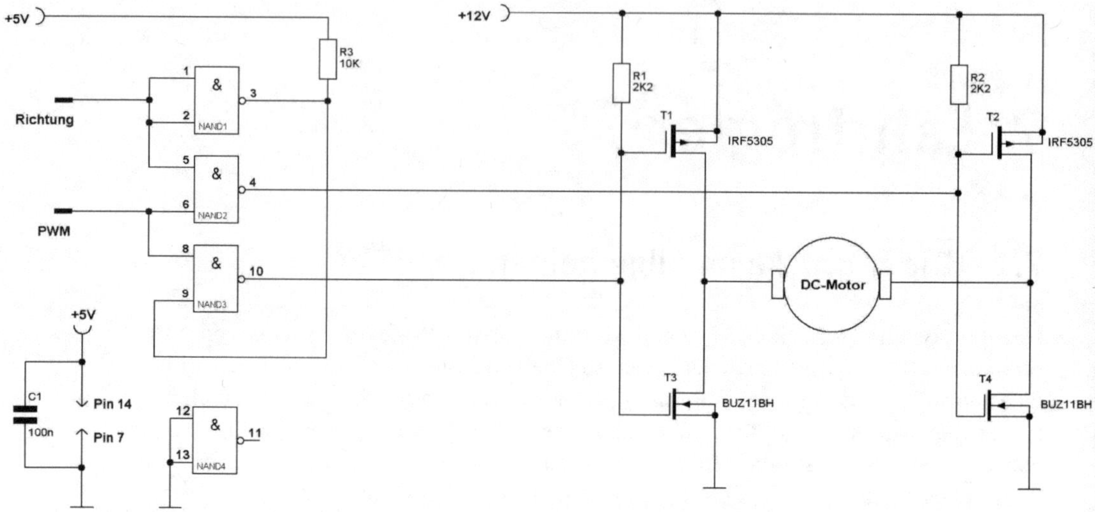

Abb. 7.2: H-Brücke mit preiswerten Leistungs-MOSFETs

Um aber die Schaltung mit dem Relais nicht vorzuenthalten, wurde dazu ein Schaltplan angefertigt. Die Schaltung kann jetzt den Motor nicht nur ein- und ausschalten, sondern durch die Verwendung von zwei Relais, eines davon mit 2x-Wechslern, den Motor vor- und rückwärts drehen lassen. Da man die Relais nicht direkt an den Controller anschließen kann, braucht man noch zwei Treibertransistoren, um die Relais durchzuschalten.

Zur Steuerung des Motors in Drehzahl und Drehrichtung besteht die Grundschaltung aus vier einzelnen MOSFETs, also Transistoren, die quasi leistungslos nur durch Spannungen geschaltet werden und extrem hohe Ströme verkraften.

Die Schaltung besteht aus einem 4-fach-CMOS-NAND-Gatter CD4011 und vier Power MOSFETs. An einem der Pins mit der Bezeichnung PWM liegt ein Signal an, das recht schnell ein- und ausgeschaltet wird. Man nennt dies *Pulsweitenmodulation.* Je kürzer das Einschaltsignal ist und je größer die Pausen sind, desto mehr sinkt die Drehzahl des Motors. Bei langem Einschalten bis hin zur vollen Durchsteuerung hingegen steigt die Drehzahl an. Durch das Anlegen eines High- oder Low-Signals an den Pin „Richtung" (0 oder +5 V) schaltet man die Drehrichtung des Motors um.

Durch die Beschaltung mit C-MOS steuert man wahlweise T1 und T4 durch, bzw. T2 und T3. Der Strom fließt von T1 über den Motor zu T4 nach Masse. In die andere Richtung fließt der Strom von T2 über den Motor nach T3 nach Masse. Dadurch wird der Motor umgepolt und dreht sich in die andere Richtung. Es ist bei der Ansteue-

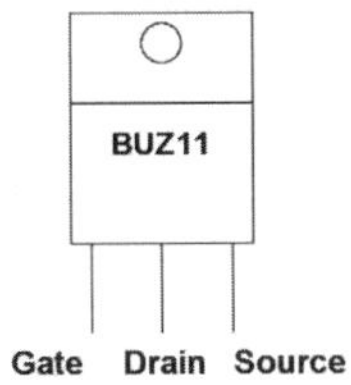

Abb. 7.3: BUZ11 Pin-Outview

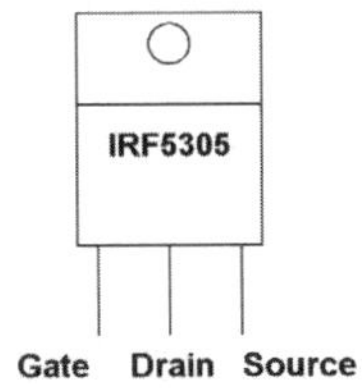

Abb. 7.4: IRF5305 Pin-Outview

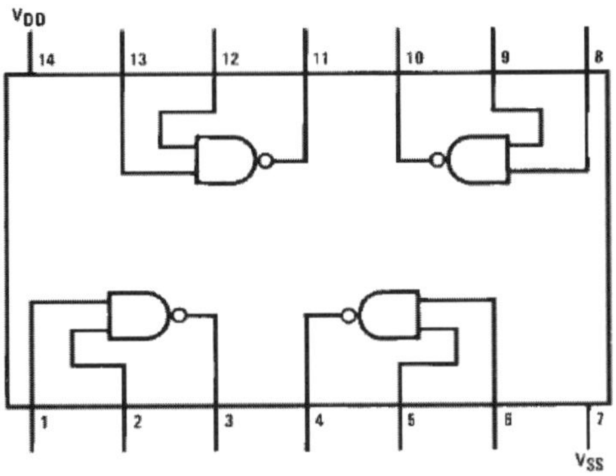

Top View

Abb. 7.5: Pin-Out des CD4011

rung der Brücke immer genau darauf zu achten, dass nur ein MOSFET-Pärchen durchgeschaltet ist da es sonst zu einem Kurzschluss der Betriebsspannung kommt.

Manchmal jedoch fehlen die Pins am Controller um noch eine Richtungsumschaltung realisieren zu können. Hierfür gibt es in der Trickkiste jene Schaltung, die allein mit einem PWM-Port auskommt. Sie kann, wie die Vorgängerschaltung, die Geschwindigkeit sowie die Richtung des Motors ändern.

Die Brücke besteht wieder aus einem CMOS CD4011 und der gleichen Endstufe.

Dieses Mal beschaltet man den CD 4011 aber etwas anders. Es werden nur zwei NAND-Gatter benötigt, die restlichen Eingänge legt man auf Masse, um das C-MOS nicht zu zerstören. Das PWM-Signal wird auf das erste Gatter Pin 1,2 und der Ausgang Pin 3 direkt auf die Motorstufe und das zweite Gatter geführt. Beim zweiten Gatter sind wieder die beiden Eingänge miteinander verbunden. Dadurch erhalten Sie einen einfachen Inverter. Dieser Ausgang wird auf den anderen Signalzweig des Motortreibers gelegt.

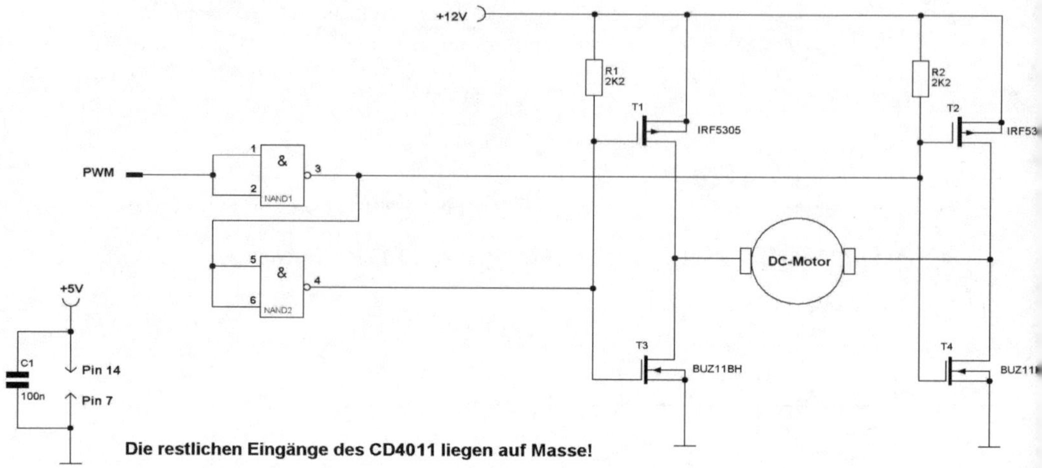

Abb. 7.6: Drehzahl und Drehrichtungssteuerung mit nur einen PWM-Signal

Liegt nun ein PWM-Signal mit einen Tastverhältnis von 50/50 (z. B. PWM 128 bei einen 8-Bit-Signal), dreht sich der Motor nicht, da sich beide Signale „auslöschen". Werden die Einschaltzeiten länger oder kürzer, dreht der Motor mal in die eine, mal in die andere Richtung, je nach Puls-/Pausenverhältnis.

7.2 600-mA-Fahrtregler mit L293

Sehr verbreitet und immer wieder gerne benutzt wird der L293 von Texas Instruments. Er ist im gut sortierten Elektronikfachhandel zu bekommen und nicht teuer. Somit bietet er sich an, damit einen preiswerten kleinen Fahrtregler zu bauen.

Der L293D besitzt Kanäle. Das bedeutet, dass man mit einem solchen IC zwei Motoren ansteuern kann. Jedes IC des L293D beinhaltet vier Halbbrücken mit einer Belastbarkeit von jeweils max. 800 mA. Interne Schutzdioden an den jeweiligen Ausgängen begrenzen mögliche Spannungsspitzen, wie sie beim Schalten induktiver Lasten ent-

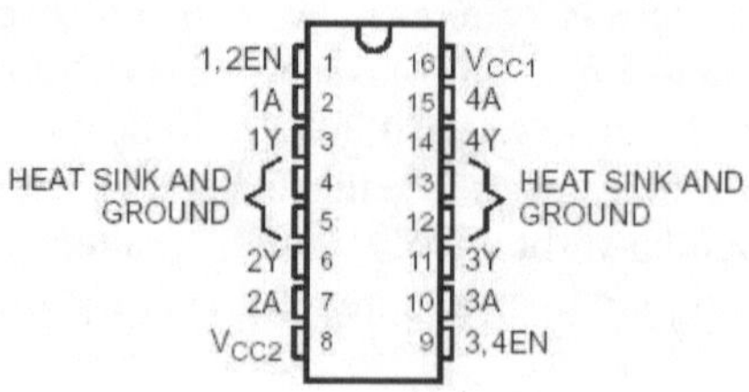

Abb. 7.7: Pin-Out des L293. Die Heat-Sink-Pins gut verzinnen und auf Masse legen. Sie bilden den Kühlkörper des ICs

stehen. Der IC ist ohne zusätzliche Maßnahmen kurzschlussfest und besitzt einen internen Übertemperaturschutz, der die Ausgänge bei Überlastung abschaltet, bis der IC genügend abgekühlt ist. Das gilt jedoch nur für den L293D. Es gibt andere Versionen ohne „D“, die keine integrierten Freilaufdioden enthalten. Es empfiehlt sich, zuvor das Datenblatt anzusehen.

In unten gezeigter Schaltung verkraftet der IC einen Motorstrom von 600 mA pro H-Brücke. Die Ansteuerung ist wieder mit einem C-MOS CD4011 aufgebaut und funktioniert genauso wie in den bereits oben beschrieben Schaltungen mit einer MOS-FET-Endstufe.

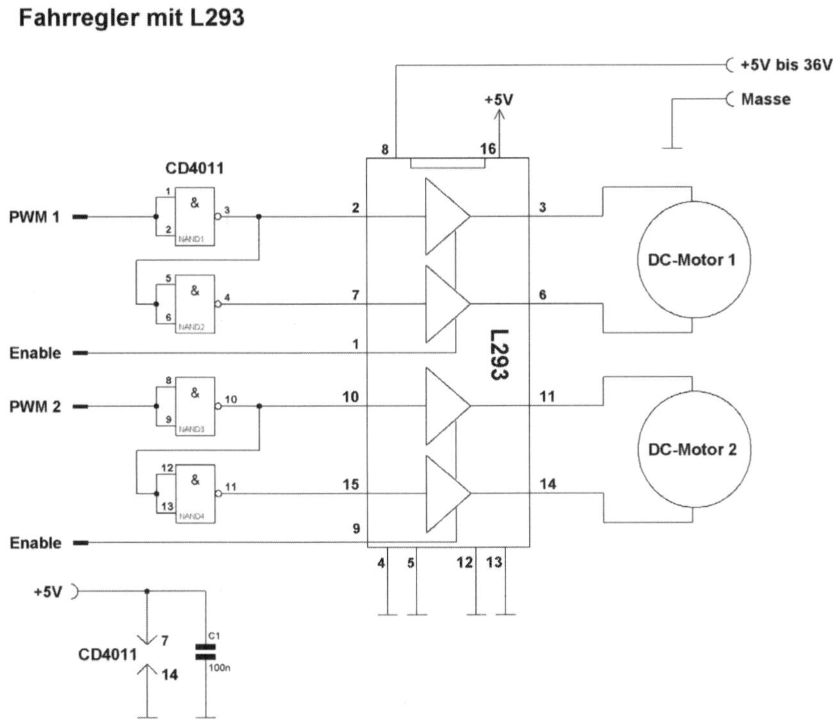

Abb. 7.8: Dual-Fahrtregler für kleine Elektromotoren bis 600 mA

Als ideale PWM-Frequenz für die Eingänge PWM 1 und 2 kann man in Projekten, je nach Motor, zwischen 10 und 20 kHz verwenden. Durch die hohe Frequenz blendet man das unschöne „Pfeifen“ aus, das die Motoren durch die PWM von sich geben. Dazu geht, wegen der hohen Schaltfrequenz, zudem noch die Erwärmung des L293 zurück.

Die Enable-Eingänge müssen bei Betrieb auf +5 V geschalten werden. Bei längeren Pausen, in denen der Roboter sich nicht bewegt, schaltet man die Enable-Eingänge einfach auf Masse und die Motorstufe braucht keinen Strom mehr. Dadurch spart man sehr viel Energie, und, da man meist mit Akkus unterwegs ist, somit auch das ständige Nachladen.

7.3 2-Ampere-Fahrtregler mit L298

Der „große Bruder" des L293 ist der L298. Er ist zwar von der Firma ST-Microelectronics, aber in seiner Funktion gleich. Der L298 wird wegen der höheren Ausgangströme in einem Multiwatt-15-Gehäuse gefertigt. Braucht man mal etwas mehr Strom, kann man die Input- und Output-Pins parallel schalten und bis 4 Ampere herausholen.

Die Schaltung ist, bis auf die Pinbelegung und die zusätzlichen Schutzdioden des L298, identisch mit der Beschaltung des L293.

Da sich der L298 durch Induktionsspannungen, die durch den Motor entstehen, „verabschieden" könnte, muss man hier die zusätzlichen Dioden mit einbauen. Im L298 sind die Schutzdioden nämlich nicht integriert wie im L293.

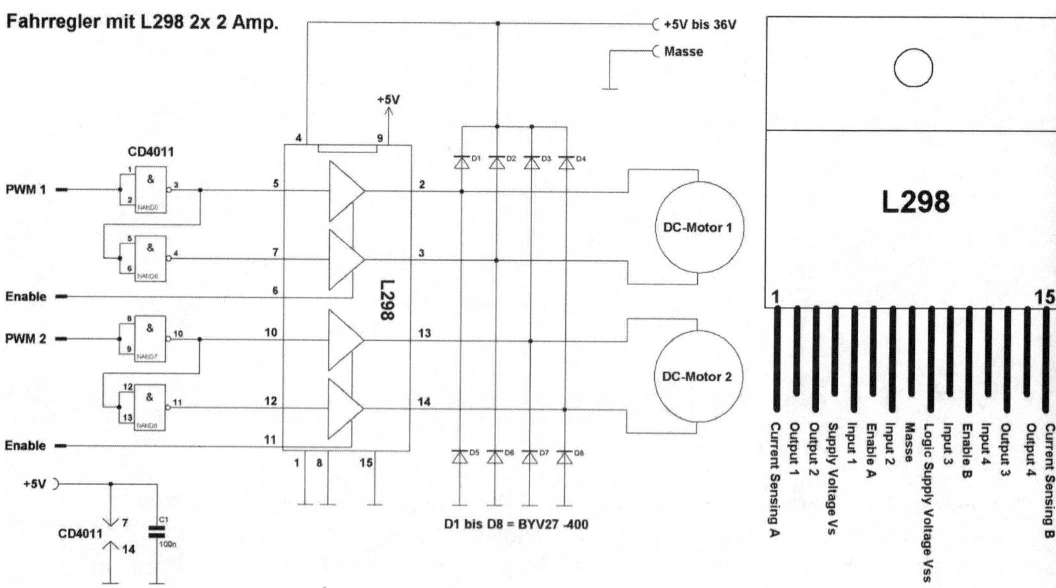

Abb. 7.9: Dual-Fahrtregler mit 2 x 2 Ampere L298

7.4 5-Ampere-Fahrtregler mit TLE-5205

Eine weitere neue und interessante H-Brücke ist die von Infineon gefertigte TLE-5205. Sie ist zwar nur für einen Motor pro IC ausgelegt, dafür verkraftet sie aber 5 A und ist z. B. bei Conrad Electronic günstig zu bekommen. Der Besondere an dieser Brücke ist, dass man keinen C-MOS mehr zu Ansteuerung benötigt. Sie ist nicht nur TTL-kompatibel sondern enthält bereits eine komplette Auswerte-Einheit mit Fehlererkennung. Die Fehlererkennung kann man direkt an einen I/O-Pin des Controllers führen und somit überprüfen, ob mit der Brücke alles in Ordnung ist. Die Brücke besitzt noch viele andere Sicherheitseinrichtungen wie eine Abschaltung bei Übertemperatur mit Einschalt-Hysterese und Kurzschlussfestigkeit, um sich selbst zu schützen.

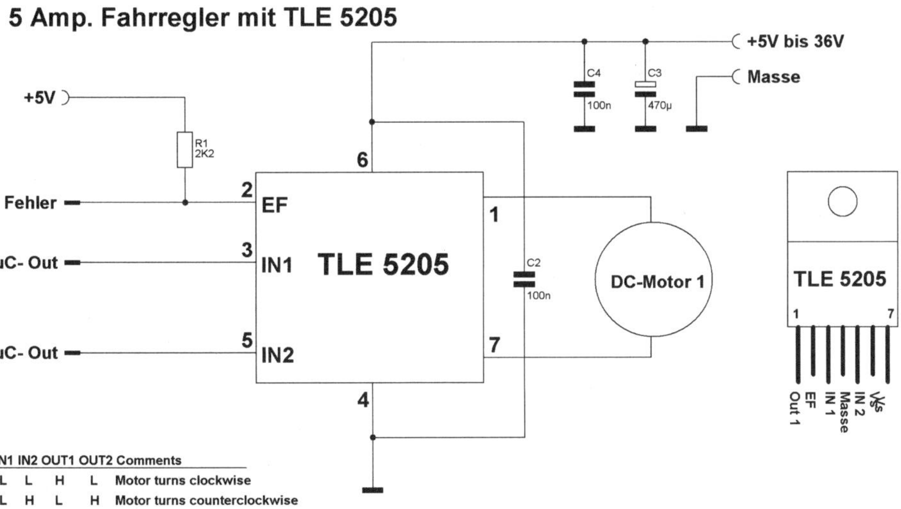

IN1	IN2	OUT1	OUT2	Comments
L	L	H	L	Motor turns clockwise
L	H	L	H	Motor turns counterclockwise
H	L	L	L	Brake; both low side transistors turned-ON
H	H	Z	Z	Open circuit detection

Abb. 7.10: 5-Ampere-H-Brücke von Infineon mit Logik

Bei der Controller-Beschaltung geht man am besten folgendermaßen vor:

- Pin 3 des TLE-5205 an einen einfachen I/O-Ausgang des Mikrocontrollers legen
- Pin 5 des TLE-5205 am PWM-Ausgang des Controllers anschließen

Wie in der Tabelle zu sehen ist, muss bei Betrieb IN1 immer auf Low liegen, IN2, je nach Drehrichtung, auf High oder Low. Speist man also nun den IN2 mit einem PWM, der von 0 bis +5 V (nicht gesiebt durch ein RC-Glied, direkter PWM-Ausgang des Controllers) einstellbar ist, kann man den gleichen Trick wie in der Beschaltung mit dem C-MOS 4011 anwenden. Der Motor bleibt bei einem PWM von 50/50 stehen und, je nachdem, ob man nun die Einschaltzeigen verringert oder vergrößert, dreht der Motor links oder rechts herum. Um den TLE-5205 bei Nichtbenutzung inaktiv zu schalten, legt man IN1 und IN2 auf High.

Auch eine Bremse ist im IC bereits eingebaut: Legen Sie einfach IN1 auf High und IN2 auf Low und der Motor bremst ab.

Der Pin 2 ist für die Fehlermeldung zuständig. Je nachdem, ob ein Fehler aufgetreten ist, liefert er +5 V oder er zieht den Pin nach Masse.

Im Datenblatt wird dies auch *Error Flag* genannt: 1 = No Error und 0 ist Error.

7.5 Der Dampfhammer VNH2SP30

Die H-Brücke VNH2SP30 dürfte für die meisten Anwendungen eine ideale Lösung darstellen. Ihr großer Vorteil besteht darin, dass gleich zwei Motoren angesteuert werden können. Das IC erlaubt bereits ohne Kühlkörper eine längere Belastung von ca. 4-5 A, wobei die kurzzeitige Belastung bis ca. 10 A auch kein Problem darstellt.

Der hochmoderne Motorchip verträgt sogar weit höhere Strombelastungen von bis zu 30 A, die aber aufgrund der Wärmeentwicklung ohne zusätzliche Kühlmaßnahmen Kühlkörper/Lüfter etc. nicht erreicht werden. Kühlt man ihn dementsprechend, sind 10 A auf Dauer kein Problem für ihn.

Die Ansteuerung erfolgt über einen beliebigen Controller. Die Steuerung ist sehr einfach, nahezu identisch mit der der Motorchips L298 oder L293D. Die Geschwindigkeit ist über einem PWM-Port, der bis zu 20 kHz liefern darf, regelbar. Zwei weitere Eingänge bestimmen Drehrichtung oder Motorbremsung. Die Enable-Eingänge sind mit PullUp-Widerständen versehen. Über die Steckbrücke auf Masse kann man noch einen Notausschalter realisieren.

Wie man sieht, ist auch hier kein großer Hardware-Aufwand zu betreiben. Wichtig ist nur, dass der Motorchip bei größeren Strömen gut gekühlt wird. Am besten ist es, wenn man ihn mit Wärmeleitkleber an einem größeren Kühlkörper befestigt.

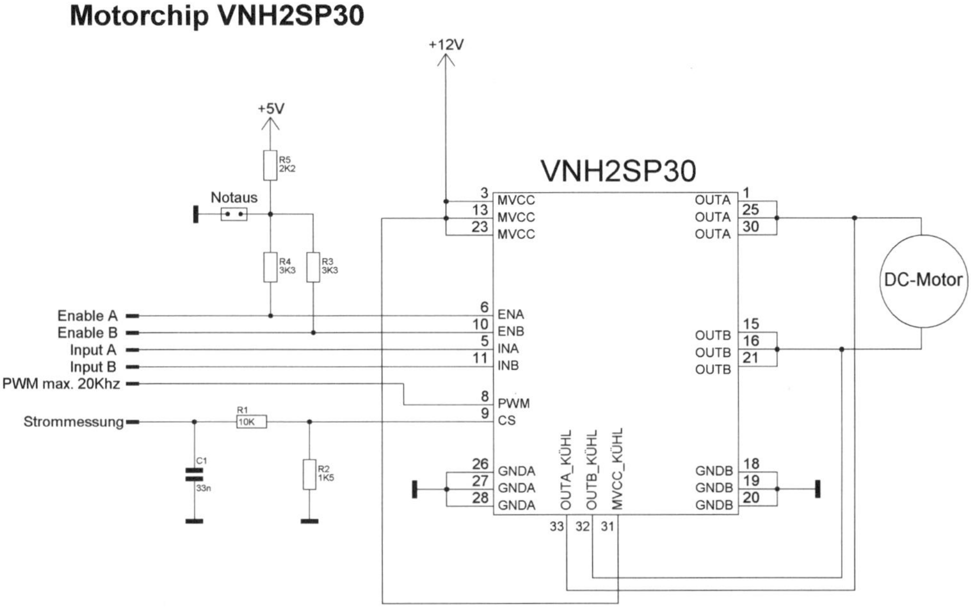

Abb. 7.11: Beschaltung des VNH2SP30

7.6 Ein Fahrtregler für den Schrittmotor

Schrittmotoren wurden bereits in Kapitel 6 besprochen. Sie können mit einem Vorsatzgetriebe auch zum Antrieb eines Roboters mit sehr guten Ergebnissen eingesetzt werden. Besonders kleine Roboter, die vor allem auf ebenem Boden eingesetzt werden, profitieren durch die Einsparung des Drehgebers (Inkrementalgeber). Die Schritte, die der Motor beim Drehen zurücklegen soll, können vorgegeben werden – dadurch kann man eine Wegstrecke definieren. Jetzt braucht man nur noch eine Ansteuerung, die das übernimmt …

Wie einfach das geht, zeigen das auf Seite 168 abgebildete Schaltbild sowie der Beispielcode, der sich wieder auf Bascom stützt.

Der Bascom-Code ist extra schmal gehalten. Jeder wird seine eigenen Wünsche realisieren wollen und deshalb soll es nur ein Code-Schnipsel sein, der zeigt, wie die Ansteuerung funktioniert. Eine Tabelle gibt die Bitfolge vor, die am Port ausgegeben werden soll. Damit lässt sich schnell und einfach zwischen Full- and Halfstep wechseln.

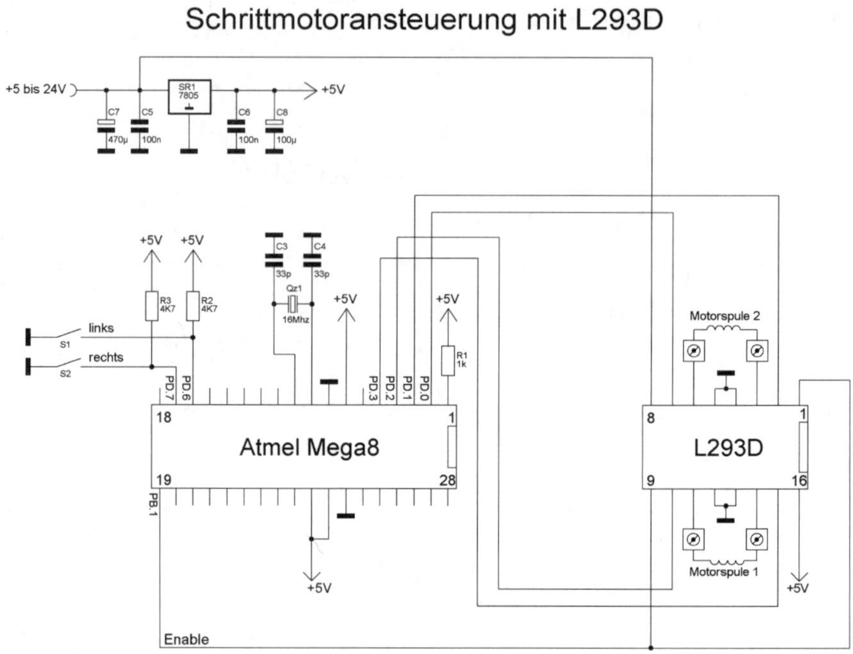

Abb. 7.12: Anstatt des L293D kann man bei größeren Strömen auch ein L293 verwenden (nicht pinkompatibel)

Bascom-Code:

```
'******************************************************************
'Stepper.bas
'Compiler     :BASCOM-AVR
'Projekt      : Stepper Controller V1.0
'             : Verwaltung eines Schrittmotors
'Hardware     : Sommer-Stepper-Control V1.0 Mega8 16 Mhz
'Autor        : Sommer Ulli
'Datum        : 24.10.2006
'******************************************************************

'Mikrocontroller
$regfile = "m8def.dat"
$crystal = 16000000

Dim X As Word
Dim I As Integer
Dim N As Integer

Config Portd.0 = Output
Config Portd.1 = Output
Config Portd.2 = Output
```

```
Config Portd.3 = Output
Config Portb.1 = Output
Config Portd.7 = Input
Config Portd.6 = Input

A Alias Portd.0
B Alias Portd.1
C Alias Portd.2
D Alias Portd.3

Left_drive Alias Portd.6
Right_drive Alias Portd.7

'Funktionen
Declare Sub Fullstepforward()
Declare Sub Fullstepbackward()
Declare Sub Halfstepforward()
Declare Sub Halfstepbackward()
Declare Sub Dofullstep()
Declare Sub Dohalfstep()

Declare Sub Fastfullstepforward()
Declare Sub Fasthalfstepforward()

'Step Arry
Dim Fullsteparray(4) As Byte
Fullsteparray(1).1 = 1
Fullsteparray(1).2 = 0
Fullsteparray(1).3 = 1
Fullsteparray(1).4 = 0

Fullsteparray(2).1 = 1
Fullsteparray(2).2 = 0
Fullsteparray(2).3 = 0
Fullsteparray(2).4 = 1

Fullsteparray(3).1 = 0
Fullsteparray(3).2 = 1
Fullsteparray(3).3 = 0
Fullsteparray(3).4 = 1

Fullsteparray(4).1 = 0
Fullsteparray(4).2 = 1
Fullsteparray(4).3 = 1
Fullsteparray(4).4 = 0

'Das Gleiche noch mal für Halbschritt. Hier haben wir dann
'allerdings 8 Schritte.
Dim Halfsteparray(8) As Byte
Halfsteparray(1).1 = 1
Halfsteparray(1).2 = 0
Halfsteparray(1).3 = 1
Halfsteparray(1).4 = 0
```

```
Halfsteparray(2).1 = 1
Halfsteparray(2).2 = 0
Halfsteparray(2).3 = 0
Halfsteparray(2).4 = 0

Halfsteparray(3).1 = 1
Halfsteparray(3).2 = 0
Halfsteparray(3).3 = 0
Halfsteparray(3).4 = 1

Halfsteparray(4).1 = 0
Halfsteparray(4).2 = 0
Halfsteparray(4).3 = 0
Halfsteparray(4).4 = 1

Halfsteparray(5).1 = 0
Halfsteparray(5).2 = 1
Halfsteparray(5).3 = 0
Halfsteparray(5).4 = 1

Halfsteparray(6).1 = 0
Halfsteparray(6).2 = 1
Halfsteparray(6).3 = 0
Halfsteparray(6).4 = 0

Halfsteparray(7).1 = 0
Halfsteparray(7).2 = 1
Halfsteparray(7).3 = 1
Halfsteparray(7).4 = 0

Halfsteparray(8).1 = 0
Halfsteparray(8).2 = 0
Halfsteparray(8).3 = 1
Halfsteparray(8).4 = 0

'für den Halbschritt braucht man noch ein array, mit dem man die
'Zustände der Ports setzt. Im Gegensatz zum Vollschritt, wo nach
'dem Schritt der Strom an beiden Spulen einfach abgeschaltet werden
'kann, muss das beim Halbschritt anders sein. Beim Halbschritt wird
'auch der Zustand der Spule benötigt.

Dim Halfstepenable(8) As Byte
Halfstepenable(1).1 = 1
Halfstepenable(1).2 = 1

Halfstepenable(2).1 = 1
Halfstepenable(2).2 = 0

Halfstepenable(3).1 = 1
Halfstepenable(3).2 = 1
```

```
Halfstepenable(4).1 = 0
Halfstepenable(4).2 = 1

Halfstepenable(5).1 = 1
Halfstepenable(5).2 = 1

Halfstepenable(6).1 = 1
Halfstepenable(6).2 = 0

Halfstepenable(7).1 = 1
Halfstepenable(7).2 = 1

Halfstepenable(8).1 = 0
Halfstepenable(8).2 = 1

'da heben wir uns auf, an welchem Schritt wir uns im Vollschritt-
'modus gerade befinden. Geht von 1 bis 4.
Dim Fullstepindex As Integer
'für den Halbschritt nur geht's hier von 1 bis 8
Dim Halfstepindex As Integer
'Das ist das delay zwischen den Schritten in ms
Dim Delaybetweensteps As Word

Fullstepindex = 0
Halfstepindex = 0
Delaybetweensteps = 5

Enable Interrupts

Do
  '---> Hauptprogramm <----------------------------------

  'Vollschritt Mode
  If Right_drive = 0 Then Call Fullstepforward()

  If Left_drive = 0 Then Call Fullstepbackward()

  'für Halbschritt Mode
  'If left_Drive = 4 Then Call Halfstepbackward()

  'If right_Drive = 2 Then Call Halfstepforward()

  Waitms Delaybetweensteps

Loop
End

'--------------------------------------------------------------
```

```
 'Stepper in Fullstep-mode forward
Sub Fullstepforward()

 Incr Fullstepindex

 If Fullstepindex > 4 Then
  Fullstepindex = 1
 End If

 Dofullstep
End Sub

'Stepper in Fullstep-mode backward
Sub Fullstepbackward()

 Decr Fullstepindex

 If Fullstepindex < 1 Then
  Fullstepindex = 4
End If

 Dofullstep
End Sub

'Stepper in Halfstep-mode forward
Sub Halfstepforward()

 Incr Halfstepindex

 If Halfstepindex > 8 Then
  Halfstepindex = 1
 End If

 Dohalfstep
End Sub

'Stepper in Halfstep-mode backward
Sub Halfstepbackward()

 Decr Halfstepindex

 If Halfstepindex < 1 Then
  Halfstepindex = 8
 End If

 Dohalfstep
End Sub
```

```
'einen Schritt im Vollschrittmodus ausführen
Sub Dofullstep()

 A = Fullsteparray(fullstepindex).1
 B = Fullsteparray(fullstepindex).2
 C = Fullsteparray(fullstepindex).3
 D = Fullsteparray(fullstepindex).4
 Waitms Delaybetweensteps

End Sub

'einen Schritt im Halbschrittmodus ausführen
Sub Dohalfstep()

 A = Halfsteparray(halfstepindex).1
 B = Halfsteparray(halfstepindex).2
 C = Halfsteparray(halfstepindex).3
 D = Halfsteparray(halfstepindex).4
 Waitms Delaybetweensteps

End Sub
```

7.7 Verwenden von Modell-Fahrtreglern für die Bots

Trotz aller guten Motor-ICs auf den Markt wird es vorkommen, dass man mehr als 10 A für den Antrieb benötigt. Das soll die Hobbykasse natürlich nicht gleich komplett erschöpfen.

Modell-Fahrtregler sind preiswert erhältlich und können Motorströme bis zu 50 A problemlos verkraften. Die leichte Ansteuerung und die kompakte Bauform kommen diesen Reglern zudem zugute.

Die Ansteuerung ist mit der eines Servos gleichzusetzen (siehe Kapitel 6.4 *Servos*). Hier folgt also einem positiven Signal (Pulse) von +5 V, je nach Gasstellung von 1 bis 2 ms, eine Pause von 20 ms (siehe Diagramm unter *Servo* in Kapitel 6).

Aktuelle Fahrtregler verfügen, im Gegensatz zu älteren Modellen, nicht mehr über ein Potenziometer zum Nullpunkt und Bremsabgleich. Heutige Regler werden über ein sogenanntes *One-Touch-Setup* eingestellt, das bei Drücken des Tasters die aktuelle „Knüppelstellung“ in das EEPROM des Reglers ablegt (Neutralstellung 1.5 ms).

Man muss also zuerst den Fahrtregler auf neutral „STOPP“ kalibrieren. Eine Lösung für Fahrtregler mit Setup wird unter *Projekte/S-Control* beschrieben.

Jener Code zeigt, wie ein Regler mit Potis zum Abgleich in Bascom angesprochen wird. Als Impulsausgang verwendet man einen digitalen I/O-Ausgang des Mikrocontrollers, hier einen Mega8.

Dieser Code funktioniert auch mit Reglern, die ein Autosetup besitzen, also ohne Poti und Setup-Taste. Die Regler-Parameter müssen an das gesamte Programm und den Regler angepasst werden.

Bascom-Code:

```
'Modellregler.bas
'Mikrocontroller
$regfile = "m32def.dat"
$crystal = 16000000
$baud = 9600

Config Portb = Output

Enable Interrupts

Dim X As Byte

'Antrieb Motorregler
Dim Rx_motor_l_save As Byte
Dim Rx_motor_r_save As Byte

Dim Motorl As Word
Dim Motorr As Word

Wait 3

Main:

 'Motor STOPP!
 For X = 1 To 20
  Rx_motor_l_save = 128
  Rx_motor_r_save = 128
  Goto Drive
 Next X

 Wait 2

 'Drehzahl läuft hoch „forward maximum"
 For X = 1 To 127
  Rx_motor_l_save = Rx_motor_l_save + 1
  Rx_motor_r_save = Rx_motor_r_save + 1
  Goto Drive
 Next X

 Wait 2
```

```
 'Motor stoppt wieder
 For X = 255 To 128
  Rx_motor_l_save = Rx_motor_l_save - 1
  Rx_motor_r_save = Rx_motor_r_save - 1
  Goto Drive
 Next X

 Wait 2

 'Drehzahl läuft hoch „backward maximum“
 For X = 127 To 0
  Rx_motor_l_save = Rx_motor_l_save - 1
  Rx_motor_r_save = Rx_motor_r_save - 1
  Goto Drive
 Next X

 Wait 2

 'Motor stoppt wieder
 For X = 0 To 128
  Rx_motor_l_save = Rx_motor_l_save + 1
  Rx_motor_r_save = Rx_motor_r_save + 1
  Goto Drive
 Next X

 Wait 2

Goto Main
End

'---> Motor Drive <-----------------------------------------
-
Drive:
 Motorl = Rx_motor_l_save * 15        'left
 Motorl = 800 + Motorl
 Pulseout Portb , 3 , Motorl

 Motorr = Rx_motor_r_save * 15        'right
 Motorr = 800 + Motorr
 Pulseout Portb , 4 , Motorr

 'z. B // (128 * 15) / 4 = 480 µs
 'durch vier wird geteilt, da bei XTAL 4 MHz Pulseout 1 µs
 'entspricht wir haben hier jedoch 16 Mhz! Die Werte müssen, je
 'nach Programmablauf, angepasst werden!

 'ACHTUNG: Fahrzeug kann nach Parameteränderung und neuem Download
 'sofort losfahren.

 'Pulse Pause
 Waitms 10

Goto Main
```

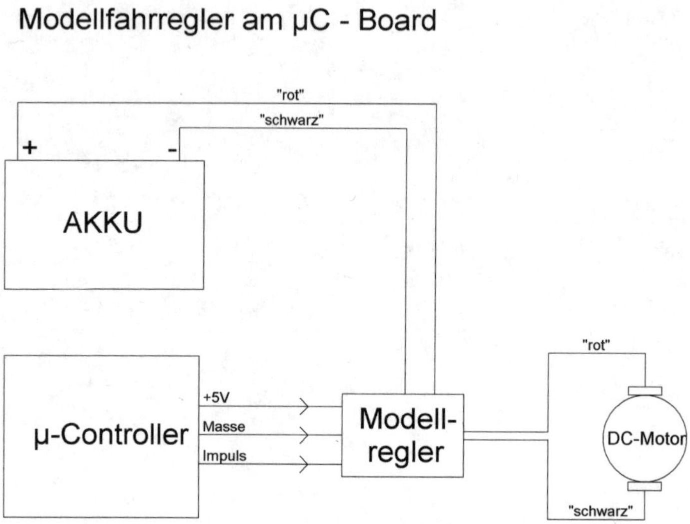

Abb. 7.13: Modellfahrtregler am µC-Board

8 Kameras und Funksysteme

Sei es für Anwendungen wie Kanalinspektion und Überwachung oder einfach nur zum Experimentieren in der Wohnung oder im Garten – es gibt viele Anwendungen, bei denen eine ferngelenkte Kamera nützlich ist. Zur Bombenentschärfung oder in der Kanalreinigung werden solche Systeme schon lange eingesetzt.

8.1 CCD-Kameras

Abb. 8.1: Platinen-CCD-Farbkamera

CCD-Sensorkameras sind die Klassiker unter den kleinen Platinenkameras. Sie liefern auch heute noch mit Abstand die besten Bilder und ihre Lichtempfindlichkeit ist der der C-MOS-Kameras eindeutig überlegen.

Leider schlägt sich das auch im Preis nieder und eine gute CCD-Kamera in Farbe und mit guter Lichtempfindlichkeit (etwa 0,2 Lux) sowie einem Sony-Sensor kostet etwa 100 bis 150 €. Der Stromverbrauch der Platinen-CCD-Kameras liegt, je nach Sensor und Aufbau der Kamera, bei etwa 100 bis 300 mA. Sie liefern Bilder mit einer Auflösung um die 250.000 Pixel und 350 bis 600 Zeilen, was für eine so kleine Videokamera ein sehr guter Wert ist.

Die Kameras besitzen bereits alles, was zum Betrieb notwendig ist (Spannungsregler, Signalaufbereitung usw.). Man muss nur noch die Versorgungsspannung anschließen und den Video-Ausgang mit einem TV-Gerät oder einen Videosender verbinden, fertig!

Es empfiehlt sich, in einen Roboter zwei CCD-Kameras einzusetzen – eine für den Betrieb bei Tageslicht (Farbkamera) und eine Schwarz-Weiß-Kamera mit einer Empfindlichkeit <0,1 Lux.

Damit kann man in Verbindung mit einer Infrarotbeleuchtung auch nachts im Garten umherfahren und sehen, was dort passiert.

Tipp: Mehr zum Aufbau der CCD-Sensoren und Infoseiten über Kameras und Kamera-Umbauten für den Nachtbetrieb finden Sie im Internet.

8.2 C-MOS-Kameras

Abb. 8.2: C-MOS-Platinenkamera von Conrad Electronic mit der Bestellnummer 150001

Eine Alternative zum teuren CCD-Sensor-Kameramodul sind die C-MOS-Kameras. Sie sind zwar in der Qualität noch nicht mit den CCD-Sensoren gleichzusetzen, aber dafür eine preiswerte Alternative, um den Roboter zum Sehen zu bringen. Der günstige Anschaffungspreis (ab 5 €) und der niedrige Stromverbrauch (etwa 10 bis 20 mA) entschädigen für die etwas schlechtere Bildqualität.

Will man aber nachts auch etwas sehen, kommt man um einen CCD-Sensor oder eine gute Beleuchtung nicht herum, denn die Lichtempfindlichkeit liegt bei um 1 Lux.

Es ist wichtig, eine saubere und stabile Versorgungsspannung zu benutzen, die durch einen Stabi-IC LM7805 und den dazugehörigen 100-nF-Kondensator bereitgestellt wird. Die Kameras müssen immer an 75 Ohm betrieben werden, da manche Videoeingänge nicht mit 75 Ohm abgeschlossen sind und ein Widerstand (47 bis 100 Ohm, idealerweise 75 Ohm) zwischen Video-Ausgang und Masse eingelötet werden muss. Sollte die Kamera nur Streifen oder ein weißes bzw. schwarzes Bild liefern, liegt es meist am Abschlusswiderstand. Man sollte auf jeden Fall das Datenblatt des Herstellers beachten.

8.3 Infrarotbeleuchtung

Abb. 8.3: Fertiges IR-Cluster

Abb. 8.4: IR-Scheinwerfer-Bausatz

Auch wenn die Werte der Lichtempfindlichkeit der Kameras noch so gut klingen – um eine zusätzliche Beleuchtung kommt man in den seltensten Fällen herum.

Die elektronischen Kameras sehen auch das Infrarotlicht, das außerhalb des menschlichen Lichtspektrums liegt. Dieser Effekt ist natürlich ideal um ein Kamerasystem aufzubauen, das man bei absoluter Dunkelheit einsetzen kann, ohne dass andere die Lichtquelle wahrnehmen können.

Ein IR-Scheinwerfer besteht aus vielen IR-Dioden, die in Serie und je Reihe parallel geschlossen sind.

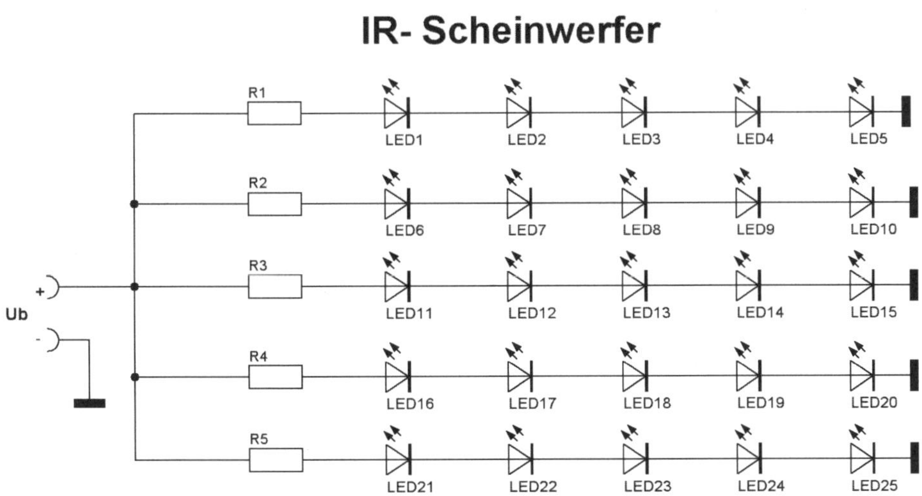

Abb. 8.5: Die Widerstände müssen an die Betriebsspannung (Ub) und den Dioden angepasst werden

Die Schaltung zeigt, wie man aus IR-Dioden einen Scheinwerfer selbst bauen kann. Allerdings gibt es unzählige fertige IR-Scheinwerfer auf dem Markt, die man dafür nutzen kann. Beim Kauf wie auch beim Eigenbau ist auf die Wellenlänge der IR-Dioden zu achten. Je nachdem, welche Kamera man verwendet, wird das verwendete Lichtspektrum unterschiedlich ausfallen. Man muss also immer darauf achten, dass die Wellenlänge (nm) mit der Kamera zusammenpasst.

Dazu muss man das Datenblatt der Kamera und die der Scheinwerfer vergleichen. Im Zweifel ist ein guter Mittelwert eine Wellenlänge von 850 nm.

Zu große Erwartungen bezüglich der Reichweite sollte man an die IR-Scheinwerfer nicht stellen. Mit den oben gezeigten Scheinwerfern sind Reichweiten zwischen 5 und 10 Metern im Freien realistisch.

8.4 Halogenscheinwerfer

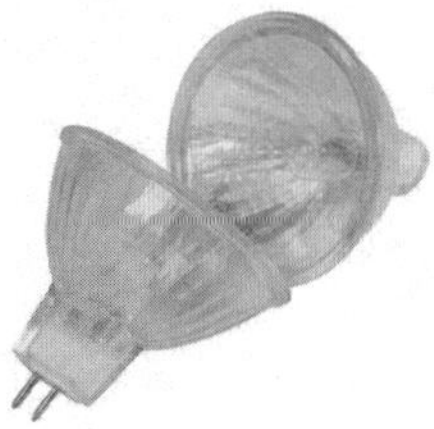

Abb. 8.6: Kaltspiegelleuchte Type GU5.3

Abb. 8.7: Passende Fassung mit Haltefedern

Will man es richtig hell haben, um den Roboter als „Taschenlampe“ oder zur Abschreckung zu verwenden, benötigt man mehr Licht und vor allem eines, das auch das menschliche Auge wahrnimmt. Nicht nur, dass die Halogenlampen günstig in der Anschaffung sind – sie besitzen ein fast ideales Lichtspektrum für die Kameras. Mithilfe eines Halogenscheinwerfers liefert auch eine lichtschwache Kamera noch sehr gute Bilder im Dunkeln.

Bei den Halogenlampen wählen Sie bevorzugt Kaltspiegellampen aus. Diese besitzen bereits einen Reflektor, eine Fassung mit Befestigungslöchern gibt es ebenfalls dafür. Die Lampen bekommt man mit unterschiedlichen Abstrahlwinkeln zwischen 5° und 100°. Die Versorgungsspannung der Halogenlampen beträgt 12 V, es gibt aber auch Exoten mit 5 und 24 V, die man jedoch eher selten antrifft. 12-V-Lampen sind am leichtesten zu beschaffen, sie zu verwenden empfiehlt sich. Die Leistungsklassen liegen bei 5 bis 50 W, meist reicht eine 10- oder 20-W-Standardlampe aus. Man sollte nicht zu starke Lampen einbauen, da dies die Fahrzeit deutlich begrenzt.

8.5 Funksysteme zur Bild- und Tonübertragung

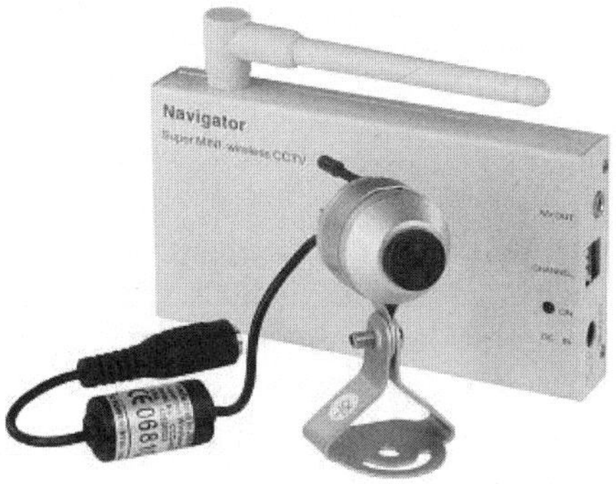

Abb. 8.8: 2,4-Ghz-Funkkamera-System von Conrad Electronic

Um das Videosignal nun zum Rechner zu übertragen, benötigt man noch ein Video-Funksystem. Wie die Abbildung zeigt, gibt es komplette Sets. Die Reichweite eines solchen Systems liegt in freiem Feld (Sichtverbindung) bei etwa 100 m. Wird das Signal durch Wände oder Bäume abgeschwächt, kann die Reichweite im Extremfall bis auf wenige Meter sinken (z. B. bei Metallwänden).

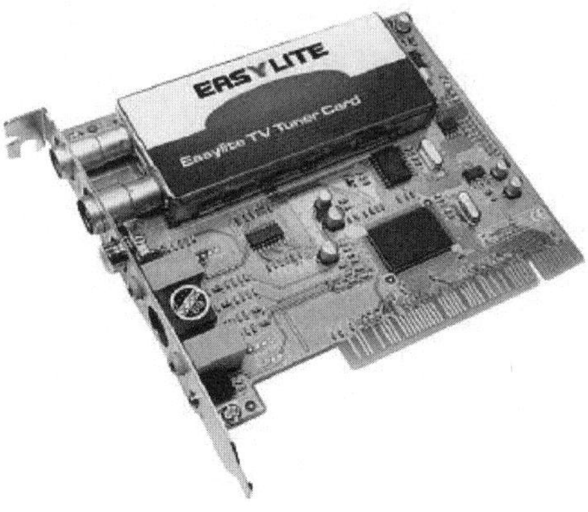

Abb. 8.9: Einfache TV-Karte von Easylite

Die Funkempfänger liefern ein PAL-Videosignal, das jetzt noch digitalisiert werden muss, um es für die PC-Anwendungen verwenden zu können. Diese Aufgabe erledigt eine einfache TV-Karte, wie sie in jedem Computershop für ein paar Euro zu bekommen ist. Man muss nur noch den Empfänger mit der TV-Karte über das Composite-Kabel verbinden und schon kann man die Bilder vom Roboter auf dem PC betrachten.

9 Algorithmen

Algorithmen sind Routinen, die eine bestimmte Aufgabe mit einer eigens dafür entwickelten Struktur bearbeiten. Man könnte einen Algorithmus auch als „Handelsvorschrift" bezeichnen. Trifft der Roboter z. B. auf eine Wand, muss er darauf reagieren. Entweder er dreht sich von der Wand weg oder er folgt ihr. Was er genau zu tun hat, legt der Algorithmus fest. Hier „sagt" man ihm genau, was er zu tun hat – Schritt für Schritt.

9.1 Wandverfolgung

Soll der Roboter einer Wand folgen, benötigt er zuerst einmal Sensoren, die die Wand erkennen können. Im hier gezeigten Beispiel werden die Sensoren auf einer Seite des Roboters montiert, die der Wand parallel laufen soll. Verwendet werden zwei Sharp Sensoren des Typs GP2D12. Sie werden vorne und hinten am Roboter angebracht. Auf diese Weise kann er den Abstand bzw. den Winkel, in dem er zur Wand steht, ermitteln und den Antrieb so nachregeln, dass beide Sensoren den gleichen Sollabstand messen.

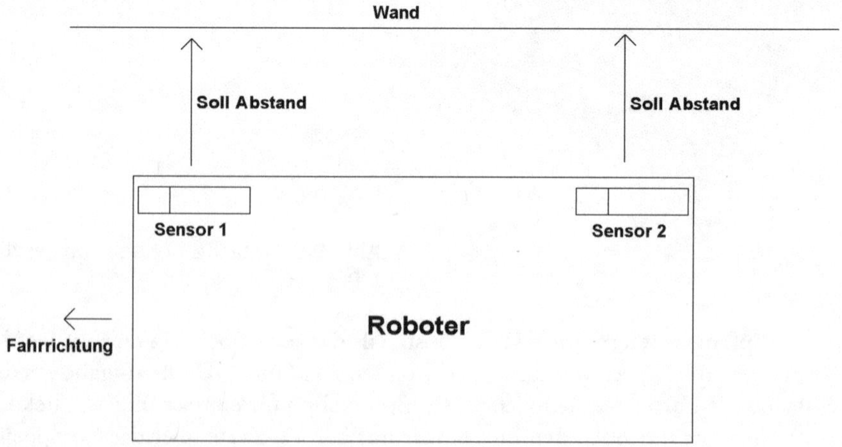

Abb. 9.1: Die Abbildung zeigt, wie die Sensoren angeordnet sein müssen

Die Formel zur Berechnung des Fehlers:

```
Current_distanz = (Sensor_vorne + Sensor_hinten) / 2
Current_attitude = Sensor_hinten - Sensor_vorne

Error_wall = Distance_setpoint - Current_distance
Error_wall = Error_wall + Current_attitude
```

Error_wall ist der errechnete Fehler. Diesen Fehler könnte man nun verwenden, um den Antrieb des Roboters zu beeinflussen. Man kann ein Rad schneller drehen oder bremsen lassen als das andere, je nachdem, wie groß der Fehler ist. In einer Kombination mit einem PID-Regler erhält man einen sehr guten Parallellauf zur Wand.

Der Wert *Distance_setpoint* gibt an, wie groß der Abstand zur Wand sein soll. Bei dem angegebenen Sharp-Sensor liegt der Abstand bei 25 bis 35 cm ideal.

9.2 Chaos-Drive

So sonderbar die Überschrift auch klingen mag: Chaos Drive wird oft eingesetzt, so z. B. bei im Handel erhältlichen Staubsaugerrobotern oder auch bei Rasenmährobotern, die kreuz und quer über den Rasen fahren, bis alles gemäht ist. Die meisten dieser Roboter fahren nach dem Chaosprinzip.

Der Roboter fährt so lange geradeaus, bis er auf ein Hindernis trifft, sei es eine Wand, ein Stein oder eine künstliche Begrenzung wie ein elektronischer Gartenzaun. Er bleibt kurz stehen und fährt dann ein paar Zentimeter zurück, danach dreht er sich in eine Richtung mit einem zufälligen Winkel von der Wand weg. Der Winkel wird im Controller durch einen sogenannten *Zufallszahlen-Generator* erzeugt (RND = Randomize). Nach dieser Aktion fährt der Bot wieder geradeaus, bis er erneut auf ein Hindernis trifft.

Eine praktische Anwendung eines Chaos-Drive-Prinzips findet man bei dem Bauprojekt *Grasshopper*. Der Quellcode zeigt eine optimierte Ausweichroutine mit ein paar kleinen Extras.

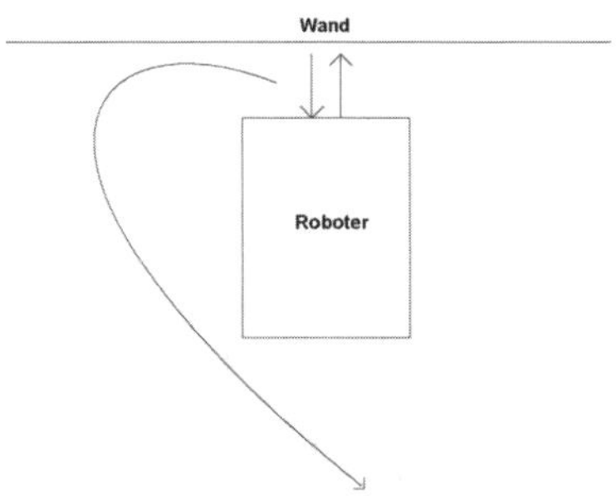

Abb. 9.2: Roboter fährt auf eine Wand zu und dreht sich von ihr weg

9.3 Wie findet man aus einem Labyrinth?

Der Pledge-Algorithmus nach Abelson und diSessa arbeitet nicht mit markierten Wegen, sondern der Roboter merkt sich die Richtung, in die er sich fortbewegt und zählt bei jedem Schritt die Drehungen, die er ausführt. Der Algorithmus arbeitet wie folgt:

1. Der Roboter fährt geradeaus, bis er auf ein Hindernis trifft.
2. Dort biegt er links ab und läuft um das Hindernis herum. Bei jeder Linksdrehung erhöht er den internen Zähler um 90, bei jeder Rechtsdrehung verringert er ihn um 90. Wenn der Zähler = 0 ist, hört er auf, dem Hindernis zu folgen, und fährt geradeaus weiter.
3. Der Roboter wiederholt diese Schritte, bis er das Labyrinth verlassen hat.

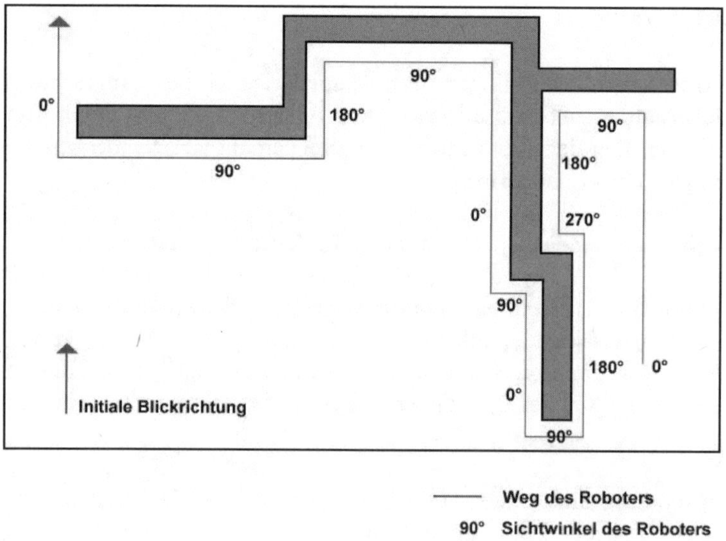

Abb. 9.3: Veranschaulichung des Prinzips

9.4 Objekt-Ausweichalgorithmen

Um Hindernissen ausweichen oder sie zu umfahren, benötigt man einen Algorithmus. Dieser muss möglichst so entworfen sein, dass ein Festfahren in Ecken oder Sackgassen nicht möglich ist. Das ist natürlich davon abhängig, wie viele und vor allem welche Sensoren man verwendet.

Sensoren wie zwei einfache Bumper oder zwei Infrarotsensoren wie der IS471 liefern einen definierten Schaltzustand 1 oder 0. Bumper haben zwar den Nachteil, dass sie erst bei direkter Kollision auslösen, das tun sie dann aber mit hundertprozentiger Sicherheit. Der IS471 löst schon ein paar Zentimeter vor dem Hindernis aus und liefert am Ausgang im geschalteten Zustand +5 Volt, die man direkt an einen I/O-Eingang des Controllers anschließt.

Der Roboter fährt dazu wieder geradeaus in eine willkürliche Richtung, die man ihm zuvor mitgeteilt hat. Nun trifft er auf ein Hindernis, das umfahren werden muss.

Löst nun der rechte Sensor aus, wird links ausgewichen, beim Auslösen des linken Sensors weicht der Roboter nach rechts aus. Bei der Verwendung von Bumpern sollte man den Roboter vor der Ausweichaktion (drehen auf der Stelle) ein wenig zurückfahren lassen, damit die Bumper frei sind und nicht am Hindernis hängenbleiben.

```
If Bumper_left = 0 and Bumper_right = 0 then call sub_forward
If Bumper_left = 1 and Bumper_right = 0 then call sub_turn_right
If Bumper_left = 0 and Bumper_right = 1 then call sub_turn_left
If Bumper_left = 1 and Bumper_right = 1 then call sub_turn_backward
```

Wie weit der Roboter sich nach links dreht, kann man zuvor im Programm festlegen und eine vordefinierte Zeit den Bot in die gewünschte Richtung drehen lassen.

Das hat jedoch einen großen Nachteil: Steht der Bot in einer Ecke, wird er dort nicht mehr so schnell loskommen. Stellt man sich vor, der Bot stünde in der Mitte der Ecke und schaute in diese hinein, würde er sich, je nachdem, welcher Sensor angesprochen hat, nach links oder rechts drehen. Das Problem ist, dass er nach dieser Aktion den anderen Sensor verdeckt, der seinerseits die Information gibt, dass in die andere Richtung zurückgedreht werden muss. Der Roboter dreht sich also mit fest eingestellten Turn-Zeiten immer rechts/links, rechts/links usw.

Turn = Turn_degrees + Random_degrees

Um dieses Problem zu umgehen, gibt es zwei einfache Möglichkeiten:

1. Man lässt den Bot solange in die Richtung drehen, in der kein Hindernis zu erwarten ist, bis die Sensoren frei sind und er geradeaus weiterfahren kann.
2. Addiert man zu dem fest eingestellten Turn noch eine Zufallszahl hinzu, ergibt sich ein immer neuer Drehwinkel und ein Festfahren ist somit nicht möglich.

Was aber, wenn beide Sensoren ansprechen? An dieser Stelle ist der Bot entweder wieder in einer Ecke gelandet oder steht frontal zu einer Wand. An dieser Stelle muss man erst einmal ein paar Zentimeter zurückfahren, damit die Sensoren wieder frei sind.

Jetzt kann man wieder einen Turn in eine beliebige Richtung + Zufallszahl machen oder einfach um 180° drehen und in die Ursprungsrichtung zurückfahren.

Bei allen oben beschriebenen Ausweichroutinen kann es vorkommen, dass der Bot sich festfährt oder im Garten z. B. in einem Loch steckenbleibt. Um da wieder herauszukommen, benötigt man noch einen Fehlerzähler.

Dieser Fehlerzähler zählt die Ausweichaktionen, die der Bot in die eine oder andere Richtung macht. Versucht er nun z. B. zum dritten Mal in die eine Richtung auszuweichen, (die Zahl der Versuche kann man selbst vorgeben) wird eine Unterroutine aufgerufen, die ihn nun in die andere Richtung mit einen 180-°-Turn ausweichen lässt. Lässt man den Bot vor dem Turn noch ein Stück zurückfahren, kommt er „fast" immer von alleine wieder aus Sackgassen oder Bodenunebenheiten heraus.

Bei dem Projekt Grasshopper Phi wird dieser Algorithmus erfolgreich eingesetzt. Bei über fünf Fahrstunden (eine Akkuladung) musste ich noch nie eingreifen, um den Bot aus seiner misslichen Lage zu befreien – er schaffte es bis jetzt immer selbst!

9.5 Linienverfolgung

Linienverfolgung (eng. line following) bezeichnet das Nachfahren einer Linie. Meist handelt es sich um eine schwarze Linie auf hellem Grund.

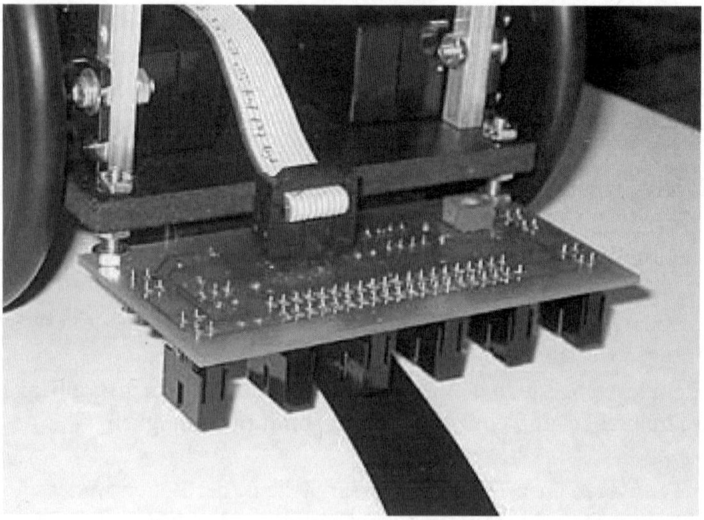

Abb. 9.4: Kommerzieller Liniensensor mit Reflexlichtschranken

Der abgebildete Sensor ist mit mehreren Infrarot-Reflexlichtschranken ausgestattet. Die Sensoren, die über der schwarzen Linie sind, liefern ein High-Signal, die Sensoren, die über dem weißen Boden sind, ein Low-Signal.

Einfachere Liniensensoren kommen mit zwei Lichtschranken aus. Sind beide Sensoren auf der Linie, ist alles in Ordnung und der Bot fährt geradeaus. Weicht einer der beiden Sensoren ab, wird der entsprechende Motor nachgeregelt, um den Sensor auf der Mitte der Linie zu halten.

Der Vorteil der Liniensensoren mit mehreren Lichtschranken ist, dass der Roboter nicht so leicht ausbricht.

Wenn man den Liniensensor zusätzlich mit einem Software-PD oder PID-Regler ausstattet, wird man eine sehr schnelle und genaue Regelung erhalten.

Bei Verwendung von zwei LDRs in Form eines Spannungsteilers kann man auch folgenden PID-Algorithmus verwenden.

```
P = 5 'diese Werte sind nur ein Beispiel, müssen angepasst werden
I = 3
D= 2

While 1 = 1

Vadc = Analogeingang(1)
Error_now = Set_point - Vadc
P = Kp * Error_now
I = I + Ki * Error_now
D = Kd * (Error_now - Error_last)
Error_last = Error_now
PID = P + I + D '(+ Offset --> optional)

'Nun kann man den PID Wert in die Motoransteuerung einbinden.
'Dazu sollte man zuvor noch durch eine If-Anweisung festlegen,
'welcher Sensor links oder rechts heller oder dunkler ist um das
'passende Rad nachzuregeln.

Wend
```

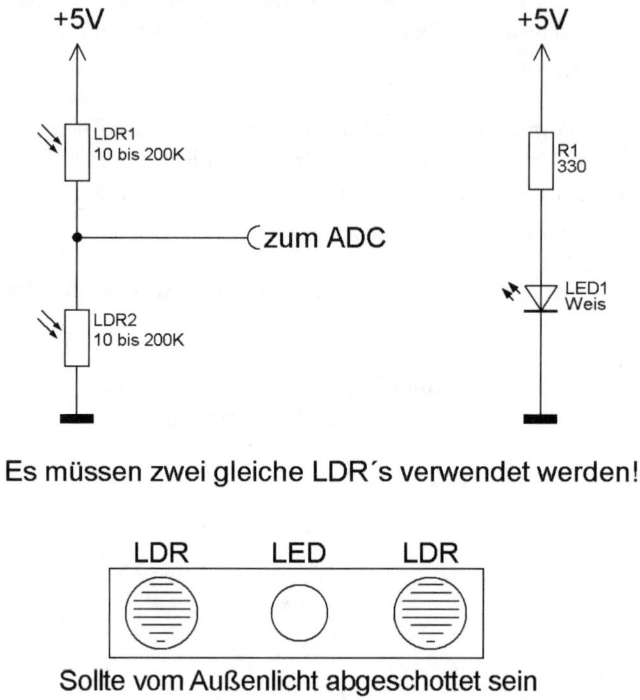

Abb. 9.5: Mechanische Anordnung der Bauteile

Haben beide Sensoren die gleiche Helligkeit, hat man am Analogeingang genau die halbe Betriebsspannung (2,5 V). Deckt man einen Sensor ab, steigt bzw. sinkt die Spannung am ADC. Damit kann man obige Formel verwenden oder einfach einen Motor bremsen, damit der Sensor wieder auf der Linie ist. Die Linie darf, wenn der Sensor darüber steht, nicht so breit sein, dass die Sensoren bedeckt werden. Die LDRs müssen auf den hellen Boden schauen.

Set_point gibt die Spannung an, die am ADC ansteht, wenn der Sensor so steht, dass man geradeaus fahren kann.

Man könnte noch mehr LDRs anbringen, um den Sensor noch besser zu machen. Dazu schaltet man jeweils einen gleichen LDR in Reihe. Für eine gleichmäßige Beleuchtung braucht man jetzt zwei LEDs.

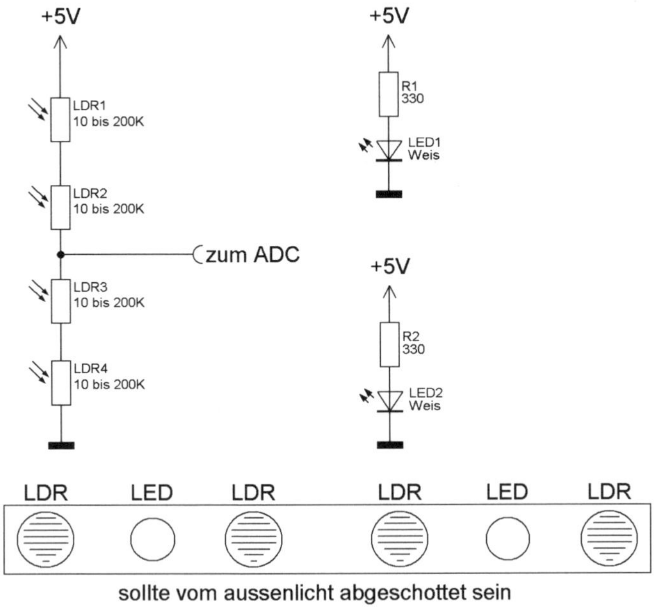

Abb. 9.6: Mechanische Anordnung der Bauteile

9.6 Radar

Ein Ultraschall- oder Infrarotradar ist eine gute Lösung, um Kollisionen mit Hindernissen zu vermeiden. Der Aufbau des Programms und der Hardware ist relativ einfach und die Ergebnisse sind verblüffend. Man muss dazu einen Ultraschall- oder Infrarotsensor auf ein Servo montieren. In der Mittelstellung des Servos muss der Sensor geradeaus in Fahrtrichtung zeigen.

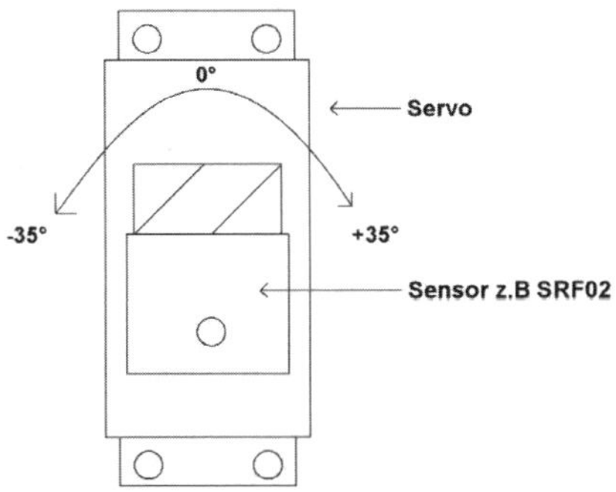

Abb. 9.7: Ein Ultraschallsensor montiert auf ein Standard-Servo

Das Servo lässt man dann mit ±35° oszillieren (links/rechts drehen). Sieht der Sensor ein Hindernis, stoppt die Drehbewegung an der aktuellen Stelle (z. B. +20°) und zeigt Richtung Objekt. Da man von der Software (Zähler, der die Drehbewegung realisiert) weiß, welchen „Winkel" bzw. Zählerstand die Servoscheibe gerade hat, kann man entscheiden, ob das Hindernis rechts bzw. links vom Roboter liegt. Der Roboter dreht sich nun so lange in die andere Richtung, bis der Sensor wieder frei ist. Erst dann beginnt das Servo wieder zu oszillieren. Man muss natürlich zuvor in der Software festlegen, ab wann der Sensor ansprechen soll (z. B. 20 cm). Nachdem sich der Roboter nun so weit in die Richtung gedreht hat, dass der Sensor kein Hindernis mehr sieht, fährt er seinen vorgeschriebenen Weg weiter.

Das Servo sollte mit etwa 0,5 bis 1 Hz oszillieren, um alle Gegenstände sicher erkennen zu können. Mit solch einem Radar ist auch ein Festfahren in Ecken bzw. Sackgassen fast unmöglich.

9.7 Drive the Best Way! Der Umgebungs-Scanner

„Scanner" ist ein Begriff, den man sonst nur im Profisektor zu hören bekommt. Man kann sich aber mit einfachen Mitteln und einem kleinen Code selbst einen Scanner aufbauen. Als Sensor benutzt man wieder den bewährten US-Sensor oder einen Sharp IR-Distanzsensor mit genügend großer Reichweite.

Der Ablauf des Algorithmus sieht folgendermaßen aus:

1. Den Scan-Bereich festlegen und die gewünschte Startvariable setzen.
2. Den Roboter zur linken Position drehen.
3. Den Roboter langsam nach rechts drehen und dabei die Entfernung messen.
4. Jede Messung (Entfernung und Winkel) notieren.
5. Vergleichen der aktuellen Messung mit der zuletzt gemessenen Entfernung.
6. Ist diese Entfernung größer als die letzte, die Variablen Winkel und Entfernung überschreiben.
7. Wiederholen von Punkt 3 bis 6 den ganzen Scan über.
8. Ist der Bot an max. rechts angekommen, stoppt er.
9. Der Scan ist beendet.
10. Die maximale Entfernung und der Winkel sind nun bekannt. Nun berechnet man die Drehrichtung des Roboters in Richtung „best way".
11. Drehen des Roboters in die berechnete Richtung.

Nun steht der Roboter in eine Richtung, bei der die größte Wahrscheinlichkeit besteht, dass kein Hindernis zu erwarten ist. Der Roboter wählt also für seine Weiterfahrt den Weg mit der größten Entfernung. Das folgende Beispiel legt den Scan-Bereich über den Odometer fest. Wenn man kein Odometer am Roboter besitzt, kann man das auch über eine Pause realisieren. Man dreht den Roboter für die Messung z. B. 3 Sekunden nach links und 6 Sekunden nach rechts.

Beispiel-Code unter Bascom (die Werte müssen angepasst werden):

```
'Variable initialisieren
Scan = 0
Best_pos_value = 0
Turn_left = 2000

,erstmal 90° links drehen
Call Command_motors(10 , 245)
Gosub Srf02_read
Waitms Turn_left

'Bereich scannen, 180° nach rechts drehen
While Scan < 10
 Gosub Srf02_read
 If Srf02 => Best_pos_value Then
  Best_pos_value = Srf02
  Direction = Scan
 End If
 Incr Scan
 Waitms 400
 Call Command_motors(245 , 10)
Wend

'Antrieb stopp

Call Command_motors(0 , 0)
Wait 1

'Sackgasse oder Wand?
If Best_pos_value < 65 Then
 Call Command_motors(15 , 240)
 Wait 4
 Call Command_motors(0 , 0)
 Return
End If

Scan = 0
Most_space = 11 - Direction

'zum maximalen Platz ausrichten
While Most_space > Scan
 Gosub Srf02_read
 Incr Scan
 Waitms 400
 Call Command_motors(10 , 245)
Wend
```

```
'Motor stopp
Call Command_motors(0 , 0)
Waitms 500
'ein paar cm vorfahren
Call Command_motors(15 , 15)
Wait 3
```

10 Selbstbau-Projekte

10.1 12-V-Gellader mit PB137

Die meisten selbst gebauten Roboter werden aus Kostengründen mit einem Bleiakku ausgestattet. Dieser ist nicht nur verhältnismäßig preiswert, sondern liefert auch genügend Strom, um den Roboter mehrere Stunden ohne nachzuladen „am Leben zu halten".

Beim Laden und Entladen muss man genau darauf achten, dass der Akku weder über- noch tiefentladen wird. Denn im Gegensatz zu einem Nickel-Cadmium-Akku nimmt ein Blei-Gel-Akku eine Tiefentladung schnell übel und man kann nicht mehr die volle Leistung ausschöpfen. Im schlimmsten Fall ist er dann sogar defekt.

Beim Laden benötigt man eine Ladeschlussspannung von 13,8 Volt. Die Akkus werden über Spannung (Konstantspannung) geladen. Damit die maximale Ladeschlussspannung nicht überschritten werden kann, baut man einen Laderegler-IC PB137 zwischen ein kleines Netzteil, das genügend Strom bringt (2 bis 4 A), mit ein. Dieser begrenzt die Ausgangsspannung des Ladegeräts auf maximal 13,8 Volt, wodurch ein Überladen des Akkus sicher verhindert wird. Außerdem verfügt er über mehrere Schutzschaltungen, wodurch er fast unzerstörbar ist. Der Aufbau ist, wie man im Schaltbild erkennen kann, denkbar einfach. Der Lade-IC ist zwar auf 1,5 A spezifiziert, jedoch werden diese Daten im seltensten Fall erreicht. Dies liegt an der Toleranz des Silizium-Halbleiters. Die Grenzdaten kann man dem Datenblatt entnehmen.

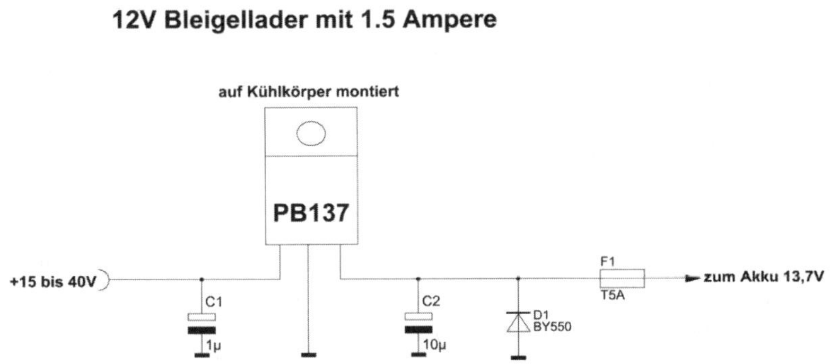

Abb. 10.1: Beschaltung des PB137

Wichtig ist die träge 5-A-Sicherung. Bleiakkus können erhebliche Ströme liefern, die im Fall eines Kurzschlusses fast immer zu Kabelbrand führen. Daher wird die 5-A-Sicherung, falls kein spezieller Sicherungshalter verwendet wird, direkt in das Kabel vom Ladegerät zum Akku gelötet und mit einem Stück Schrumpfschlauch verpackt. Die Sicherung wird im Normalbetrieb nie durchbrennen – selbst dann nicht, wenn man die Ausgänge des Ladegeräts kurzschließt (in diesem Fall begrenzt der PB137 den Strom auf etwa 2 A + Toleranz, siehe Datenblatt). Sie brennt nur durch, wenn das Ladegerät einen Defekt hat und die Pole des Akkus kurzschließt bzw. man den Akku verkehrt herum anschließt. In diesem Fall wird der Strom über die Diode BY550 fließen und die Sicherung brennt durch.

Das Datenblatt zu diesem IC liegt der Buch-CD bei.

Als Spannungsquelle kann ein Labor- oder Steckernetzgerät oder ein altes Notebook-Netzteil dienen. Wichtig ist, dass es den erforderlichen Strom von mindestens 2 Ampere liefern kann. Es empfiehlt sich aus Sicherheitsgründen, immer zusätzlich eine Temperatursicherung (70 °C) mit in die primäre Trafowicklung einzubauen. Dadurch ist gewährleistet, dass die primäre Seite des Trafos (230 V~) bei Überhitzung vom Netz getrennt wird.

10.2 OSD (On Screen Display)

Beim Bau eines mobilen Einsatzkoffers für einen Kanalroboter überlegte ich, ein zusätzliches LCD-Display zum vorhandenen TFT-Monitor für die VideoAbb.-Wiedergabe einzubauen oder eine On-Screen-Einblendung der Messwerte am TFT zu verwirklichen, wie man sie aus der Fernsehtechnik z. B. für den Sendersuchlauf usw. kennt. Per Zufall bin ich bei meinen Recherchen unter www.elektronik-fundgrube.de auf den OSD-IC LC74776 der Firma Sanyo gestoßen. Damit war die Entscheidung für ein On Screen Display gefallen. Der Vorteil dieser Anzeige liegt klar auf der Hand: Nimmt man das Dokumentationsvideo auf einen Rekorder auf, hat man auch gleich die Daten der Messwerte mit abgespeichert, da diese im TV-Bild angezeigt werden. Überdies ist der IC preiswert. Ein Blick in das Datenblatt zeigt, dass die Ansteuerung über den I^2C-Bus nicht sonderlich schwer ist. Den Aufbau der Schaltung sieht man im unten gezeigten Schaltbild.

Der Aufbau gestaltet sich recht einfach, da nicht viel externe Beschaltung nötig ist. Als Spule nimmt man eine Printspule oder eine Spule in Widerstandsbauform mit 33 µH. Der einzige Nachteil des OSD-Interface-Bausteins ist, dass dieser in einer außergewöhnlichen Gehäuseform (3196-DIP30SD) und einem Pin-Abstand von 1,78 mm geliefert wird.

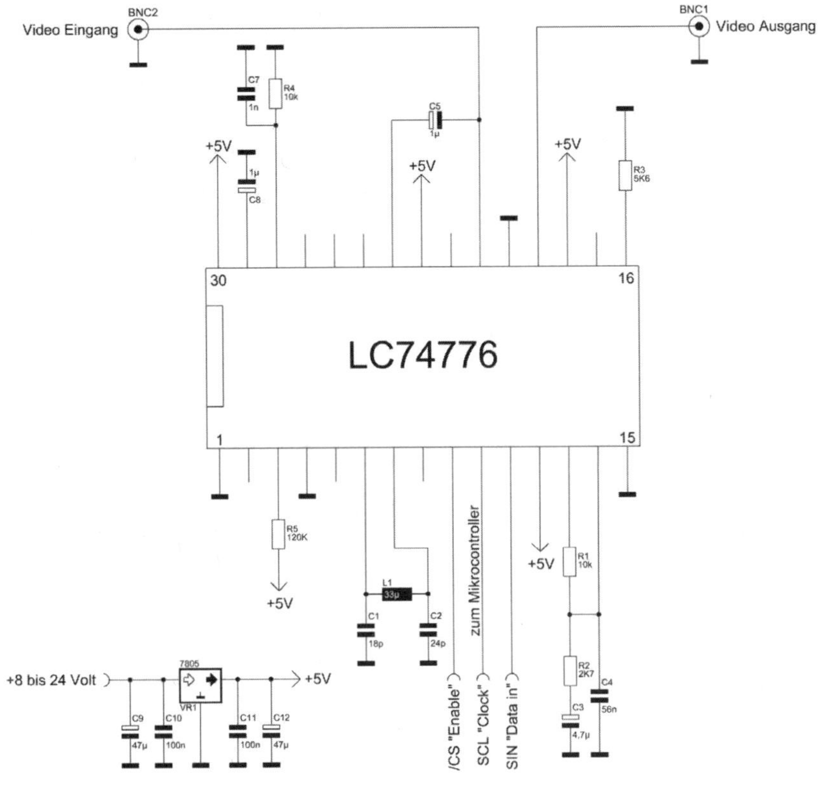

Abb. 10.2: Beschaltung des LC74776

Da der Chip in keine Lochrasterplatine passt, muss man ihn auf eine SMD-Experimentierplatine auflöten. Die Pins müssen zwar etwas zurechtgebogen werden, aber als Notlösung funktioniert das gut.

Hat man die Schaltung fertig aufgelötet und auf Kurzschlüsse und richtige Polung der Kondensatoren hin überprüft, kann man sie mit einem Mikrocontroller, z. B. Robo-Control oder RN-Board, wie im Schaltbild gezeigt, verbinden.

Der folgende Beispielcode ist in Bascom geschrieben und demonstriert diverse Möglichkeiten, die mit dem Baustein zur Verfügung stehen.

Bascom-Code:

```
,OSD-TEST.bas
$regfile = "M32def.dat"
$crystal = 16000000
```

```
,OSD-TEST.bas
$regfile = "M32def.dat"
$crystal = 16000000

'Datenausgabe
Dim Bytes As Word
Dim Byte1 As Byte
Dim Byte2 As Byte
Dim Value As Bit
Dim I As Byte

Dim Stelle0 As Word
Dim Stelle1 As Word
Dim Stelle2 As Word
Dim Stelle3 As Word

'Zeilennummer
Dim Lin As Byte
'Spaltennummer
Dim Col As Byte

Dim Pegel As Word
Dim Pegel_l As Long
Dim Ergebnis As Word

'Länge des Balkens
Dim L_balken As Byte
'Zählvariable
Dim N As Byte

'Pin 0 - 2 output, Rest input
Config Portd = &B0000_0111
'alle LOW bis auf Lc_ce und pind.3
Portd = &B0000_1100
'Pin0 als output wg LED
Config Portb = 1
'Daten
Lc_dat Alias Portd.0
'Clock
Lc_clk Alias Portd.1
'Enable
Lc_ce Alias Portd.2

'ADC setup
Config Adc = Single , Prescaler = Auto , Reference = Internal
'ADC
Const Faktor = 488
Const Command0 = &B1000_0000_0000_0000

'Initialisierung
```

```
 Start Adc
 Gosub Osd_init

'Hauptschleife
Do
 If Pind.3 = 0 Then
  Gosub Disp_an
 Else
  Gosub Disp_aus
 End If

 'Auswählen, was angezeigt werden soll
 Gosub Alle_zeichen
 'Gosub Text_anzeigen
 'Gosub Zaehlen
 'Gosub Display_pegel

 Waitms 200
 Toggle Portb.0        'system run LED
 Loop
 End

'OSD-Initialisierung
Osd_init:

 Waitms 500
 Bytes = &B1100_0000_0000_0000   'Com4 Display aus
 Gosub Leitung
 Waitms 100
 Bytes = &B1100_0100_0000_0000   'Com4 Ram löschen !!!
 Gosub Leitung
 Waitms 100
 Bytes = &B1100_0001_0000_0000   'Com4 Reset OSD-IC
 Gosub Leitung
 Waitms 100
 Bytes = &B1010_0000_0000_1010   'Com2-V-Schriftgröße V-POS 2fsc
 Gosub Leitung
 Waitms 100
 Bytes = &B1011_0000_0010_1000   'Com3-H-Schriftgröße H_Pos LC für
                                 'Dot-Clock
 Gosub Leitung
 Waitms 100

Return

'Textausgabe
Text_anzeigen:

 Bytes = &B1000_1011_0001_0011
 Lin = 1 : Col = 5
 Gosub Position
 Gosub Leitung
```

```
 'nur Großbuchstaben!
 Byte1 = &B1001_0000
 Byte2 = "S"
 Gosub Leitung2
 Byte2 = "O"
 Gosub Leitung2
 Byte2 = "M"
 Gosub Leitung2
 Byte2 = "M"
 Gosub Leitung2
 Byte2 = "E"
 Gosub Leitung2
 Byte2 = "R"
 Gosub Leitung2
 Byte2 = "-"
 Gosub Leitung2
 Byte2 = "R"
 Gosub Leitung2
 Byte2 = "O"
 Gosub Leitung2
 Byte2 = "B"
 Gosub Leitung2
 Byte2 = "O"
 Gosub Leitung2
 Byte2 = "T"
 Gosub Leitung2
 Byte2 = "I"
 Gosub Leitung2
 Byte2 = "C"
 Gosub Leitung2
 Byte2 = "S"
 Gosub Leitung2

Return

'Bis 100 zählen und anzeigen
Zaehlen:

 For I = 0 To 100
  'Position aus Zeile und Spalte
  Lin = 1 : Col = 1
  Gosub Position
  Gosub Leitung
  Byte1 = &B1001_0000
  Stelle0 = I \ 100
  Byte2 = 48 + Stelle0

  Gosub Leitung2
  Stelle0 = I Mod 100
  Stelle1 = Stelle0 \ 10
  Byte2 = 48 + Stelle1
```

```
  Gosub Leitung2
  Stelle2 = Stelle0 Mod 10
  Byte2 = 48 + Stelle2

  Gosub Leitung2
  Waitms 50
 Next

Return

'Pegelanzeigen
Display_pegel:

 'in Volt
 Pegel = Getadc(0)
 Pegel_l = Faktor * Pegel
 Pegel_l = Pegel_l / 100
 Ergebnis = Pegel_l

 Lin = 2 : Col = 17
 Gosub Position
 Gosub Leitung
 Byte1 = &B1001_0000
 Stelle0 = Ergebnis / 1000
 Byte2 = 48 + Stelle0
 Gosub Leitung2
 Byte2 = ","
 Gosub Leitung2
 Stelle0 = Ergebnis Mod 1000
 Stelle1 = Stelle0 / 100
 Byte2 = 48 + Stelle1
 Gosub Leitung2
 Stelle0 = Ergebnis Mod 1000
 Stelle1 = Stelle0 Mod 100
 Stelle2 = Stelle1 / 10
 Byte2 = 48 + Stelle2
 Gosub Leitung2
 Stelle0 = Ergebnis Mod 1000
 Stelle1 = Stelle0 Mod 100
 Stelle3 = Stelle1 Mod 10
 Byte2 = 48 + Stelle3
 Gosub Leitung2
 Byte2 = "V"
 Gosub Leitung2
 Waitms 200

Return

'AlleZeichen Schleife
Alle_zeichen:

 'Pos: Line 0, Col 0
```

```
  Bytes = &B1000_0000_0000_0000
  Gosub Leitung
  Byte1 = &B1001_0000
  For I = 0 To 255
   Byte2 = I
   Gosub Leitung2
  Next

 Return

 'Daten auf die 3 Leitungen
 Leitung:
  'Byte1 und Byte2 aus Bytes
  Byte1 = High(bytes)
  Byte2 = Low(bytes)
  Lc_ce = 0
   Waitus 3
   'Mode 2 (LSB out first, clock falling edge)
   Shiftout Lc_dat , Lc_clk , Byte1 , 2
   Waitus 3
   Shiftout Lc_dat , Lc_clk , Byte2 , 2
   Waitus 3
  Lc_ce = 1

  Return

  Leitung2:
  Lc_ce = 0
   Waitus 3
   'Byte1 und Byte2 einzeln gesetzt
   Shiftout Lc_dat , Lc_clk , Byte1 , 2
   Waitus 3
   Shiftout Lc_dat , Lc_clk , Byte2 , 2
   Waitus 3
  Lc_ce = 1

  Return

 'Position aus Zeile und Spalte
 Position:

  '1. Zeile = 0
  Lin = Lin - 1
  '1. Spalte = 0
  Col = Col - 1
  Bytes = Makeint(col , Lin)
  Bytes = Bytes Or Command0

 Return

 'Display an-/ausschalten
 Disp_an:
```

```
 Bytes = &B1100_0000_0011_0001
 Gosub Leitung
Return

Disp_aus:
 Bytes = &B1100_0000_0011_0000
 Gosub Leitung
Return
```

Den kompletten Code findet man auf der CD zum Buch.

Jetzt muss man nur noch die Platine mit einer Videoquelle (Kamera) und dem Bildschirm (TV-Gerät) verbinden. Um Zeichen ausgeben zu können, muss unbedingt eine Videoquelle am OSD-Baustein angeschlossen werden. Wird keine Videoquelle angeschlossen, sieht man auch keine Ausgabe am TV, da der IC den Synchronimpuls zum Betrieb benötigt.

Nach Anlegen der Betriebsspannung wird man noch nichts sehen. Mann muss nun nur noch den Pin d.3 auf Masse legen, dann erscheinen die Zeichen auf dem Bildschirm. Das Programm enthält vier verschiedene Beispiele, wie eine Ausgabe aussehen kann:

- alle Zeichen
- vordefinierten Text ausgeben
- zählen
- Barograph für Analogeingang

Abb. 10.3: Screenshot des OSD-Displays

Abb. 10.4: So sieht das OSD-Display in Betrieb beim Autor aus

Das Datenblatt zum LC74776 befindet sich auf der CD.

10.3 Der elektrische Gartenzaun

Jeder Roboterbastler hatte bestimmt schon den Gedanken, seinen Roboter im Garten „wandern“ zu lassen. Meist reichen die angebrachten Infrarot- und Ultraschallsensoren jedoch nicht aus und der Bot hängt nach kürzester Zeit in den Büschen fest oder – schlimmer noch – er landet im Gartenteich oder auf der Straße. Abhilfe schafft hier ein elektrischer Gartenzaun, auch als *Induktionsdrahtsystem* bekannt. Dieser Gartenzaun lässt sich auch für den Einsatz von Rasenmährobotern als Begrenzung für die Mähfläche verwenden (siehe Kapitel 10.15 *Grasshopper Phip*)

Das System ist einfach aufgebaut und in ein paar Stunden realisiert. Der Aufbau kann auf einer Lochrasterplatine geschehen und später in ein kleines Kunststoffgehäuse eingebaut werden.

Der Sender (Induktionsgenerator)

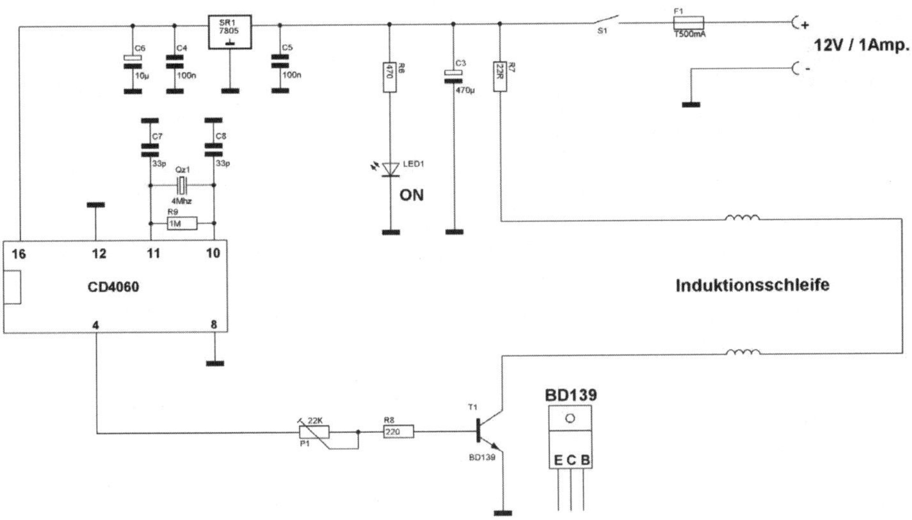

Abb. 10.5: Schaltbild des Senders

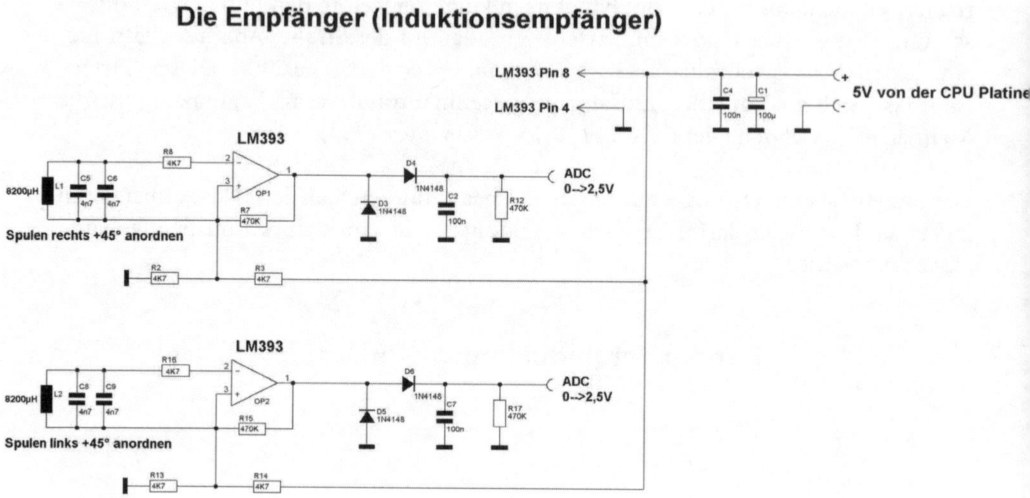

Abb. 10.6: Schaltbild des Empfängers

Der Sender

Der Sender besteht aus einem C-MOS-Baustein CD4060 und einem Leistungstransistor BD139. Man verwendet im CD4060 den internen Oszillator, den man mit einem 4-MHz-Quarz betreibt. An Pin4 des CD4060 steht das heruntergeteilte Signal (4 MHz/64) mit 62,5 kHz zur Verfügung.

Jeder Ausgang des CD4060 liefert die halbe Oszillatorfrequenz, die Schleife kann man somit schnell auf eine andere Betriebsfrequenz umbauen. Den Empfängerschwingkreis muss man natürlich ebenfalls auf die neue Oszillatorfrequenz umdimensionieren, wenn man die Sendefrequenz ändern will.

Das Ausgangssignal von 62,5 kHz wird nun an den BD139 geführt, der die Induktionsschleife speist. Mit den Potenziometer P1 stellt man die Stärke des Felds ein. Je nachdem, ob der Draht im Boden eingegraben oder auf dem Rasen verlegt wurde, benötigt man ein stärkeres oder schwächeres Signal für den Empfänger.

Als Schleifendraht kann man jede einadrige isolierte Kupferleitung verwenden. Im gezeigten Beispiel wurde ein 0,75-mm²-Lautsprecherkabel verlegt, das zuvor geteilt wurde, da es zweiadrig war.

Als Stromversorgung nimmt man ein kleines, handelsübliches Steckernetzgerät mit Trafo. Mitunter gibt es Probleme bei der Verwendung von Schaltnetzteilen, da diese durch die Drahtschleife unkontrolliert schwingen könnten.

Den ganzen Sender baut man noch in ein Plastikgehäuse ein – fertig!

Der Empfänger

Beim Empfänger verwendet man zwei Ferrit-Drosseln mit 8.200 µH (8,2 mH) von Conrad mit der Bestellnummer 440127 als Antenne. Damit man einen selektiven Schwingkreis erhält, muss man zur Drossel noch zwei Kondensatoren (680 pF und 100 pF) parallel schalten.

Man besitzt nun einen Parallelschwingkreis, der genau auf 62,5 kHz in Resonanz ist. Das heißt, dass genau auf 62,5 kHz die höchste Spannung am Schwingkreis zu messen ist. Ein paar kHz höher oder tiefer fällt die Spannung steil ab.

Das Signal wird jetzt im Operationsverstärker LM393 verstärkt, am Ausgang über die beiden Dioden 1N4148 gleichgerichtet und über den Kondensator C2 geglättet.

Den Ausgang schließt man direkt am Analogeingang (ADC) des Mikrocontrollers an. Dort kann man nun die Spannung auslesen und die Schleife detektieren.

Beispiel-Sub-Routinen für den Roboter:

```
'Zufallsgenerator
Function Randomnumber() As Byte

 'Zufallszahl erzeugen zwischen 0 und 5
 Local X As Byte
 Random = Rnd(6)
 Randomnumber = Random * 10

End Function

'FTS-Sensoren lesen
Sub Sub_fts_sensoren()

 Fts_links_sensor = Getadc(6)
 Fts_links_sensor_save = Fts_links_sensor

 Fts_rechts_sensor = Getadc(5)
 Fts_rechts_sensor_save = Fts_rechts_sensor

End Sub

'FTS-Navigation
Sub Sub_fts_navigation()

 Fts_move = 0
 Obstacle_counter = 0

 'hat einer der FTS-Sensoren den Wert überschritten?
 If Fts_links_sensor_save > 20 Or Fts_rechts_sensor_save > 20 Then
'---> Standart <-----------------------------------------
```

```
'Antrieb Stopp!
For Obstacle_counter = 1 To 20 Step 1
 'Antrieb Stopp-Routine, hier kommt der Stopp-Befehl hinein!
 Waitms 25
Next Obstacle_counter
Obstacle_counter = 0

'Beep's wenn die FTS-Zielverlegung aktiviert wurde
Disable Interrupts
 Sound Portd.7 , 400 , 400
 Sound Portd.7 , 400 , 450
 Sound Portd.7 , 400 , 400
Enable Interrupts

'Backward-Drive
For Obstacle_counter = 1 To Fts_move_backward Step 1
 'Antrieb Backward, ein paar cm zurückfahren!
 Waitms 25
Next Obstacle_counter
Obstacle_counter = 0

'Antrieb Stopp!
For Obstacle_counter = 1 To 20 Step 1
'Antrieb Stopp-Routine
 Waitms 25
Next Obstacle_counter
Obstacle_counter = 0

'---> Standard Ende <--------------------------------------

'Turn-right
If Fts_links_sensor_save >= Fts_rechts_sensor_save Then
 Fts_move_right = Randomnumber()
 Fts_move_right = Fts_move_right + 20
 For Obstacle_counter = 1 To Fts_move_right Step 1
     'Antrieb rechts drehen (Routine)
  Waitms 25
 Next Obstacle_counter
 Obstacle_counter = 0
 'Forward-Drive
 For Obstacle_counter = 1 To Fts_move_forward Step 1
     'Antrieb ein paar cm vorfahren
  Waitms 25
 Next Obstacle_counter
 Obstacle_counter = 0
End If

'Turn-left
If Fts_links_sensor_save < Fts_rechts_sensor_save Then
 Fts_move_left = Randomnumber()
 Fts_move_left = Fts_move_left + 20
```

```
    For Obstacle_counter = 1 To Fts_move_left Step 1
        'Antrieb links drehen (Routine)
     Waitms 25
    Next Obstacle_counter
    Obstacle_counter = 0
    'Forward-Drive
    For Obstacle_counter = 1 To Fts_move_forward Step 1
        'Antrieb ein paar cm vorfahren
     Waitms 25
    Next Obstacle_counter
    Obstacle_counter = 0
    Fts_move = 1
   End If
  End If

  'Forward-Drive
  If Fts_move = 0 Then
   Motor_l_save = 250
   Motor_r_save = 250
  End If
 End Sub
```

Der Code zeigt, wie man die Navigation gestalten kann. Die Variablen und Sub-Routinen müssen natürlich auf das eigene Programm angepasst werden. In die Obstacle_Counter-Schleife kommt immer die Routine, die für das dementsprechende Fahrkommando zuständig ist.

Als Erstes werden die beiden Empfänger über den ADC des Mikrocontrollers eingelesen, z. B. über ADC.5 und ADC.6, die mit 10 Bit Auflösung arbeiten (Controller Mega32).

In der Navigationsroutine werden nun die Werte der beiden Analog-Digitalwandler verglichen und ausgewertet. Je nachdem, welcher der beiden Sensoren den größeren Wert liefert, weicht der Roboter aus, indem er sich von der Schleife wegdreht.

Trifft nun der Roboter auf die Schleife, bleibt dieser kurz stehen und fährt nach einer kleinen Verzögerung etwa 30 cm zurück. Danach lässt man ihn wieder kurz warten, damit die Motoren nicht sofort von vorwärts auf rückwärts umgepolt werden. In der Routine signalisiert man den Kontakt mit der Schleife durch einen kleinen Beep-Ton.

Jetzt werden die Sensorwerte verglichen. Der Roboter dreht sich nun auf der Stelle von der Schleife weg. Damit sich der Roboter nicht festfahren kann, addiert man zum festen Drehwert (fix 30°) noch eine Zahl hinzu, die man aus dem Random-Generator gewinnt. Damit löst sich das Problem des Festfahrens in einer Ecke. Der Roboter hat somit keinen fest eingestellten Drehwinkel. Der Winkel, mit dem er sich vom elektrischen Gartenzaun wegdreht, ist immer unterschiedlich.

Nach dem Ausweichmanöver fährt der Roboter in die eingeschlagene Richtung weiter. Diese Navigation könnte man „Wandermodus“ nennen.

Abb. 10.7: Der fertige Sender des Autors. Die zweite LED im Gehäuse ist ohne Funktion

Abb. 10.8: Die Sensoren an einen Roboter montiert. Die Anordnung beträgt etwa 45°

10.4 Ein GPS-Navigationssystem für den Bot

Abb. 10.9: Der hauseigene Überwachungsroboter im Einsatz mit GPS-Navi.

Ein häufig unerfüllt bleibender Wunsch manches Roboterentwicklers ist es, eine autonom navigierende Maschine zu entwickeln. Doch wozu gibt es GPS und die günstig gewordenen Empfangsmodule? Das GPS-Navigationssystem für Roboter basiert auf einem ATmega32, der in Bascom-Basic programmiert ist und mit der Außenwelt über den I^2C-Bus kommuniziert.

Eine Maschine zu bauen, die sich, wie der berühmte Marsroboter *Sojourner*, auf fremdem Terrain selbstständig bewegt, ist wohl der Traum eines jeden Roboterbastlers. Schön wäre es z. B., wenn man in einem Fahrroboter nur die Koordinaten eines Orts einprogrammieren könnte, den er dann selbstständig aufsucht. Während so manche hochfliegende Roboteridee aber wohl immer ein Traum bleiben wird, ist der letztgenannte Wunsch mit einer Zusatzplatine für den Überwachungsroboter (großes Bild) durchaus erfüllbar.

Dem selbst entwickelten Roboter-Navigationssystem kommt entgegen, dass es günstige Module zu kaufen gibt, die die Signale der GPS-Satelliten empfangen und auswerten. Als weitere Ingredienz braucht es einen leistungsfähigen Mikrocontroller.

ATmega als Zentrale

Das GPS-Navigationssystem basiert auf einem ATmega32 von Atmel, der im Schaltbild und auf dem Prototypen der Platine auch optisch im Mittelpunkt steht. Programmiert wurde der AVR-Controller mit der Bascom-Entwicklungsumgebung. Benötigt wird noch ein ISP-Programmierkabel, wie es bereits im Kapitel *AVR-Mikrocontroller und Bascom* beschrieben worden ist. Als GPS-Empfänger kann jede handelsübliche GPS-Maus verwendet werden, die einen RS232-Ausgang besitzt. Falls diese ihre Daten mit TTL-Pegel ausgibt, kann man sie direkt an die Navigationsplatine anschließen. Liefert sie dagegen „echte" RS232-Pegel (±12 V), muss ein Pegelwandler MAX232 vorgeschaltet werden. Oft ist ein solcher Wandler aber sowieso bereits auf der Hauptplatine (Main-Unit) des Roboters vorhanden.

Die GPS-Maus gibt die genauen Koordinaten (geografische Breite und Länge) in einem bestimmten Format aus (siehe weiter unten). Zwar kann sie auch die Himmelsrichtung ermitteln, dies jedoch erst bei einer Mindestgeschwindigkeit von etwa 3 bis 5 km/h. Da man aber bereits im Stand die Richtung bestimmen muss, ist ein zusätzlicher „elektronischer Kompass" vonnöten (siehe das Blockdiagramm). Ein passendes Kompassmodul ist z. B. das CMPS-03 der Firma Devantech. Dieser Kompass wird über einen I²C-Port an die „Navi-Platine" angeschlossen. Um die Koordinaten und die Richtung auch anzeigen zu können, benötigt man noch ein LCD-Modul. Am besten macht man aus der Not der Mikrocontroller-Kommunikation eine Tugend und steuert das Display praktischerweise ebenfalls über den I²C-Bus an. Es gibt LCDs mit eingebauter I²C-Schnittstelle zu kaufen, darüber hinaus kann man aber auch einen I²C-Interface-Baustein wie den PCF8574 verwenden, der in der in diesem Buch besprochenen Schaltung noch ein weiteres Mal zum Einsatz kommen wird.

Motorsteuerung

Natürlich soll der Roboter nicht nur anzeigen, wo er ist, sondern auch einen gewünschten Ort (eine bestimmte Position) anfahren können. Hierzu kann das Navi – der ATmega32 – auch Richtungssignale ausgeben. Diese werden an zwei Pins bereitgestellt. Die Pins Motor_l und Motor_r geben die Fahrtrichtung in Kombination an:

Motor_l	Motor_r	Funktion
0	0	stopp
1	1	gerade fahren
1	0	links fahren
0	1	rechts fahren

Nun fehlt noch eine Möglichkeit dem Roboter-Navi mitzuteilen, welcher Ort angefahren werden soll. Zuerst einmal muss man dem Navigationssystem einen Satz von vorgegebenen Ortskoordinaten (*Track-Points*) einprogrammieren, was vor Antritt der autonomen Fahrt über das RS232-Kabel und ein Terminalprogramm wie Hyperterminal oder das bascom-eigene geschieht. Im Fahrbetrieb wird der Navi-Platine dann nur noch mitgeteilt, welcher Track-Point als Nächstes angefahren werden soll. Dies kann z. B. vom Hauptprozessor des Roboters aus geschehen.

Auch dieses zweite kleine Kommunikationsproblem wird mit dem praktischen I²C-Bus, der sich in Bascom-Basic einfach ansprechen lässt, gelöst. Ein I²C-Interface-Baustein PCF8574P übernimmt die Aufgabe, ein Steuer-Byte entgegenzunehmen und an die Pins 33 bis 40 des ATmega zu legen. Hierzu ist der Baustein softwareseitig als „Input" konfiguriert. Wer ein einfacheres Hardware-Design bevorzugt, kommt aber auch ohne I²C-Bus Baustein PCF8574P aus, denn die Ports des Mega32 lassen sich natürlich auch direkt und parallel mit High/Low ansteuern (PullUp nicht vergessen).

Will man über I²C z. B. Track Point 1 auswählen, muss man eine „1" an den PCF8574P senden (und bei Track point 2 eine „2"). Das sieht in Bascom-Basic dann so aus:

```
I2cstart
I2cwbyte &H7A (Adresse des PCF8574P, je nach Adressierung, siehe
 Datenblatt)
I2cwbyte 1 (Track Point Number)
I2cstop
```

Nach dem Senden des Track-Point-Bytes sucht das Navi die Richtung zum Ziel. Dabei wird die errechnete Richtung mit der aktuellen Ausrichtung des Roboters (ermittelt über den Kompass) verglichen. Bei den Berechnungen wird auf die Berücksichtigung der Erdwölbung verzichtet, da der Fahrroboter vermutlich nicht auf Fernreisen geschickt wird.

Stimmen die Soll- und die Ist-Richtung überein, fährt der Robby geradeaus. Weicht der Roboter während der Fahrt vom Zielkurs ab, steuert das Navi nach und bringt ihn wieder auf den richtigen Kurs. Wird die Qualität des GPS-Signals zu schlecht oder sind zu wenig Satelliten in Sicht, wartet der Roboter, bis das Signal für eine Neuberechnung der Soll-Richtung wieder ausreicht.

Ist das Ziel erreicht, bleibt der Roboter stehen und gibt am Pin Ziel_ok ein High-Signal aus, das etwa im Hauptprozessor des Roboters weiterverarbeitet werden kann. Beispielsweise kann dann der nächste Track-Point aufgerufen werden, so dass die Maschine einen vorgegebenen Kurs abfährt.

Maus-Daten

Ein von der GPS-Maus empfangener Datenblock sieht im einfachen $GPGGA-Protokoll folgendermaßen aus:

```
$GPGGA,191410,4735.5634,N,00739.3538,E,1,04,4.4,351.5,M,48.0,M,,*45
---------- -------- -------------- --------------- - --- --- ------ -- ------ --
     ^        ^           ^                 ^          ^  ^    ^      ^
     |        |           |                 |          |  |
     |        |           |                 |          |  Anzahl der sichtbaren Satelliten
     |        |           |                 |          Qualität der Messung (0=ungültig, 1=ok
     |        |           |                 Längengrad
     |        |           Breitengrad
     |        Uhrzeit
     Protokoll Typ
```

Hier sind alle benötigten Daten enthalten: Breitengrad, Längengrad und Qualität des Signals (Daten gültig oder ungültig). Man muss die GPS-Maus also nur auf das $GPGGA-Protokoll einstellen und die Baudrate auf 4.800 Baud setzen (ist meist bereits bei Werkseinstellung mit aktiviert). Die restlichen Protokolle wie $GPRMC, $GPVTG usw. sollten ausgeschaltet werden, die Datenintervallzeit sollte bei etwa 1 s liegen (das ist der gängige Standard der günstigen GPS-Mäuse in NMEA-Format). Diese Einstellungen werden mit der Software vorgenommen, die mit der GPS-Maus geliefert wurde, bzw. mit der Software der Chiphersteller (für SIRF-Chipsätze ist eine Programmiersoftware auf der Buch-CD enthalten).

Track-Points programmieren

Bevor es mit der autonomen Fahrt losgehen kann, muss man dem Navigationssystem einen Satz von vorgegebenen Orten (*Track-Points*) einprogrammieren. Zuerst wird die GPS-Maus gegen ein Datenkabel (Nullmodem RXD/GND/TXD) ausgetauscht, um es an einem PC an der RS232-Schnittstelle oder über einen USB auf den RS232-Adapter anschließen zu können. Wenn man die hardwareseitige Verbindung zum PC hergestellt hat, öffnet man ein Terminalprogramm wie z. B. Hyperterminal. Auch im Bascom-Programmpaket ist ein Terminalprogramm enthalten.

Die Schnittstelle muss genauso wie die GPS-Maus eingestellt werden, da der Controller bereits damit arbeitet. Sobald die Verbindung steht, drückt man den Reset- und den Programmiertaster gleichzeitig. Dann lässt man erst den Reset-Taster los und etwa eine Sekunde später auch den Programmiertaster.

Danach sollte auf dem Terminal Folgendes zu sehen sein:

```
*******************************************
* GPS - Navigation Programmiermodus *
* Hilfe aufrufen mit Hilfe    *
* Sommer Robotics 2006 V1.0    *
*******************************************

GPS-NAVI:\
```

Abb. 10.11: Prototyp der Navi-Platine

Zur Auswahl hat man nun folgende Befehle
Hilfe = ruft ein kleines Manual auf
Data = listet die gespeicherten GPS-Daten auf
Input = damit lassen sich die GPS-Daten editieren
Reset = Neustart des Navi-Systems

Die Koordinaten der Track-Points können über ein separates GPS-Gerät ermittelt werden. Natürlich kann man den Roboter auch nacheinander an die gewünschten Orte setzen und die Koordinaten vom LCD ablesen. Wenn die Daten einprogrammiert wurden, kann es mit der Fahrt losgehen.

Der ATMega32 kommuniziert mit dem Kompass und dem LCD über den I^{2}C-Bus, die GPS-Maus wird über RS232 angeschlossen. Der I^{2}C-Interface-Baustein PCF8574P übernimmt die Aufgabe ein Steuer-Byte entgegenzunehmen und an die Pins 33 bis 40 des ATmega zu legen.

Da das Programm über 1.300 Zeilen besitzt, haben wir auf einen Abdruck in diesem Buch verzichtet und den Code auf die Buch-CD unter Sourcen\Bascom\GPS-Navigationssystem aufgespielt.

Bascom-Code
Der Code kann auch von www.elektor.de heruntergeladen werden. Das GPS-Navi wurde im Halbleiterheft 2007 (Hauptthema: Robotik) bereits vorgestellt.

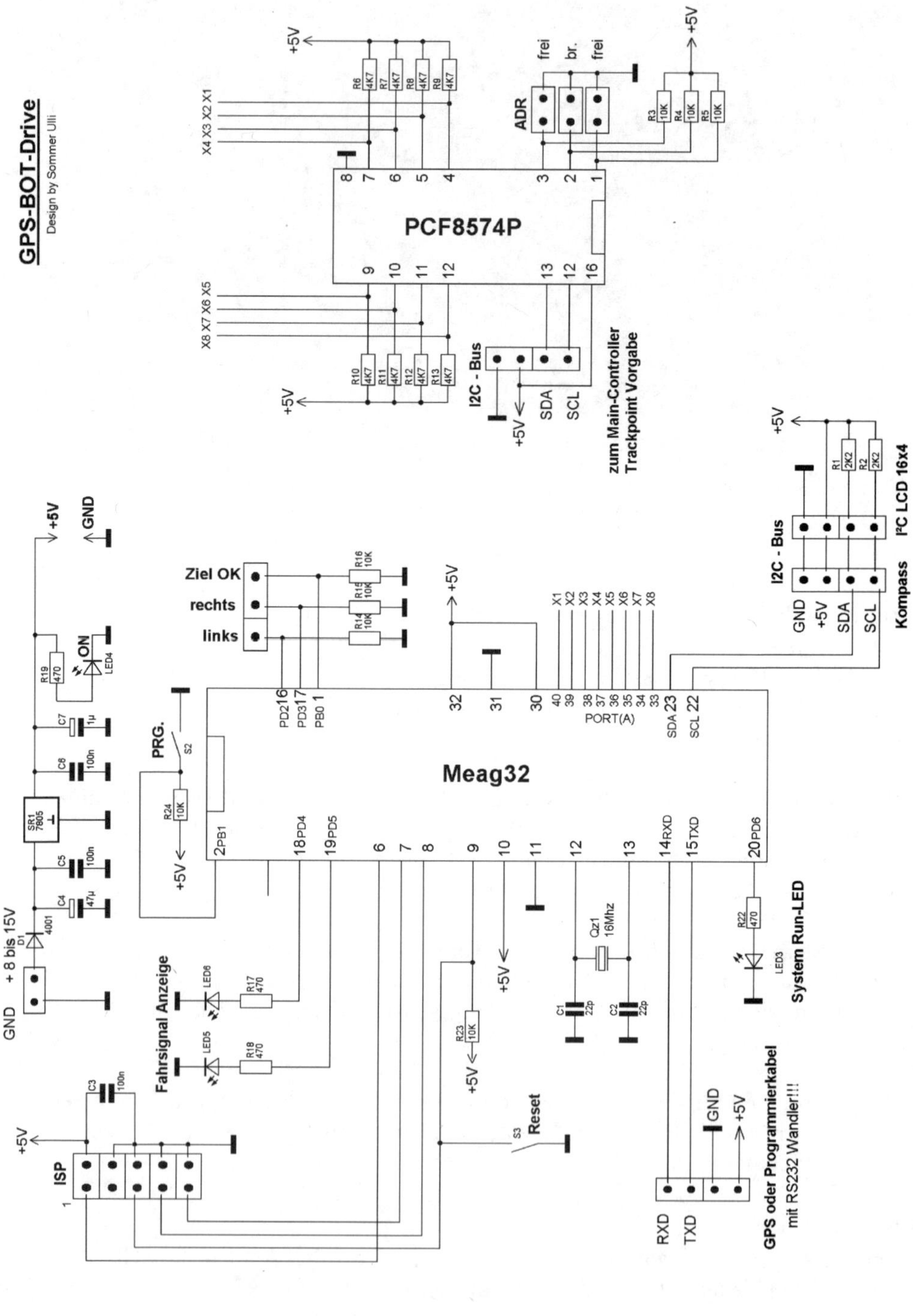

Abb. 10.10: Schaltplan des GPS-Navis

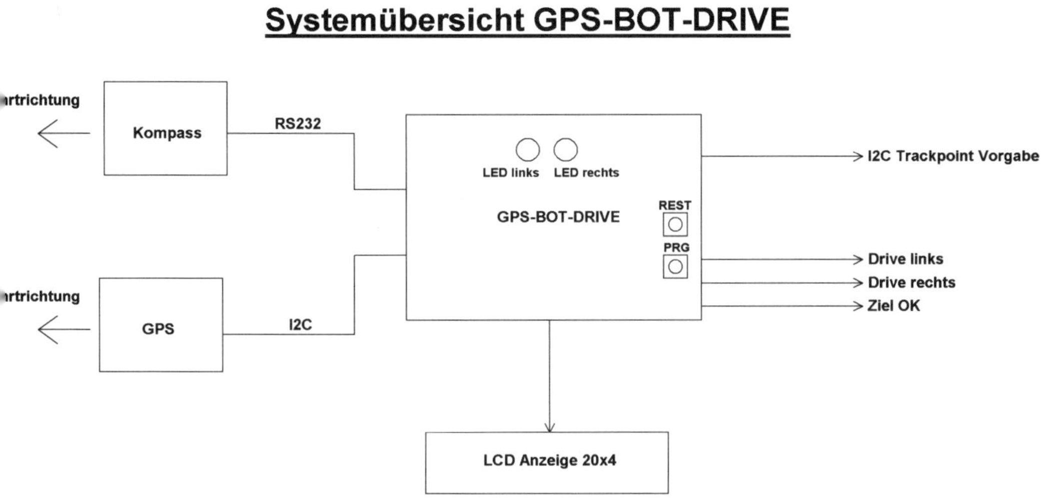

Abb. 10.12: Vereinfachtes Blockdiagramm des Roboter-Navis. Die Taster dienen zur Programmierung. Befehle für die Motoren werden über 2 Pins ausgegeben.

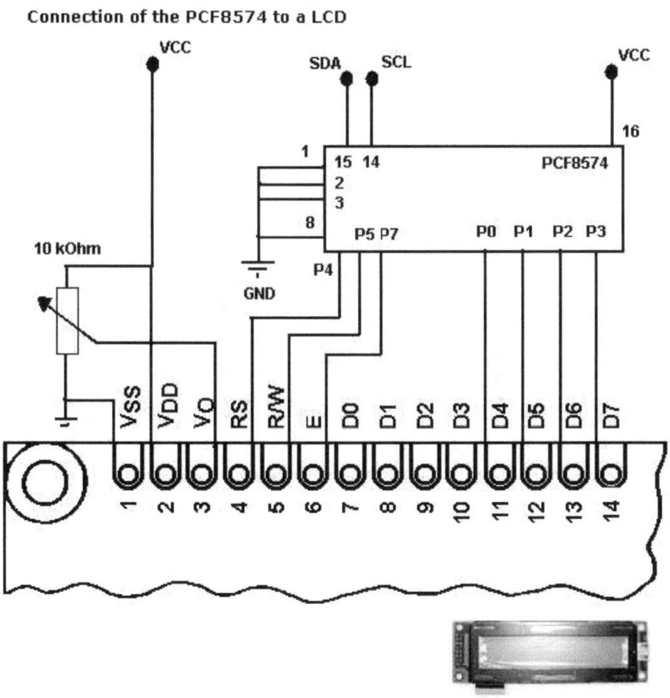

Abb. 10.13: Das LCD wird über den I²C-Bus angesteuert. Der Interface-Baustein PCF8574 kommt in der Schaltung noch ein weiteres Mal zum Einsatz.

10.5 Roboter-Steuerzentrale Robo-Control

Jeder Roboterbastler kennt dieses Problem: Man möchte einen neuen Roboter bauen und muss ein neues Controller-Board dafür entwickeln und aufbauen, denn die bereits in der Bastelkiste herumliegenden Boards passen nicht oder sind speziell für einen anderen Einsatz gebaut worden. Wäre es da nicht schön, ein Grundsystem zu besitzen, das modular erweiterbar ist? Eine immer gleiche Basiseinheit, sofern der Controller nicht geändert wurde, bei der man nur noch die einzelnen neu hinzugekommen Module entwickeln muss?! Auch die gängigsten Zusatzmodule wie Servo-Controller, Relaismodul, Porterweiterung, Kommunikationsmodul und PID-Motortreiber gibt es bereits fertig entwickelt für die Robo-Control in diesem Buch!

Die Robo-Control ist aus den oben angesprochenen Gründen entstanden und ein modular erweiterbares Mikrocontroller-System, das für die verschiedensten Anwendungen geeignet ist. Der Controller kann ein ATmega16 oder 32 sein. Da beide pinkompatibel sind, ist der Austausch kein Problem. Auch die Änderung des Layouts dürfte für den erfahrenen Elektroniker kein Problem sein. Das Layout, das mit Sprint-Layout entworfen wurde, liegt der Buch-CD bei und darf frei verändert werden.

Auf dem Robo-Control-Mainboard ist bereits fast alles vorhanden, was zum Programmieren und Testen der Software nötig ist. Es müssen nur noch die Versorgungsspannung und das ISP-Programmierkabel angeschlossen werden. Zudem sind alle Pins des Controllers einzeln herausgeführt, über die fünf Modulsteckplätze können die Erweiterungsplatinen aufgesteckt werden.

Folgende Features besitzt das Robo-Control-Mainboard:

- Controller, wahlweise ATmega16 oder ATmega32
- ISP-Programmieranschluss

Abb. 10.14: Robo-Control-Mainboard ohne Zusatzmodule.

- Minilautsprecher für Tonausgabe
- Batteriespannungsmessung
- Tastatur (3 Taster über ADC-Eingang)
- Toggle-LED (Debug-LED) über Jumper ein-/ausschaltbar
- Alle Pins des Controllers sind herausgeführt
- Taktung 16 MHz
- 6 x I^2C-Bus-Anschluss
- 5 x Modulsteckplätze für Erweiterungen
- Platine in Europaformat (100 x 160 mm), einseitige Cu-Beschichtung
- Spannungsversorgung 5 Volt über Schraubklemmen
- Einfacher Aufbau, auch für Anfänger geeignet

Der Aufwand der Neuentwicklung ist, seit die Robo-Control entwickelt wurde, stark zurückgegangen. Vorher saß man einige Tage am PC und entwickelte einen neuen Schaltplan und ein neues Layout. Bis es dann fertig geätzt, gebohrt, aufgebaut und geprüft war, waren, je nach Projektgröße, bis zu mehrere Wochen vorübergegangen. Bei der Robo-Control dagegen beschränkt sich die Entwicklung auf die Zusatzmodule und die Software.

Zudem ist das System für alle offen. Die Firmeware-Versionen liegen als Bascom-Quellcode bei und kann auf die eigenen Bedürfnisse abgeändert werden. Manche Platinen besitzen Pins, die nicht benutzt werden und somit dem Anwender zur freien Verfügung stehen, z. B. um Taster oder LEDs anzuschließen.

Abb. 10.15: Robo-Control bestückt mit Kommunikationsmodul, Port-Erweiterung und RTC

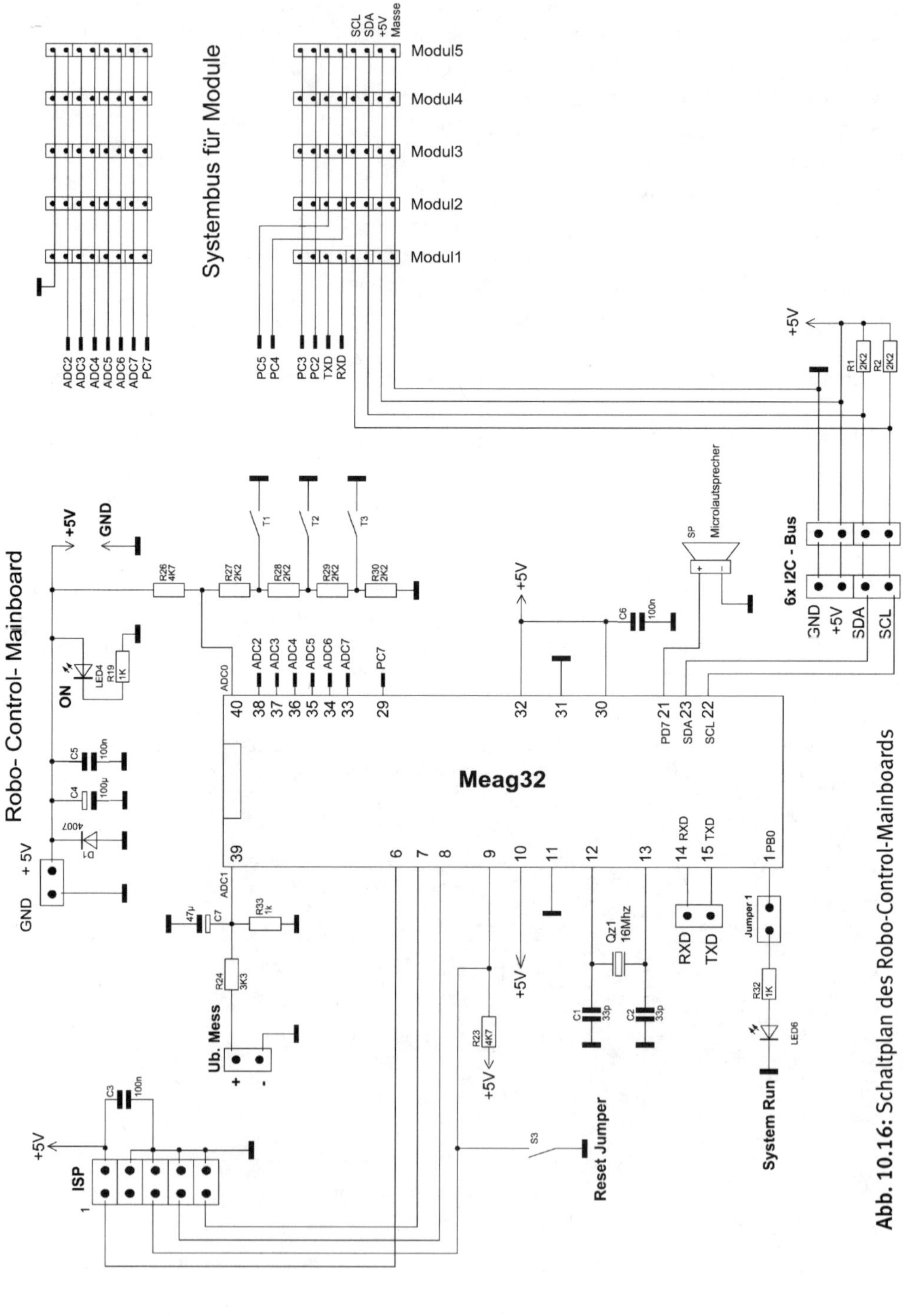

Abb. 10.16: Schaltplan des Robo-Control-Mainboards

Wie zu erkennen ist, handelt es sich nicht um Spezialbauteile oder exotische Typen, die verwendet wurden. Dies macht eine eventuelle Reparatur auch nach jahrelangem Einsatz problemlos möglich. Auch die Beschaffung der Bauteile ist kein Problem.

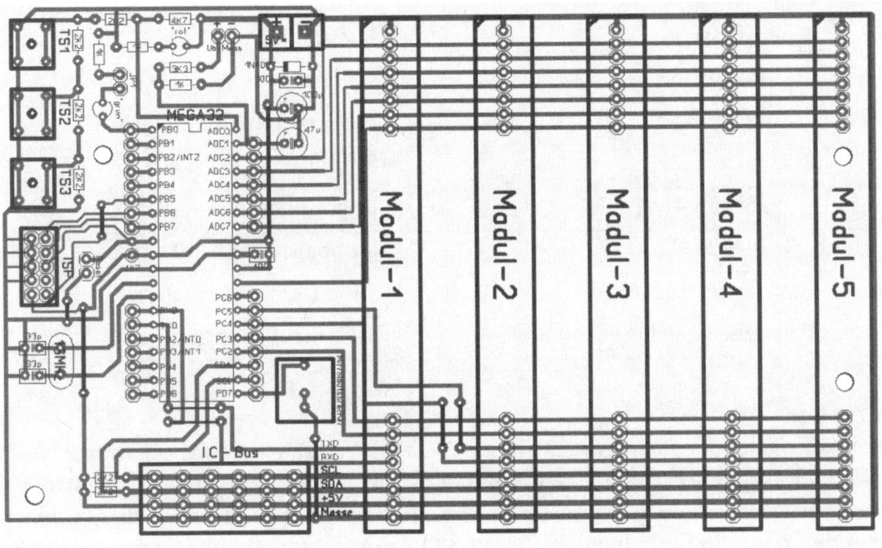

Abb. 10.17: Robo-Control-Mainboard-Layout mit Bestückungsplan

Robo-Control-Mainboard Stückliste

Menge	Conrad Bestellnummer	Bezeichnung
1	189677-82	IC-Fassung DIL40
1	154095-82	Mega32-Prozessor
1	184624-82	LED rot
1	184362-82	LED grün
3	700460-82	Printtaster
2	453099-82	100n
1	446095-82	100µ
1	446081-82	47µ
2	457183-82	33p
1	168750-82	16-MHz-Quarz
6	404080-82	2K2
3	404047-82	1K

Menge	Conrad Bestellnummer	Bezeichnung
1	404128-82	4K7
1	404101-82	3K3
1	710169-82	Beeper
1	162272-82	1N4007
1	729787-82	Leiterplattenklemme RM5
1	732478-82	Stiftleiste 36-pol.
5	736368-82	Buchsenleiste 36-pol.
1	744026-82	Doppelstiftleiste 10-pol.
1m		Silberdraht etwa 0,8mm
1	selbermachen ...	S-Control-Platine

Der Aufbau

Durch die gedruckte Schaltung (Platine) ist der Aufbau der Robo-Control nicht schwieriger als bei herkömmlichen Bausätzen. Für den Aufbau von Mikrocontroller-Schaltungen sollte jedoch schon etwas Erfahrung im Umgang mit dem Lötkolben vorhanden sein. Ein Lötkolben von 20 bis 30 W mit spitzer Lötkolbenspitze (<1 mm) ist empfehlenswert. Stärkere Lötkolben könnten die Bauteile beschädigen. Die Bau teile werden ausschließlich von der oberen Seite in das Board gesteckt. Hier sind eine kleine Spitzzange und ein Seitenschneider notwendig. Die meisten Bauteile wie Kondensatoren, Schaltkreise etc. passen genau in die Bohrungen (0,8 mm). Einige andere Bauteile wie Widerstände und Dioden müssen stets mit der Spitzzange gebogen werden. Die Widerstände sind sehr eng am Widerstandskörper abzubiegen (je nachdem, über welchen Hersteller diese Teile bezogen wurden). Einsteiger sollten hier unbedingt darauf achten, dass das Bauelement dabei nicht zu stark belastet und somit beschädigt wird. Je nach Erfahrung kann der Aufbau, wenn man sehr sorgfältig vorgeht, einige Stunden in Anspruch nehmen. Im Layout sind alle Bauteile und ihre Position sowie ihr Wert eingezeichnet. Die Kondensatoren mit Polung müssen richtig herum eingelötet werden, die Polarität ist dem Bestückungsplan (Layout) zu entnehmen. Alle SMD-Bauteile sind aus der Baureihe 0805 – dies gilt für die Main-Unit und Zusatzmodule.

Wo fängt man an?

Grundsätzlich spielt es keine Rolle, wo man anfängt. Es ist aber erfahrungsgemäß immer gut, erst die kleinen Bauteile zu bestücken und dann in der Größe aufsteigend. Wenn Sie die Platine mit dem neu eingesteckten Bauteil umdrehen, kann es nicht mehr herausfallen und wird an die Platine angedrückt. Bei den Steckleisten sollte man immer erst einen Pin anlöten, danach die Leiste ausrichten und erst dann fertig anlöten.

Was ist zu beachten?

1. Wie muss die LED (Leuchtdiode) eingelötet werden?
Die flache Seite ist minus, also die Kathode. Wenn man die Leuchtdiode genau betrachtet, wird diese flache Seite sichtbar. Bei 3-mm-LEDs muss man allerdings schon sehr genau hinsehen. Man kann sich aber auch an der Länge der LED-Anschlussbeine orientieren. Auf der flachen Seite, der Kathode, befindet sich das kurze Bein.

2. Wie müssen die ISP-Programmieradapter-Stecker aufgesteckt werden?
Hier sollte man darauf achten, dass Pin 1 des ISP-Kabels auch an Pin 1 der Stiftleiste gesteckt wird. Pin 1 ist auf dem Platinenlayout gekennzeichnet. Beim ISP-Kabel selbst ist die Leitung für Pin 1 in der Regel farblich markiert (rot). In diesem Fall muss also diese farbliche Markierung immer zur Außenkante der Platine hin zeigen. Somit ist dieses eindeutig.

Der erste Test

Nachdem das Board aufgebaut ist, kann man es testen. Man steckt den ISP-Dongle (am besten STK200-STK300-kompatibel) an das Board an und verbindet ihn mit der Druckerschnittstelle des PC. Dabei ist darauf zu achten, dass der ISP-Stecker richtig herum aufgesteckt wird. Danach kann man die +5-Volt-Versorgungsspannung am Board anlegen. Die Spannung muss stabilisiert sein, da keine eigene Main-Unit vorhanden ist.

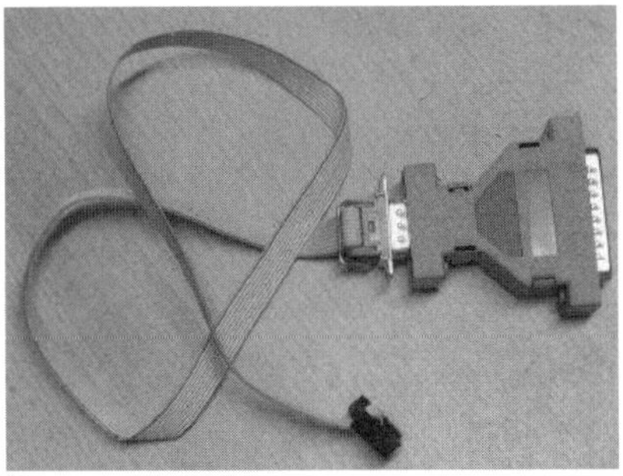

Abb. 10.18: ISP-Dongle STK200-STK300-kompatibel

Jetzt muss man nur noch die Fuse-Bits einstellen und schon kann man das erste Programm übertragen. Wer kein „AVR-Profi" ist, sollte das Kapitel 3 *AVR-Mikrocontroller und Bascom* zuvor durchzulesen. Dort werden die Programmieroberfläche sowie die Fuse-Bit-Einstellung genauer beschrieben. Diese müssen eingestellt so werden, wie es in der folgenden Abbildung gezeigt wird. Eine falsche Einstellung kann den Controller unbrauchbar machen.

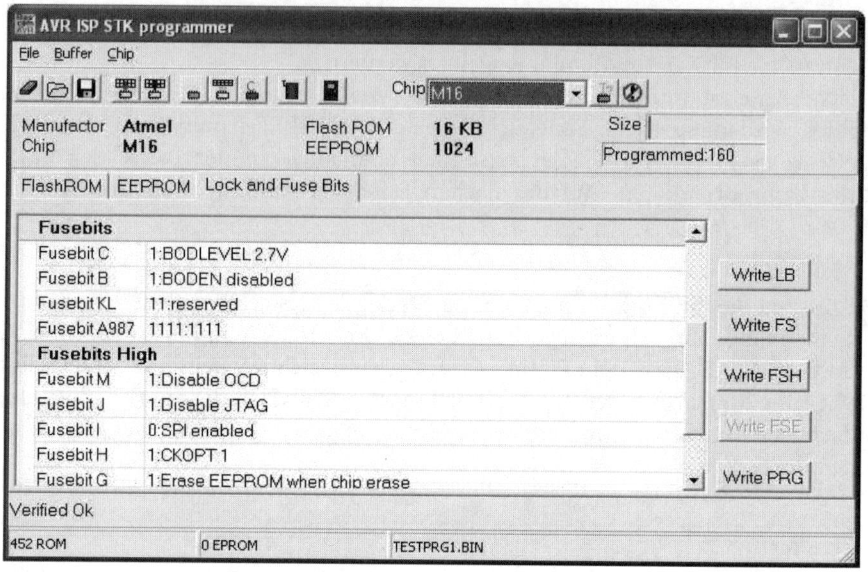

Abb. 10.19: Diese Einstellungen gelten für den ATmega 16/32

10.6 Robo-Control-Zusatzmodule

Es gibt bereits diverse Zusatzmodule für die Robo-Control, die das Bastlerleben erleichtern. Diese Modulpalette ist aus diversen Roboterprojekten entstanden und praxisgerecht in der Handhabung. Alle Module wurden bereits mehrfach aufgebaut und getestet. Für jedes Modul ist ein Beispielprogramm sowie die Firmware für die Module, die einen Mikrocontroller verwenden, auf der CD enthalten. Der Quellcode liegt ebenfalls bei.

Robo-Control-Stepper-Modul

Das Schrittmotormodul besteht aus einem ATmega8 und einem H-Brücken-IC Type L293. Die Aufgabe des Controllers ist es, die Befehle über I²C-Bus zu empfangen und die Schrittmotoransteuerung für den L293 bereitzustellen. An den Ausgängen (Wicklung 1, Wicklung 2) kann direkt ein Schrittmotor mit einem Phasenstrom von max. 600 mA betrieben werden.

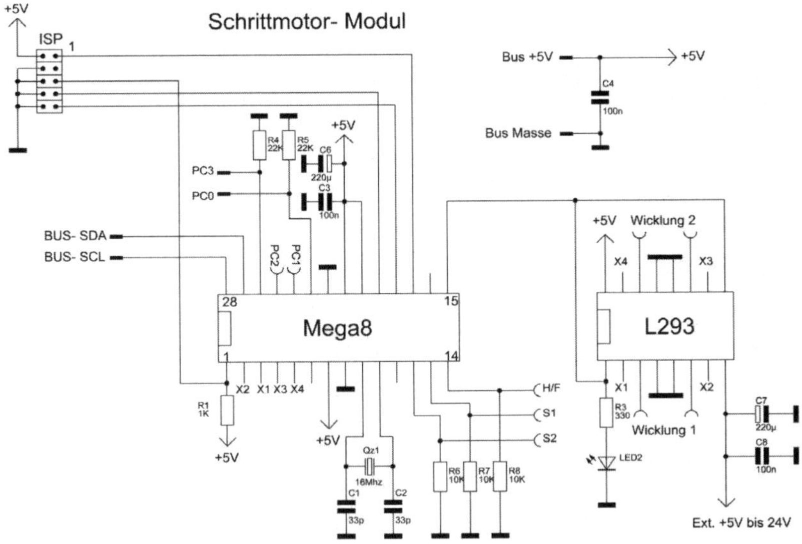

Abb. 10.20: Schaltplan der Schrittmotorplatine

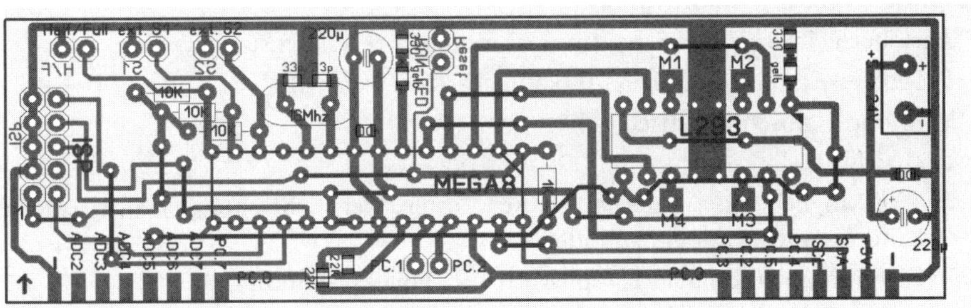

Abb. 10.21: 600-mA-Schrittmotorplatine mit I²C-Bus-Ansteuerung

Robo-Control Stepper-Modul Stückliste

Menge	Conrad Bestellnummer	Bezeichnung
2	189618-82	IC-Sockel 14-pol.
1	154054-82	ATmel Mega8
2	445349-82	33-p-SMD
1	445194-82	16-MHz-Quarz
1	189626-82	IC-Fassung 16-pol.

Menge	Conrad Bestellnummer	Bezeichnung
1	174003-82	L293D
1	729787-82	Leiterplattenklemme RM5
2	445198-82	100-n-SMD
2	406198-82	330-R-SMD
3	404160-82	10K
1	404047-82	1K
2	406414-82	22-K-SMD
2	446168-82	220µF
2	154337-82	SMD-LED gelb
1	732478-82	Stiftleiste 36-pol.
1	744026-82	Doppelstiftleiste 10-pol.
1m		Silberdraht etwa 0,8mm
1		Stepper-Modulplatine

Kurzinfo zum Schrittmotormodul:

- Ansteuern eines kleinen Schrittmotors mit 600 mA Phasenstrom
- I^2C-Adresse des Moduls: Hex 20 (kann geändert werden)
- Voll- und Halbschrittbetrieb
- Drehrichtung links/rechts
- diverse Möglichkeiten, externe Schalter, Taster oder Lichtschranken über externe Erweiterungsports mit einzubinden
- I/O-Kommunikation über Hauptcontroller (Port PC.0 und PC.3)
- getrennte Motor und Elektronikspannung
- Motorcontroller frei programmierbar über ISP-Schnittstelle
- Motortreiber „on"-Signal über SMD-LED
- System-Run-Anzeige über SMD-LED

Die Pins PC.0, PC.1, PC.2, PC.3, Half, Full, ext. S1 und ext. S2 sind für eine externe Konfiguration bzw. für Endschalter oder Lichtschranken gedacht. Die Software unterstützt diese Eingänge noch nicht. Da jedoch der Source-Code dem Buch beiliegt, kann man diese Ports nach eigenen Wünschen in die Software einbinden.

Nach erfolgreicher Bestückung und Kontrolle der Lötstellen (evtl. Kurzschlüsse) kann man über die ISP-Schnittstelle die Firmware in den ATmega8 einspielen. Danach muss man das Testprogramm zur Ansteuerung in den ATmega32 laden und schon kann man die Schrittmotorsteuerung testen.

Drückt man nun den Taster TS1, dreht der Schrittmotor vorwärts, bei Drücken des Tasters TS2 dreht er in die andere Richtung und TS3 stoppt den Motor wieder. In der Firmware kann man auswählen, welchen Mode man verwendet: Halb- oder Vollschrittbetrieb. Die Einstellungen sind in der Software dokumentiert.

10.7 Robo-Control-Fahrtregler

Der Robo-Control-Fahrtregler besteht aus dem bereits bekannten ATmega8-Mikrocontroller, der über den internen I²C-Bus des Robo-Control-Mainboards angesprochen wird. Aufgabe dieses Moduls ist es, Standard-Modellbau-Fahrtregler, die in der Anschaffung verhältnismäßig günstig sind und zudem sehr hohe Ströme verkraften, anzusteuern. Im Mikrocontroller ist zudem ein PID-Regler zur Geschwindigkeitsregelung und zum Radgleichlauf implementiert. Durch diesen Regler erhält man einen günstigen PID-Fahrtregler mit I²C-Bus, der, je nach angeschlossenem Fahrtregler, weit über 50 Ampere verkraften kann.

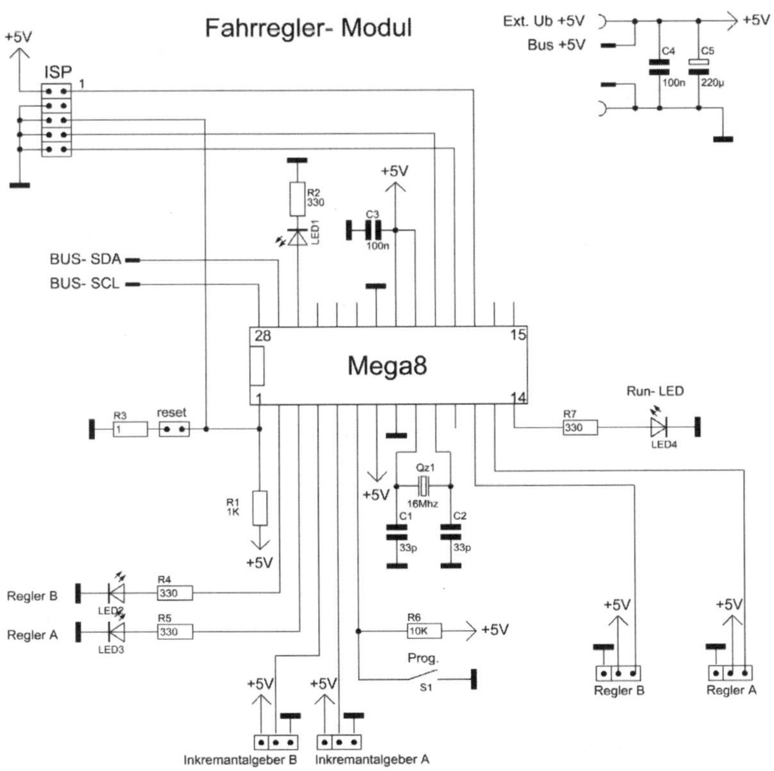

Abb. 10.22: Schaltplan des Reglers

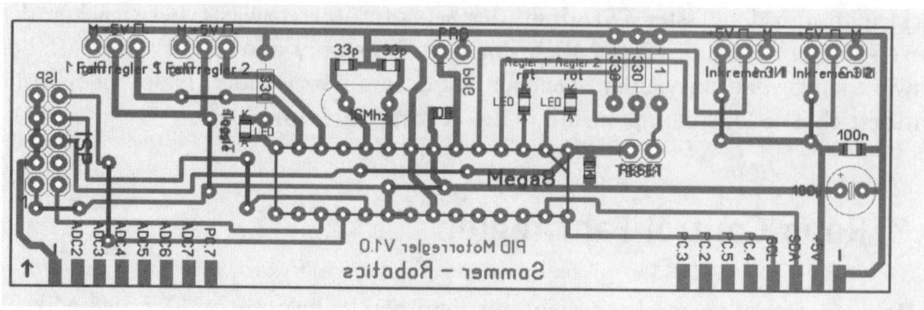

Abb. 10.23: Fahrtregler-Controller mit I²C-Ansteuerung

Robo-Control PID-Motorcontrol-Modul Stückliste

Menge	Conrad Bestellnummer	Bezeichnung
2	189618-82	IC-Sockel 14-pol.
1	154054-82	ATmel Mega8
2	445349-82	3-p-SMD
1	445194-82	16-MHz-Quarz
1	445198-82	100 n SMD
1	446095-82	100µF
3	154337-82	SMD-LED gelb
3	403989-82	330R
1	406376-82	10-K-SMD
1	406252-82	1-K-SMD
1	404500-82	1R
2	732478-82	Stiftleiste 36-pol.
1	744026-82	Doppelstiftleiste 10-pol.
1m		Silberdraht etwa 0,8mm
1		PID-Motorcontrolplatine

Es liegen zwei Firmware-Versionen bei. Die erste ist für Fahrtregler ohne Setup-Taste, die zweite für Fahrtregler, die zuerst über eine Setup-Taste „One-Touch-Setup“ auf die Neutral-, Maximum- und Minimumstellung eingestellt werden müssen. Je nach verwendetem Fahrtregler (Hersteller und Modell) muss man die Firmware teils noch abändern, da die Regler sehr verschieden reagieren können und die Reglervariablen auf die Taktscheibe abgeglichen werden müssen. Dazu sind in der Firmware diverse Daten vorhanden:

- für den PID-Regler die Werte P, I und D
- für den Regler die Werte *Setup* und *Multiplikator*
- I^2C-Bus-Adresse (Hex 20 voreingestellt, kann abgeändert werden)

Da mit Bytes als Rechendaten gearbeitet wird und der Pulseout-Befehl in Bascom in Word ist, muss man diesen Wert zuerst berechnen. Fahrtregler arbeiten genauso wie ein Servo, deswegen benötigt man ein High-Signal von 1 bis 2 ms und eine Pause (low) um die 20 ms. Mit Setup_l und Setup_r legt man den unteren Wert von 1 ms fest, mit Multiplikator_l oder _r rechnet man das Byte auf Word um. Dadurch erhält man bei Byte-Werten von 0 bis 255 die gewünschte Pulslänge von 1 bis 2 ms.

Der Regler beinhaltet zudem einen Start- und Stopp-Integrator (Rampe), der für sanftes Anfahren und Bremsen zuständig ist. Auch diese Zeit kann man über Integrator_stop und Integrator_drive einstellen.

Über I^2C sendet man folgende Befehle ...
100 = Antrieb stopp

110 = langsam vorwärts
120 = mittel vorwärts
130 = schnell vorwärts

90 = langsam rückwärts
80 = mittel rückwärts
70 = schnell rückwärts

Jeder Motor wird einzeln angesteuert. Dazu muss man zuerst die Motornummer und danach das Fahrkommando senden, wie im Beispiel zu ersehen ist:

```
'Motor(1)
I2cstart
I2cwbyte &H20    'Motortreiber-Adresse
I2cwbyte 1       'Regler Nummer
I2cstop

I2cstart
I2cwbyte &H20    'Motortreiber-Adresse
I2cwbyte 110     'Fahrkommando langsam vorwärts
I2cstop
Waitms 20        'kurze Pause

'Motor(2)
I2cstart
I2cwbyte &H20    'Das Gleiche wie oben für den zweiten Regler
I2cwbyte 2
I2cstop
```

```
I2cstart
I2cwbyte &H20
I2cwbyte 110
I2cstop
Waitms 20
```

10.8 Robo-Control Kommunikations-Modul

Um eine Verbindung zwischen PC und der Robo-Control herzustellen, benötigt man ein Modul, das den UART-Pegel des AVR (0/5 Volt) auf die RS232-Schnittstelle (±12 V) des PC umsetzt. Dafür kommt der Pegelumsetzer MAX232 zum Einsatz. Das Kommunikationsmodul ist zudem noch mit einem Easy-Radio-Modul ausgestattet, das die Kommunikation via Funk übernimmt. Die Jumper können wahlweise für den MAX232 oder das Easy-Radio-Modul gesteckt werden. Wichtig ist, dass dieses Modul auf Steckplatz 1 der Robo-Control aufgesteckt wird, da nur bei diesem Slot die UART-Schnittstelle des AVR herausgeführt wurde.

Als Antenne für das Funkmodul kann man im einfachsten Fall ein Stück Draht mit einer Länge von 173 mm verwenden. Wer die Antenne jedoch anderweitig installieren will, sollte die SMA-Winkelbuchse (90°) zusätzlich mit auflöten. Dadurch kann die Antenne über ein SMA-Kabel an einen anderen Standort montiert werden. Als Kabel eignet sich z. B. ein RG174 mit SMA-Steckern.

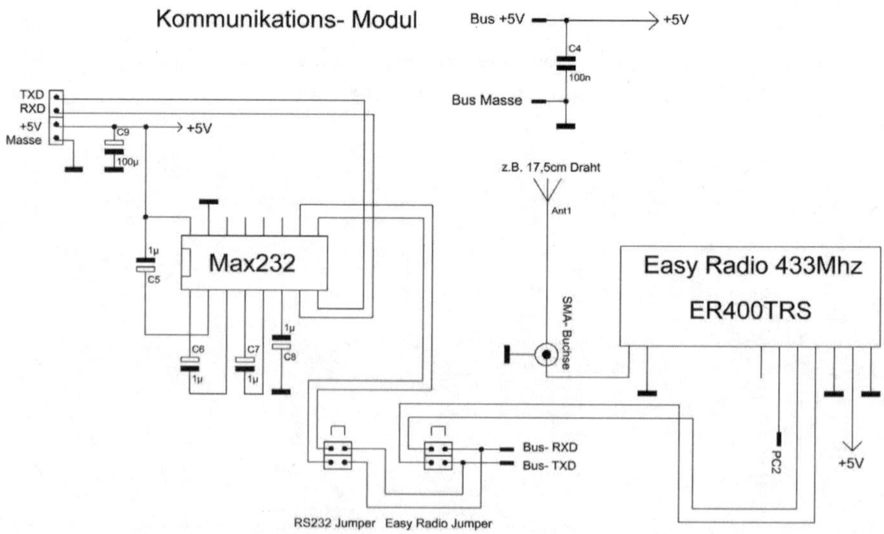

Abb. 10.24: Schaltplan des Kommunikations-Moduls

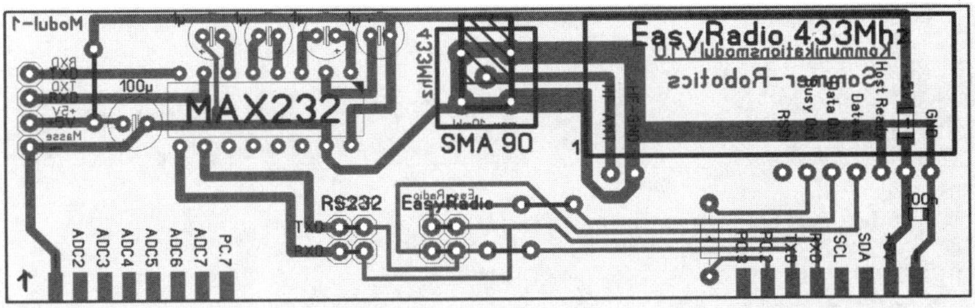

Abb. 10.25: Kommunikations-Modul mit MAX232 und Easy-Radio-Funkmodul

Bevor man jedoch mit dem Easy-Radio-Funkmodul in die Luft gehen kann, muss man es noch konfigurieren. Dazu spielt man folgenden Code in den Maincontroller ATmega32 ein.

Bascom-Code

```
'Baudrate einstellen auf 19.200 Baud
'ER_CMD#U0 = 300
'ER_CMD#U1 = 2400
'ER_CMD#U2 = 4800
'ER_CMD#U3 = 9600
'ER_CMD#U4 = 19200
'ER_CMD#U5 = 38400
Toggle Led_toggle
Print "ER_CMD#U4"
Waitms 100
Print "ACK"
Wait 1

'Handshaking off
'ER_CMD#H1 = on
'ER_CMD#H2 = off
Toggle Led_toggle
Print "ER_CMD#H2"
Waitms 100
Print "ACK"
Waitms 500

'Sendeleistung max 10 mW
'ER_CMD#P0 = 1 mW
'ER_CMD#P1 = 2 mW
'ER_CMD#P3 = 3 mw
'ER_CMD#P4 = 4 mW
'ER_CMD#P5 = 5 mW
'ER_CMD#P6 = 6 mW
'ER_CMD#P7 = 7 mW
```

```
'ER_CMD#P8 = 8 mW
'ER_CMD#P9 = 9 mW
'ER_CMD#P10 = 10 mW
Toggle Led_toggle
Print "ER_CMD#P9"
Waitms 100
Print "ACK"
Waitms 500

'Kanal Einstellen
'ER_CMD#C0 = 0
'ER_CMD#C1 = 1
'ER_CMD#C2 = 2
'ER_CMD#C3 = 3
'ER_CMD#C4 = 4
'ER_CMD#C5 = 5
'ER_CMD#C6 = 6
'ER_CMD#C7 = 7
'ER_CMD#C8 = 8
'ER_CMD#C9 = 9
Toggle Led_toggle
Print "ER_CMD#C7"
Waitms 100
Print "ACK"
Waitms 500
```

Der vollständige Code sowie das Datenblatt zum Funkbaustein befinden sich auf der CD.

Jetzt ist das Funkmodul richtig eingestellt und kann mit dem am PC angeschlossenen Easy-Radio-Modul kommunizieren. Wichtig ist, dass beide Module gleich eingestellt werden, da ansonst keine Kommunikation stattfindet. Wer beide Funkmodule über den PC einstellen möchte, findet ein passendes Tool auf der CD.

Abb. 10.26: Das Gegenstück für den PC, RF04-400

10.9 Robo-Control-Porterweiterung

Wem die Ports, die am Controller bereitstehen, nicht ausreichen, kann das Problem mit der Porterweiterung lösen. Diese stellt 2 x 8 digitale Ports und vier 8-Bit-Analog-Digitalwandler (ADCs) zur Verfügung.

Digitale Ein-/Ausgänge

Die digitalen Ports stellen die von Philips entwickelten I²C-Bus-Interface-ICs PCF8574 bereit. Davon sind auf dieser Platine zwei Stück vorhanden und jeder dieser Bausteine besitzt acht I/O-Pins, die wahlweise als Ein- oder Ausgang konfiguriert werden können. Das macht in Summe 16 zusätzliche I/Os.

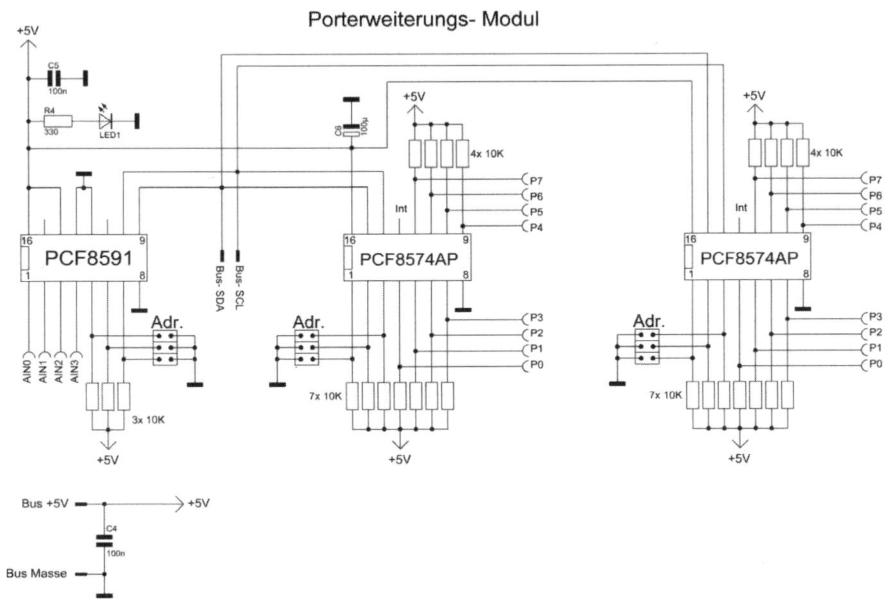

Abb. 10.27: Schaltplan der Porterweiterung

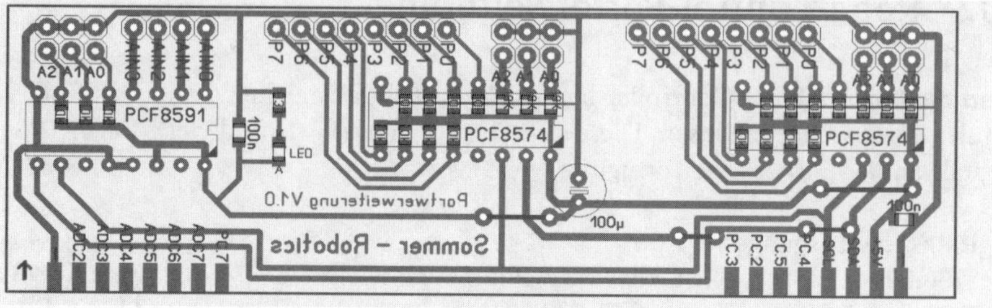

Abb. 10.28: Porterweiterungs-Modul mit 16 I/Os und 4 ADCs

Robo-Control-Port-Erweiterungsmodul Stückliste

Menge	Conrad Bestellnummer	Bezeichnung
2	Reichelt	PCF8574P
1	Reichelt	PCF8591
25	406376-82	10-K-SMD
3	189626-82	IC-Fassung 16-pol.
2	445198-82	100-n-SMD
1	446095-82	100 µF
1	154337-82	SMD-LED gelb
1	406198-82	330-R-SMD
3	732478-82	Stiftleiste 36-pol.
9	734152-82	Jumper
1 m		Silberdraht etwa 0,8 mm
1		Porterweiterungs-Modulplatine

Je nachdem, welche PCs man verwendet, muss man die Adressen unterschiedlich einstellen. Die Hausadresse ist durch den Suffix wie P oder ähnlich fest vorgegeben. Die Adressen sehen folgendermaßen aus: Gruppe 1 gibt die bereits im Chip vorhandene Hausadresse an. Gruppe 2 besteht aus drei Adress-Bits und einem Konfigurations-Bit, das dem PCF8574 sagt, ob er Eingang oder Ausgang sein soll. Das letzte Bit R/W wird gesetzt (1), wenn man vom Baustein Daten lesen will, und bleibt 0, wenn man auf dem Baustein schreibt.

Bit	7	6	5	4	3	2	1	0
Adr.	0	1	0	0	A2	A1	A0	R/W
8574	Gruppe 1				Gruppe 2			

Bit	7	6	5	4	3	2	1	0
Adr.	0	1	1	1	A2	A1	A0	R/W
8574A	Gruppe 1				Gruppe 2			

Die Ein-/Ausgänge des PCF8574 besitzen wegen des einfachen Aufbaus keine einzelnen Kontrollregister zur Bestimmung der Datenflussrichtung. Nach einem Reset oder Anschluss der Betriebsspannung gehen alle Torsignale in einen hochohmigen Zustand (High). In diesem Zustand können diese als Eingänge benutzt werden. Angeschlossene Signalquellen können das High-Signal auf 0 herunterziehen und ein Lesezugriff des Ports würde eine 0 zurückliefern. Offene Toranschlüsse oder solche, zu denen die Signalquelle ein High-Signal sendet, würden beim Lesen eine 1 liefern. Das hochohmige High-Signal ist mit etwa 100 µA maximalem Strom nicht in der Lage, niederohmige Aktoren oder Logikbausteine zu treiben. Soll ein Torbit als Ausgang dienen, muss es extern mit einem PullUp-Widerstand beschaltet werden. Dieser muss, um den angeschlossenen Eingang High treiben zu können, den notwendigen Strom liefern. Bei der Ausgabe 1 Low wird der Strom des PullUp-Widerstands über den geöffneten Fußtransistor der Gegentaktendstufe gegen GND abgeleitet. Dieser Transistor kann einen maximalen Strom von 25 mA aufnehmen. Typische PullUp-Widerstände zum Anschluss weiterer Logikbausteine haben Werte zwischen 4,7 und 10 kOhm. Sie sollten 220 Ohm nicht unterschreiten (bei der Robo-Control sind 10 K eingebaut).

Um einen an den I²C-Bus angeschlossenen PCF8574 anzusteuern, muss man also zuerst den Baustein adressieren, also das Adress-Byte, bestehend aus Gruppe1, den Eingängen A2-A0 und dem R/W-Bit (0 um die Portzustände des PCF zu ändern und 1, wenn man die Zustände des Eingangs-Bytes des PCF abfragen will), senden. Bei einem PCF8574A mit A2-A0 an 5 V also z. B.:

h0111 1110 = 126 (dezimal) zum Lesen der Ports oder
h0111 1111 = 127 zum Schreiben der Ports

Nach dem Senden der Adresse stehen entweder die Daten (1 Byte = 8 bit für die 8 Ports) an SDA an oder man kann Daten auf SDA ausgeben.

Für das Setzen der Ports gilt ...

```
I2cstart
I2cwbyte Writeausgabeport_adr
I2cwbyte 1
I2cstop
```

I2cwbyte 1 setzt das erste Bit, schreibt man eine „2“ setzt man das zweite und schreibt man „4“ setzt man das dritte Bit.

Man kann mit Bascom aber auch Binär schreiben, also &B0000000 oder &B11111111.

```
I2cstart
I2cwbyte Writeausgabeport_adr
I2cwbyte &B00000001
I2cstop
```

Für das Lesen muss man das Adressbit 0 ändern.
Folgender Code fragt alle Ports ab und gibt sie am Terminal (RS232) aus.

```
I = 0
I2cdaten = 1
Do
 I2cstart
 I2cwbyte Readeingabeport_adr 'Lesebefehl an PCF schicken
 I2crbyte I2cdaten , Nack  'Datenbyte von PCF lesen
 I2cstop
 Waitms 50
 Print I ; " Eingangsport Wert" ; I2cdaten
 Incr I
Loop
```

Die analogen Eingänge

Für die analogen Eingänge ist der Philips IC PCF8591 zuständig. Der PCF8591 ist ein I^2C-Bus-Baustein, der über vier analoge Eingänge und einen analogen Ausgang verfügt. Die Auflösung beträgt 8 Bit, somit 20 mV, bei der höchst zulässigen Referenzspannung von 5 V.

Über die drei herausgeführten Adressleitungen A0-A2 können bis zu acht Wandlerbausteine an einem Bus betrieben werden. Die Adresse für einen PCF8591 mit A0-A2 an Masse wäre also b10010000 = 144 (dezimal).

Der PCF8591 muss, wie der PCF8574, durch ein Steuer-Byte in den jeweiligen Modus gesetzt werden. Die Tabelle unten zeigt, wie sich das Steuer-Byte zusammensetzt. Zum Ausgeben eines Analogwerts muss z. B. nach der Adresse zunächst das Steuer-Byte gesendet werden. Daraufhin können Daten an den A/D-Wandler übertragen werden. Ist der Wandler einmal adressiert, können in einer Endlosschleife Daten gesendet werden. Nach einer neuen Adressierung muss immer erst das Steuer-Byte übertragen werden.

Der Adressaufbau des Analog-Digitalwandlers PCF8591:

Bit	7	6	5	4	3	2	1	0
Adr.	1	0	0	1	A2	A1	A0	R/W
	Gruppe 1				Gruppe 2			

Die Auswertung in Bascom

```
Declare Function Ad_pcf(byval Register As Byte) As Byte

Do
  Temp = Ad_pcf(0)          'ADC 0 einlesen
  Temp = Ad_pcf(0)
  Print "A/D-Wert 0: " ; Temp ; " "
  Waitms 500

  Temp = Ad_pcf(1)          'ADC 1 einlesen
  Temp = Ad_pcf(1)
  Print "A/D-Wert 1: " ; Temp ; " "
  Waitms 500

  Temp = Ad_pcf(2)          'ADC 2 einlesen
  Temp = Ad_pcf(2)
  Print "A/D-Wert 2: " ; Temp ; " "
  Waitms 500

  Temp = Ad_pcf(3)          'ADC 3 einlesen
  Temp = Ad_pcf(3)
  Print "A/D-Wert 3: " ; Temp ; " "
  Waitms 500

Loop

Function Ad_pcf(byval Register As Byte) As Byte

 Local Kommando As Byte
 Kommando = &H40 + Register

 I2csend Ad_pcf_adr , Kommando         'Slave Adresse Kommando
 I2creceive Ad_pcf_adr , Ad_pcf        'Wert auslesen


End Function
```

10.10 Robo-Control Relaisplatine

Oft muss man für externe Komponenten größere Ströme schalten, z. B. Lampen, Motoren oder Stromversorgungen. Da der Aufwand, immer externe Relais an die Porterweiterung anzuschalten, recht groß ist, hat der Autor eine kleine Relaisplatine mit vier kleinen Printrelais und einem PCF8574 entworfen. Die Ansteuerung der Relaisplatine läuft genauso ab wie die Porterweiterung mit dem PCF8574. Der Unterschied ist lediglich, dass nur die ersten vier Ausgänge (Bit 1, 2, 4, 8) benutzt werden. Ansonsten gilt der gleiche Code wie bei der Porterweiterung.

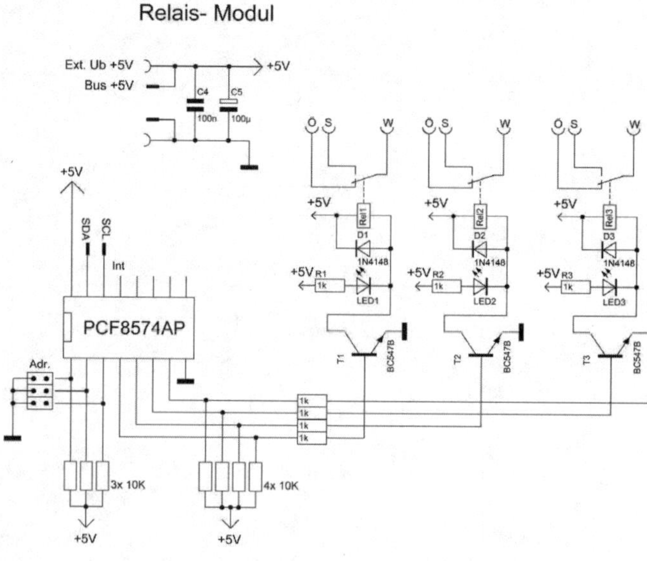

Abb. 10.29: Schaltplan der Relais-Platine

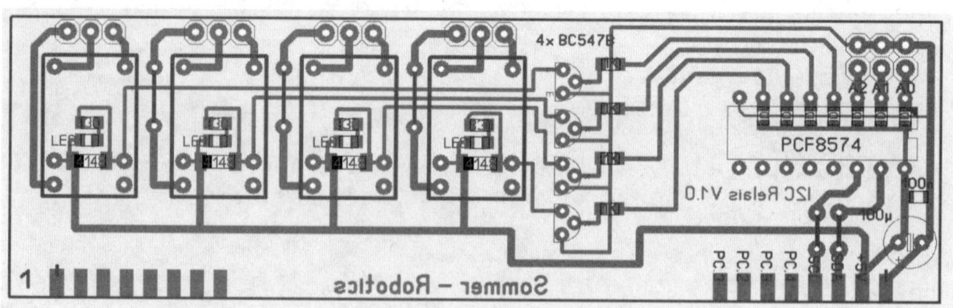

Abb. 10.30: I²C-Relaisplatine für die Robo-Control

Robo-Control Relais-Modul Stückliste

Menge	Conrad Bestellnummer	Bezeichnung
3	189626-82	IC-Fassung 16-pol.
2	Reichelt	PCF8574P
7	406376-82	10-K-SMD
4	406252-82	1-K-SMD
4	406171-82	220-R-SMD
1	445198-82	100-n-SMD
1	446095-82	100 µ
4	140902-82	LL4148 SMD
4	155012-82	BC547
4	505188-82	Relais
1	732478-82	Stiftleiste 36-pol.
9	734152-82	Jumper
10 cm		Silberdraht etwa 0,8 mm
1		Relais-Modul-Platine

Bascom-Beispielcode

```
Do

 Relais = 1
 I2cstart
 I2cwbyte Relais_platine_adr
 I2cwbyte Relais
 I2cstop
 Waitms 500

 Relais = 1 + 2
 I2cstart
 I2cwbyte Relais_platine_adr
 I2cwbyte Relais
 I2cstop
 Waitms 500

 Relais = 3 + 4
 I2cstart
 I2cwbyte Relais_platine_adr
 I2cwbyte Relais
```

```
    I2cstop
    Waitms 500
    Relais = 7 + 8
    I2cstart
    I2cwbyte Relais_platine_adr
    I2cwbyte Relais
    I2cstop
    Waitms 500

    Relais = 0
    I2cstart
    I2cwbyte Relais_platine_adr
    I2cwbyte Relais
    I2cstop
    Waitms 500

Loop
```

Wenn der Aufbau geglückt ist, besitzt man mit aufgeführtem Code ein kleines „Relais-Lauflicht".

10.11 Robo-Control-Realtimeclock (RTC) + EEPROM

What's the time? Eine Echtzeituhr, die sogar noch läuft, wenn das Board spannungslos ist, kennt man eigentlich nur von richtigen PC-Systemen. Aber mit Hilfe eines kleinen Bausteins namens DS1307 ist auch diese Aufgabe schnell erledigt. Ausgelesen wird er ebenfalls über den I²C-Bus, was wieder einmal viele Ports einspart.

Da dieser Baustein mit einem DIL-8-Gehäuse geliefert wird und die externe Beschaltung nicht sonderlich viele Bauteile enthält, ist noch sehr viel Platz auf der Platine frei. Man kann noch einen Speicherbaustein 24Cxxx integrieren, der zum Datenloggen bestens geeignet ist. Mit diesem einen Zusatzmodul könnte man jetzt einen vollwertigen Datenlogger mit Zeitstempel aufbauen.

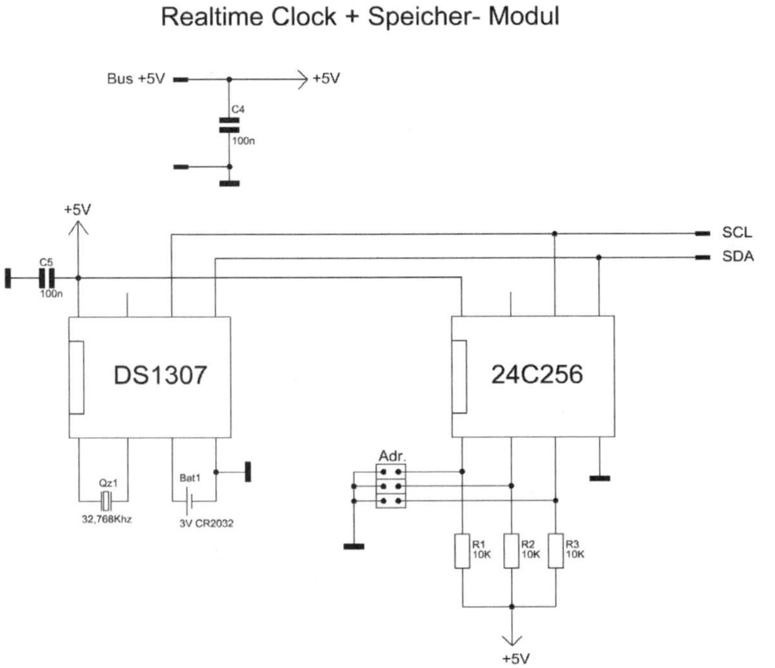

Abb. 10.31: Schaltplan der RTC + EEPROM Speicherverwaltung

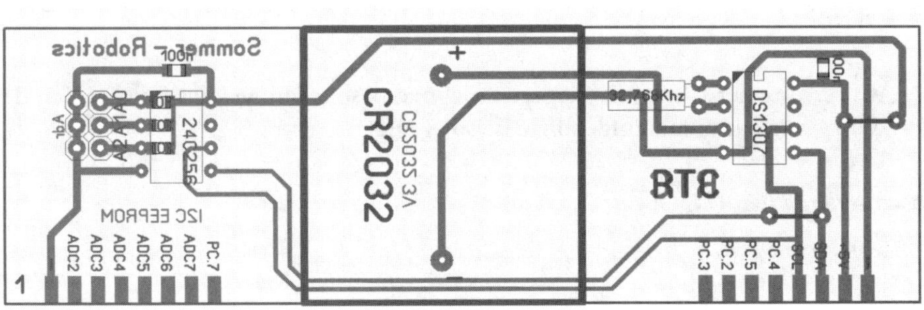

Abb. 10.32: Realtime-Clock + 24xxx-Speicher-EEPROM

Robo-Control-RTC+EEPROM-Modul Stückliste

Menge	Conrad Bestellnummer	Bezeichnung
1	650546-82	Knopfzellenhalter
2	445198-82	100-n-SMD
2	189600-82	IC-Fassung 8-pol.
1	Reichelt	DS1307
1	Reichelt	EEPROM 24xxx
1	168467-82	32,768-kHz-Quarz
3	406376-82	10-K-SMD
1	612928-82	Knopfzelle CR2032
1	732478-82	Stiftleiste 36-pol.
3	734152-82	Jumper
10 cm		Silberdraht etwa 0,8 mm
1		RTC + EEPROM-Modul-Platine

Die Uhr benötigt, um auch ohne Versorgungsspannung weiterzulaufen, eine kleine Knopfzelle des Typs CR2023, wie sie auch auf gängigen PC-Mainboards vorkommt. Ein kleiner Uhrenquarz mit 32,768 MHz gibt dem Baustein DS1307 den Takt vor. Als Speicher können diverse EEPROMS der Serie 24Cxxx verwendet werden. Das Schreiben ist nicht schwer und es liegen der Programmierumgebung Bascom diverse Beispiele dazu bei.

Die Auswertung der Uhrzeit ist dagegen nicht ganz so leicht wie das Beschreiben des EEPROMS, wie das unten aufgeführte Beispiel zeigt.

Bascom-Code für RTC

```
'DS1307 Adresse
Const Ds1307w = &HD0            'DS1307 schreibe Adresse
Const Ds1307r = &HD1            'DS1307 lese Adresse

Dim Zeit As String * 10
Dim Datum As String * 10
Dim Eingabe As String * 2

Config Clock = User
Dim Weekday As Byte
```

```
'Init
Start:
 'Zeit und Datum einstellen
 Input "Zeit und Datum stellen? (y/n): " , Eingabe

 If Eingabe = "y" Then

  Input "Time hh:mm:ss: " , Zeit   'Zeiteingabe über Hyperterminal
  Input "Date mm-dd-yy: " , Datum  'Datumseingabe über
                                   'Hyperterminal

  Time$ = Zeit          'Zeitübergabe z. B. „23:58:59"
  Date$ = Datum          'Datumsübergabe z. B. „11-13-02"

 End If

Do
  Print "Date Time : " ; Date$ ; " " ; Time$  'Datums- und
  Zeitausgabe
  Wait 1           'kleine Pause
Loop
Sub_getdatetime:         'Uhrzeit und Datum vom DS1307 holen

 I2cstart                'I²C-Start
 I2cwbyte Ds1307w        'Schreibe Adresse
 I2cwbyte 0              'Register

 I2cstart                 'I²C-Start
 I2cwbyte Ds1307r         'Lese Addresse
 I2crbyte _sec , Ack       'Lese Sekunden
 I2crbyte _min , Ack      'Lese Minuten
 I2crbyte _hour , Ack     'Lese Stunden
 I2crbyte Weekday , Ack   'Lese Wochentag
 I2crbyte _day , Ack      'Lese Tag
 I2crbyte _month , Ack    'Lese Monat
 I2crbyte _year , Nack    'Lese Jahr
 I2cstop

 _sec = Makedec(_sec) : _min = Makedec(_min) : _hour =
       Makedec(_hour)  'bin in dec
 _day = Makedec(_day) : _month = Makedec(_month) : _year =
       Makedec(_year)

Return

Setdate:           'Datum speichern
```

```
 _day = Makebcd(_day) : _month = Makebcd(_month) : _year =
       Makebcd(_year)
 I2cstart                  'I²C Start
 I2cwbyte Ds1307w          'Schreibe Adresse
 I2cwbyte 4                'Register
 I2cwbyte _day             'Schreibe Tag in DS1307
 I2cwbyte _month          'Schreibe Monat in DS1307
 I2cwbyte _year           'Schreibe Jahr in DS1307
 I2cstop
Return

Settime:                  'Zeit speichern

 _sec = Makebcd(_sec) : _min = Makebcd(_min) : _hour =
 Makebcd(_hour)

 I2cstart                 'I²C-Start
 I2cwbyte Ds1307w         'Schreibe Addresse
 I2cwbyte 0               'Register
 I2cwbyte _sec            'Schreibe Sekunden in DS1307
 I2cwbyte _min            'Schreibe Minuten in DS1307
 I2cwbyte _hour           'Schreibe Stunden in DS1307
 I2cstop

Return
```

10.12 Robo-Control-Servo-Modul

An ein Servo-Modul können bis zu acht Servos angeschlossen werden. Die Kommunikation mit dem Hauptcontroller findet, wie gewohnt, auf I²C-Bus-Basis statt. Das Board schmücken diesmal wiederum ein ATmega8-Controller und eine ISP-Schnittstelle sowie die Ausgangsports für die Servos. Damit die Versorgungsspannung am Robo-Control-Mainbord nicht zusammenbricht, steht ein Anschluss für eine externe Versorgung zur Verfügung.

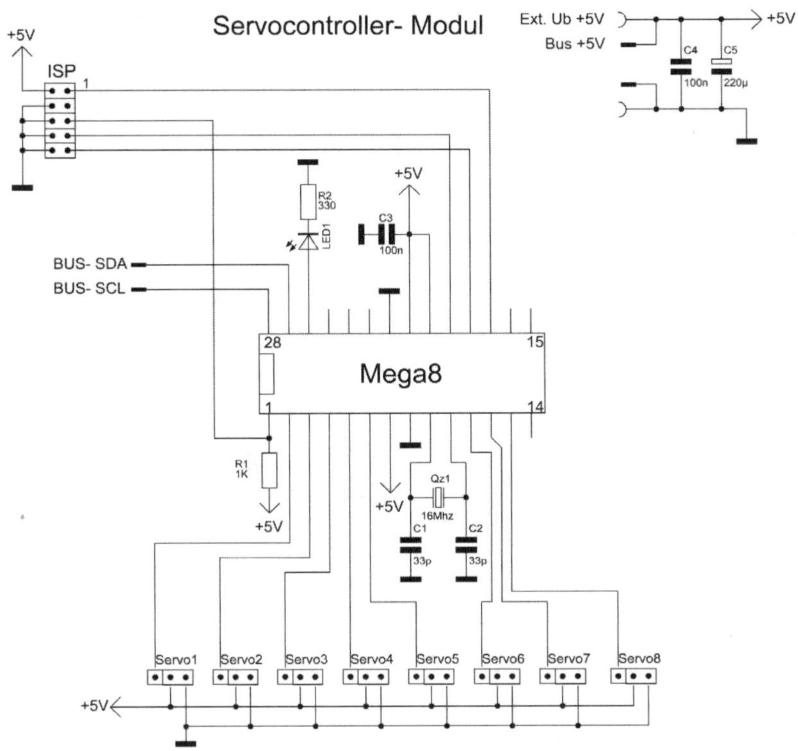

Abb. 10.33: Schaltplan des Servocontrollers

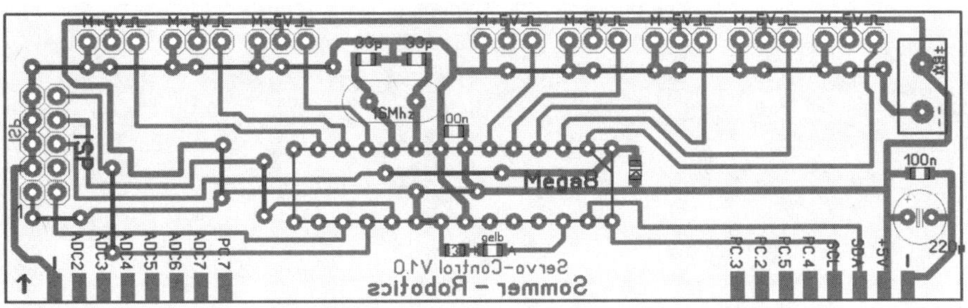

Abb. 10.34: Servo-Modul für die Ansteuerung von acht Servos über I²C-Bus

Bei der Ansteuerung geht man folgendermaßen vor:

- Senden der Adresse
- Senden der Servo-Nummer
- Kurze Pause von etwa 10 ms
- Senden der Servo-Stellung (0 bis 255)

Dabei ist der Wert 128 die Mittelstellung des Servos. Die Werte können in der Firmware wieder angepasst werden. Dadurch können alle Servos auf die erforderlichen Wünsche eingestellt werden.

Bascom-Code zur Ansteuerung

```
'Servo 1 ansteuern
'Servo-Nummer
I2cstart
I2cwbyte &H22  'Servo-Modul-Adresse
I2cwbyte 1'Servo-Nummer
I2cstop
Waitms 10

'Servo-Position
I2cstart
I2cwbyte &H22  'Servo 1 Modul-Adresse
I2cwbyte 120'Servo-Stellung 0 bis 255
I2cstop
Waitms 30
```

Wichtig ist, dass zwischen dem Senden das Servo-Positionen eine Pause von etwa 30 ms eingehalten wird. Diese Zeit wird benötigt, damit sich das Servo in die vorgegebene Stellung einjustiert kann. Grund dafür ist, dass das Modul erst die Routine des Servo-Stellens durchlaufen muss, bis es neue Befehle über I²C entgegennehmen kann.

10.13 Der Tischroboter TR-1

Ein ideales Einsteigerprojekt ist der Tischroboter TR-1 von Jürgen Schreier, der dieses Projekt bereitgestellt hat.

Abb. 10.35: Der fertige Roboter von der Seite

Einen kleineren Roboter kann man nur entwickeln, wenn man einen kleinen Prozessor verwendet, der auf einer kleinen Platine untergebracht werden kann. Hier eignet sich ein PIC16F84A-04, ein kleiner 18-beiniger IC, als Steuerprozessor.

Als Erstes muss man die vier Mini-Servos modifizieren. Dazu zerlegt man die Servos und entfernt den Anschlag im Getriebe, damit sich der Servo, wie ein Getriebemotor, durchgehend drehen kann. Der Istwertgeber (Potenziometer) wird geöffnet, die Widerstandsbahn entfernt und der Anschlag weggebogen, so dass nur noch die Lagerung des Potenziometers aktiv ist. Die Ansteuerplatine wird ebenfalls komplett entfernt. Dann werden noch zwei dünne Drähte mit etwa 0,5 mm^2 an den Motor angelötet und nach außen geführt. Nun kann man den Servo wieder zusammenbauen und hat einen sehr günstigen kleinen Getriebemotor, der zudem sehr kraftvoll ist!

Danach klebt man mit Zweikomponentenkleber an die Servodrehscheibe ein kleines Lego-Rad. Nachdem der Klebstoff getrocknet ist, klebt man die vier Servos an ein Plastikgehäuse (ausgediente Handyschale) und erhält so einen Allradantrieb.

Abb. 10.36: So sieht der fertige Antrieb von unten aus

Ein fahrbares Untergestell ist nun hergestellt. Um das Fahrgestell die ersten Runden drehen zu lassen, könnte man es nun (kabelgebunden) an eine 5-Volt-Gleichspannung anschließen – aber man wird schnell feststellen, dass sich zwar die Räder drehen, das Fahrgestell sich aber nicht vorwärts bewegt. Die verwendeten Materialien sind so leicht, dass die Reifen des Fahrgestells keinerlei Traktion auf die Tischoberfläche ausüben. Die Lösung ist hier ein Mehr an Gewicht durch die Platine, den 9-V-Batterieblock etc. Erst dann kann man testen, was passiert, wenn man das rechte und das linke Reifenpaar gegenläufig anschließt, so dass das Gestell sich wie ein Panzer auf der Stelle dreht.

Es gilt also nun, die Prozessor-Steuerplatine für den Roboter zu konstruieren. Den PIC16F84 bringt man in der Mitte der Platine an. Ferner wird ein 5-V-Stabilisierungs-IC 78T05CT benötigt, um die 9 Volt der Blockbatterie in 5 Volt umzuwandeln. Der PIC braucht noch einen 4-MHz-Quarz, ein Ein-/Aus-Schiebeschalter muss auf die Platine sowie das Wichtigste: ein Motortreiber-IC.

Ideal ist für so einen kleinen Roboter der L293D. Eine rote LED zur Kontrolle kommt ebenfalls noch hinzu. Nachdem die Platine fertiggestellt ist, kann man den neuen Prozessor programmieren. Danach werden die Servos noch mit der Platine verbunden, ein 9-Volt-Batterieklipp installiert und eine Batterie angeschlossen.

Zur Programmierung der kleineren PICs kann man ein PIC-Programmier- und Experimentier-Board von Conrad Electronic verwenden (Bestellnummer: 191020).

Abb. 10.37: PIC-Programmer von der Fa. Vellemark, Bezug über Conrad Electronic

Das Board ist nach ca. 1,5 Stunden zusammengelötet und betriebsbereit.

Bevor man mit der Programmierung beginnt, prüft man die Spannung am IC-Sockel, die den Controller versorgt. Diese Spannung muss 5 V betragen. Nachdem man die Spannungen und die Platinen auf Löt- und Bestückungsfehler kontrolliert hat, kann man mit der Programmierung beginnen.

Um nun das Controllerboard zu testen, lässt man als Erstes die Status-LED blinken.

Den Code kann man mit den Crownhill-PicBasic-Compiler oder einem anderen Free-Compiler wie WinAVR schreiben. Im hier gezeigten Beispiel wird der Crownhill-PicBasic-Compiler verwendet. Funktionieren tut es natürlich auch mit einem anderen.

Blinkt die LED, dürfte soweit alles funktionieren und man kann sich daran wagen, den Roboter fahren zu lassen. Für die ersten „Gehversuche“ lässt man den Roboter einfach geradeaus fahren. Später kann man, wie der folgende Code zeigt, den Roboter ein Quadrat abfahren lassen. Hier sind dem Programmierer keine Grenzen gesetzt.

Der Code des Tischroboters in Proton+

```
Device = 16f84
Xtal = 4

Dim Wert As Word
Dim Wert2 As Word
Dim Flag As Byte
Symbol Motorport = Porta
Symbol Ledport = Portb
```

```
Symbol Led1 = Portb.0          'Alias PORTB to LEDS
Symbol Motorleitung1 = Porta.0
Symbol Motorleitung2 = Porta.1
Symbol Motorleitung3 = Porta.2
Symbol Motorleitung4 = Porta.3

Trisb = %00000000              'Alle Bits Ausgang
Portb = 0
Trisa = %11000000              'Untere 6 Bits Ausgang, Rest Eingang
Porta = 0
Portb = 0
Delayms 2000

Loop:
Toggle Led1

Gosub Vorwaerts
Delayms 2000
Toggle Led1

Gosub Anhalten
Delayms 2000
Toggle Led1

Gosub Neunzig_grad_rechts
Delayms 2000
Toggle Led1

Gosub Anhalten
Delayms 2000
Toggle Led1

Goto Loop

Vorwaerts:
 Motorleitung1 = 0
 Motorleitung2 = 1
 Motorleitung3 = 1
 Motorleitung4 = 0
Return

Rueckwaerts:
 Motorleitung1 = 1
 Motorleitung2 = 0
 Motorleitung3 = 0
 Motorleitung4 = 1
Return

Anhalten:
 Motorleitung1 = 0
 Motorleitung2 = 0
 Motorleitung3 = 0
```

```
 Motorleitung4 = 0
Return

Neunzig_grad_rechts:
 Motorleitung1 = 1
 Motorleitung2 = 0
 Motorleitung3 = 1
 Motorleitung4 = 0
 Delayms 1250

  Gosub Anhalten

Return

Goto Loop
```

Mit dieser Plattform kann nun jeder selbst experimentieren und z. B. Sensoren wie den IS471 (Infrarotsensor) anbringen, um den kleinen Bot-Objekten ausweichen zu lassen. Möglich wäre es auch, unten Sensoren anzubringen, damit er nicht vom Tisch fällt.

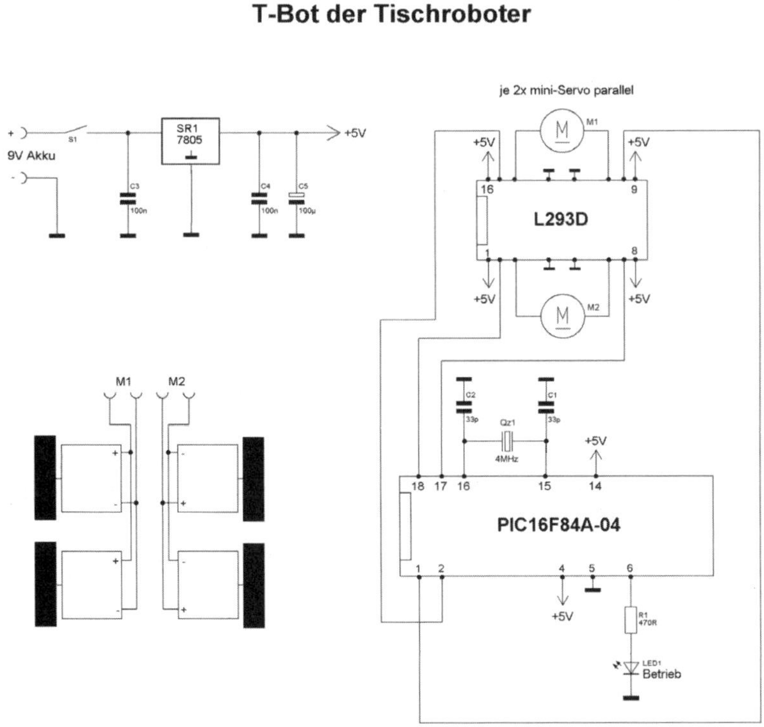

Abb. 10.38: Der Schaltplan des Tischroboters TR-1

10.14 Cybot Pimp

Abb. 10.39: Cybot vor und nach seinem Umbau. Er ist fast nicht wiederzuerkennen

Den Cybot gab es vor Jahren als Sammelheft zum Selbstzusammenbauen. Heute kann man ihn bereits fertig aufgebaut im Internet erwerben. Man muss ihn nur mit Batterien bestücken und schon blinken seine Fühler und es kann mit den vorgefertigten Experimenten losgehen. Interessant wird es, wenn man den Cybot so umbaut, dass man alle möglichen Versuche mit ihm durchführen kann.

Zuerst muss man ihn komplett zerlegen. Da das Kunststoff-Chassis nicht gut für Umbauten geeignet ist, sollte man es durch eine Aluminiumplatte ersetzen. Dazu legt man es auf die Aluplatte und zeichnet den Umriss des Originals darauf auf. Danach kann man es mit der Stichsäge aussägen. Die Seitenteile und Getriebemotoren des Cybot sind verschraubt und können dadurch wieder verwendet werden. Nur das vordere Stützrad ist mit dem Original fest verbunden. Mit einer kleinen Säge, die man auch benutzt, um Platinen zuzusägen (Bugsäge), kann man die komplette Halterung des Stützrads heraussägen, um sie danach an der neuen Montageplatte mittels zwei M3-Schrauben wieder zu befestigen. Die Abstände der Motoren und des Stützrads werden vom Original übernommen. Fahren könnte der Cybot „Pimp“ nun bereits wieder. Mit einem 12-Volt-Akku (5 x 1,2 V/1.800 mA) für eine eventuelle Erweiterung von Komponenten mit einer Betriebsspannung von 12 V, wie z. B. einem Funkkamera-System, wäre er aber perfekt. Befestigt wird der Akku mit einem Streifen Aluminium (2 mm Stärke).

Abb. 10.40: Man kann deutlich das ausgesägte Stützrad und den Akku mit Halterung erkennen

Da nun die Löcher für die Mechanik soweit fertig gebohrt sind und die Teile auf Passung überprüft wurden, kann man Part II starten. Man sollte den Motoren des Cybot Drehgeber verpassen, um einen sauberen Geradeauslauf zu realisieren. Außerdem ist ein Odometriesystem vorteilhaft, um diverse Programme zur Navigation ausprobieren zu können (z. B. Wegmessung, Koordinaten abfahren etc.).

Da nicht viel Platz zwischen den Motoren vorhanden ist, müssen die Drehgeber sehr klein sein. Über eine alte Computermaus mit Kugel kann man günstig an kleine Taktscheiben kommen. Nur die Lichtschranken der Maus kann man nicht gebrauchen, sich aber mit extrem kleinen Gabellichtschranken von Conrad Electronic (Bestellnummer 183015) behelfen. Die Lichtschranken befestigt man mit Sekundenkleber am Getriebegehäuse und verschaltet sie so, wie es unten im Schaltbild zu erkennen ist. Die Ausgänge führt man an die interruptfähigen Eingänge des ATMega32.

Abb. 10.41: Wirklich klein sind die Mini-Lichtschranken. Zu sehen sind auch die Motor-Entstörkondensatoren, die vom Originalantrieb übernommen wurden

In die Taktscheiben werden mit der Standbohrmaschine zuvor 2-mm-Löcher gebohrt, um sie auf der herausstehenden Motorwelle mittels Sekundenkleber zu befestigen.

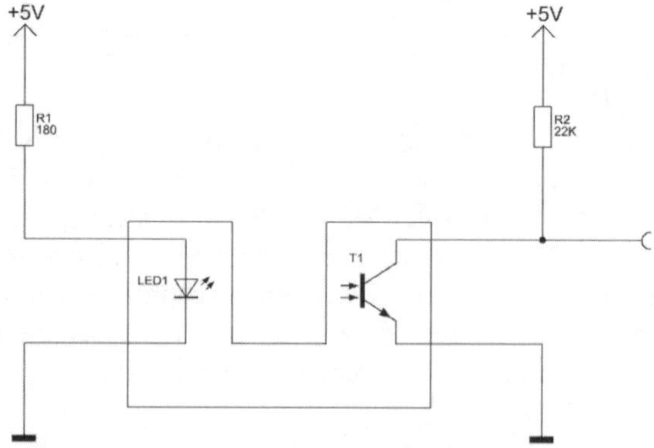

Abb. 10.42: Die Lichtschranke zur Taktscheibe

Nun kann die RN-Control inklusive I²C-Display montiert werden. Ein Mini-Servo mit Ultraschallsensor des Typs SRF02 wird mit Zweikomponentenkleber auf die Aluminiumplatte geklebt. Dieser soll später zur Navigation und Hinderniserkennung dienen (Radar). Die Verbindung Servo / Ultraschallsensor wird mit einem eigens dafür gebogenen Aluminiumwinkel und zwei Kunststoff-Abstandsbolzen hergestellt.

Abb. 10.43: Die montierte RN-Control 1.4 mit ATmega32 CPU

Soweit wäre der Cybot umgebaut und verdrahtet. Jetzt geht es an den Software- und RN-Control-Test. Dazu prüft man erst einmal alle Demo-Programme, die der RN-Control beiliegen, um sicherzugehen, dass der neue Controller richtig funktioniert. Wenn die Tests ohne Probleme verlaufen, kann es mit dem eigenen Programmieren losgehen.

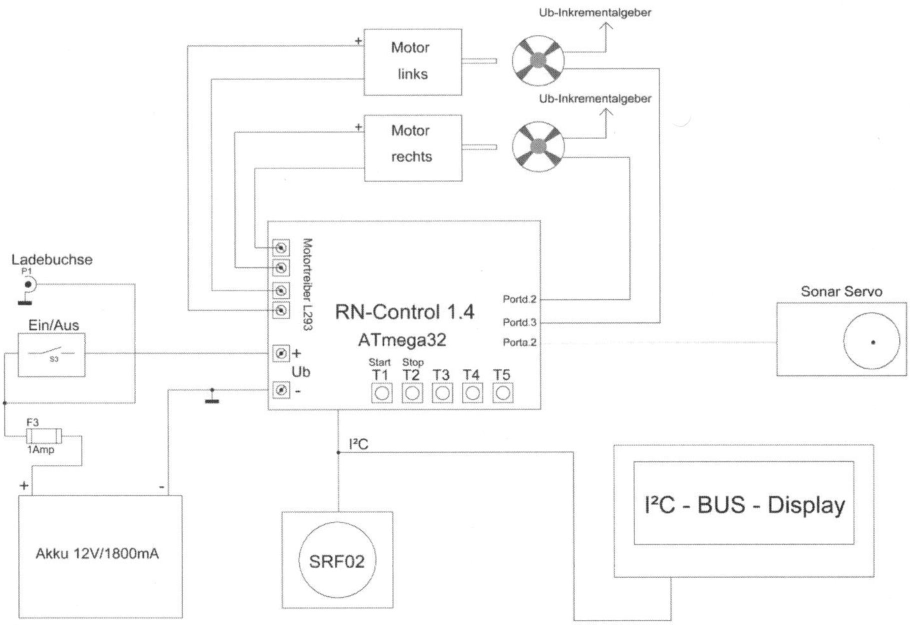

Abb. 10.44: Systemverdrahtung von Cybot Pimp in vereinfachter Darstellung

Ein Programm, damit der Cybot geradeaus fährt

Da der Cybot nur drei Räder besitzt, ist es kaum möglich, ihn ohne Regelung auch auf glattem, ebenem Boden geradeaus fahren zu lassen. Er hat immer das Bestreben, eine Kurve zu fahren. Das liegt an den unterschiedlichen Verlusten in den Getrieben und daran, dass die Motoren nicht mit der gleichen Drehzahl laufen. Wenn zudem noch unterschiedliche Bodenbeschaffenheit dazukommt, ist es mit dem „Geradeausfahren" ganz vorbei. Somit ist das erste Ziel ein Gleichlauf der beiden Antriebsräder über die Drehgeber.

Geeignet ist hier ein PID-Regler. Seine Aufgabe ist es, einen bestimmten Sollwert möglichst exakt zu erreichen bzw. zu halten. Unterschiede zwischen dem Vorgabesollwert und dem gemessenen Wert müssen mit Hilfe des PID-Reglers ausgeglichen werden.

Der PID-Regler besteht im Wesentlichen aus drei Komponenten. Der erste Anteil verändert proportional die Abweichung zwischen Soll- und Istwert. Die beiden anderen Komponenten berechnen Integrale bzw. differenzieren die ermittelten Unterschiede. Insgesamt gesehen ergibt sich hieraus ein leistungsfähiger Regler, der es schafft, den Roboter konstant geradeaus fahren zu lassen – und das sogar auf unterschiedlichen Bodenbelägen.

Der folgende Bascom-Code zeigt, wie eine PID-Regelung aufgebaut werden kann. Die Regelroutine wird im Timer-Interrupt untergebracht, um möglichst immer in gleichen Abschnitten aufgerufen zu werden. Damit verbessert sich das Regelverhalten, im Gegensatz zum Schleifendurchlauf (Pollen), immens.

Bascom-Code für Geradeauslauf

```
'Mikrocontroller
$regfile = "m32def.dat"
$crystal = 16000000
$hwstack = 100
$swstack = 100
$framesize = 100

'I²C-Pins
Config Scl = Portc.0
Config Sda = Portc.1

'ADC einstellen
Config Adc = Single , Prescaler = Auto , Reference = Internal
Start Adc

'I/O
'Port A als Eingang und Pullup on
Config Porta.7 = Input
```

```
Porta.7 = 1
'Beep Port
Config Portd.7 = Output
Beep Alias Portd.7

'Zähler
Dim X As Word

'Tasterabfrage und Auswertung
Declare Function Tastenabfrage() As Byte
Declare Sub _tastenauswertung()
Dim Ton As Integer
Dim Taste As Byte
Dim Tastelast As Byte
Dim Start_flag As Bit
Dim Int_flag As Bit

'Drehzahlmessung
'Timer0 = 100Hz
Config Timer0 = Timer , Prescale = 1024
Const Timervorgabe = 100
On Timer0 Timer_irq
Enable Timer0

'Antrieb
Declare Sub forward()
Declare Sub backward()
Declare Sub left()
Declare Sub right()
Dim Speed_l_soll As Word
Dim Speed_r_soll As Word
Dim Motor_l As Word
Dim Motor_r As Word
Dim Speed_l As Word
Dim Speed_r As Word
Dim Dir_l As Bit
Dim Dir_r As Bit
Config Pinc.6 = Output     'linker Motor Kanal 1
Config Pinc.7 = Output     'linker Motor Kanal 2
Config Pind.4 = Output     'linker Motor PWM
Config Pinb.0 = Output     'rechter Motor Kanal 1
Config Pinb.1 = Output     'rechter Motor Kanal 2
Config Pind.5 = Output     'rechter Motor PWM

Config Timer1 = Pwm , Pwm = 10 , Compare A Pwm = Clear Down ,
Compare B Pwm = Clear Down
Pwm1a = 0
Pwm1b = 0
Tccr1b = Tccr1b Or &H02
'Endcoder
Config Pind.2 = Input
```

```
Config Pind.3 = Input
Dim Rad_l As Long
Dim Rad_r As Long
Dim Rad_l_save As Long
Dim Rad_r_save As Long
Config Int0 = Falling
Config Int1 = Falling
On Int0 Int0_int
On Int1 Int1_int
Enable Int0
Enable Int1

'PID-Regler
Dim P As Long
Dim I As Long
Dim D As Long
Dim Kp As Byte
Dim Ki As Byte
Dim Kd As Byte
Dim Pid As Long
Dim Error As Long
Dim Error_last As Long
Dim Take_off As Byte

'je niedriger die Geschwindigkeit, desto höher die Werte
Kp = 100
Ki = 50
Kd = 10
Enable Interrupts

'Initialisierung
Dir_l = 1
Dir_r = 1
Int_flag = 0
Rad_l_save = 0
Rad_r_save = 0
Rad_l = 0
Rad_r = 0
Motor_r = 512
Motor_l = 512
Pid = 0
Take_off = 0

'Beep
Sound Beep , 400 , 450
Sound Beep , 400 , 250
Sound Beep , 400 , 450
Wait 2

'Hauptprogramm Main
Do
```

```
'Tasterabfrage und Auswertung
 _tastenauswertung

'Jetzt geht's los
If Start_flag = 1 Then
 forward
 Call _tastenauswertung()
  If Taste = 2 Then
   Call _stop()
  End If
End If
Loop
End
'Hauptprogramm Ende

'Fahrbefehle
'>>> vorwärts
Sub forward()
 Motor_l = 600
 Motor_r = 600
End Sub

'>>> rückwärts
Sub backward()
 Motor_l = 450
 Motor_r = 450
End Sub

'>>> links drehen
Sub left()
 Motor_l = 450
 Motor_r = 700
End Sub

'>>> rechts drehen
Sub right()
 Motor_l = 700
 Motor_r = 450
End Sub

'Stopp
Sub _stop()
 '>>> Motor_l Stopp!
  Portd.4 = 0
  Pwm1a = 0

 '>>> Motor_r Stopp!
  Portd.5 = 0
  Pwm1b = 0
End Sub
'Tastenabfrage
Function Tastenabfrage() As Byte
```

```
 Local Ws As Word
 Tastenabfrage = 0
 Ws = Getadc(7)
 If Ws < 1010 Then
  Waitms 10
  If Ws < 1000 Then
  Select Case Ws
    Case 390 To 420
     Tastenabfrage = 1
    Case 320 To 350
     Tastenabfrage = 2
    Case 250 To 280
     Tastenabfrage = 3
    Case 170 To 200
     Tastenabfrage = 4
    Case 90 To 130
     Tastenabfrage = 5
  End Select
  End If
 End If
End Function

Sub _tastenauswertung()

  '>>> Tastenfeld abfragen
  Taste = Tastenabfrage()
  If Taste <> Tastelast And Taste <> 0 Then
   Sound Beep , 400 , 500
  End If
  Tastelast = Taste

  '>>> START
  If Taste = 1 Then
   Start_flag = 1
  End If

  '>>> STOP
  If Taste = 2 Then
   Call _stop()
   Start_flag = 0
  End If
End Sub

'Interrupt Encoder
Int0_int:
 Incr Rad_l
Return

Int1_int:
 Incr Rad_r

Return
```

```
'Interrupt Timer0
Timer_irq:
 Timer0 = Timervorgabe
 Rad_l_save = Rad_l
 Rad_r_save = Rad_r
 Rad_l = 0
 Rad_r = 0

'Start ?
If Start_flag = 1 Then

If Take_off < 100 Then Incr Take_off

 If Motor_l <> 512 Or Motor_r <> 512 Then

'PID-Regler
 If Take_off > 100 Then

 '>>> Error Differenz
 Error = Rad_l_save - Rad_r_save
 Error = Abs(error)

 '>>> P-Anteil
 P = Error
 P = P * Kp

 '>>> I-Anteil
 I = I + Ki
 I = Error - Error_last

 '>>> D-Anteil
 D = Error - Error_last
 D = D * Kd

 '>>> Error last
 Error_last = Error

 '>>> PID
 Pid = P + I
 Pid = Pid + D

 Else
 Pid = 300
 End If

 '>>> rückwärts

 If Motor_l < 512 And Motor_r < 512 Then
   If Rad_l_save > Rad_r_save Then
   Motor_l = Motor_l - Pid
   End If
```

```
   If Rad_l_save < Rad_r_save Then
   Motor_r = Motor_r - Pid
   End If
 End If

 '>>> vorwärts
 If Motor_l > 512 And Motor_r > 512 Then
   If Rad_l_save > Rad_r_save Then
   Motor_l = Motor_l + Pid
   End If

   If Rad_l_save < Rad_r_save Then
   Motor_r = Motor_r + Pid
   End If
  End If

 '>>> links drehen
 If Motor_l < 512 And Motor_r > 512 Then
   If Rad_l_save > Rad_r_save Then
   Motor_l = Motor_l - Pid
   End If

   If Rad_l_save < Rad_r_save Then
   Motor_r = Motor_r + Pid
   End If
  End If

 '>>> rechts drehen
 If Motor_l > 512 And Motor_r < 512 Then
   If Rad_l_save > Rad_r_save Then
   Motor_l = Motor_l + Pid
   End If

   If Rad_l_save < Rad_r_save Then
   Motor_r = Motor_r - Pid
  End If
  End If

  '>>> Begrenzung
  If Motor_l > 1023 Then Motor_l = 1023
  If Motor_l < 1 Then Motor_l = 0

  If Motor_r > 1023 Then Motor_r = 1023
  If Motor_r < 1 Then Motor_r = 0

'Antrieb
 '>>> Motor_l rückwärts
 If Motor_l < 512 Then
  Dir_l = 0
  Portc.6 = 1
  Portc.7 = 0
  Portd.4 = 1
```

```
  Speed_l = Motor_l * 2
  Speed_l = 1023 - Speed_l
  Pwm1a = Speed_l
 End If

 '>>> Motor_l vorwärts
 If Motor_l > 512 Then
  Dir_l = 1
  Portc.6 = 0
  Portc.7 = 1
  Portd.4 = 1
  Speed_l = Motor_l * 2
  Pwm1a = Speed_l
 End If

 '>>> Motor_r rückwärts
 If Motor_r < 512 Then
  Dir_r = 0
  Portb.0 = 1
  Portb.1 = 0
  Portd.5 = 1
  Speed_r = Motor_r * 2
  Speed_r = 1023 - Speed_r
  Pwm1b = Speed_r
 End If

 '>>> Motor_r vorwärts
 If Motor_r > 512 Then
  Dir_r = 1
  Portb.0 = 0
  Portb.1 = 1
  Portd.5 = 1
  Speed_r = Motor_r * 2
  Pwm1b = Speed_r
 End If

 '>>> Motor_l Stopp!
 If Motor_l = 512 Then
  Portd.4 = 0
  Pwm1a = 0
 End If

 '>>> Motor_r Stopp!
 If Motor_r = 512 Then
  Portd.5 = 0
  Pwm1b = 0
End If
 End If
 End If
Return
```

Der Code beschränkt sich rein auf die Regelung. Auf Unterroutinen wie Betriebsspannungsmessung und Abfrage des Ultraschallsensors wurde zugunsten der Übersichtlichkeit verzichtet. Die PID-Werte werden in der Interruptroutine berechnet. Die eigentliche Hauptformel zur PID-Berechnung sieht selektiert wie folgt aus.

```
'>>> Error Differenz
Error =Abs(Rad_l_save - Rad_r_save)

'>>> P-Anteil
P = Error
P = P * Kp

'>>> I-Anteil
I = I + Ki
I = Error - Error_last

'>>> D-Anteil
D = Error - Error_last
D = D * Kd

'>>> Error last
Error_last = Error

'>>> PID
Pid = P + I + D
```

Diese Berechnung kann man universell für andere Regelungen übernehmen. Das gilt auch für Linien- oder Wandverfolgung.

Ein Wandverfolgungs-Algorithmus für den Cybot

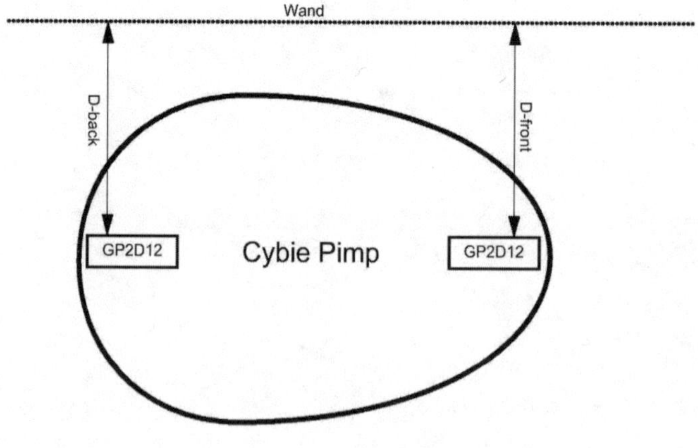

Abb. 10.45: Mechanische Anordnung der Sensoren

Ein Wandverfolgungs-Algorithmus, wirklich sauber ohne Zuckeln und Rucken, funktioniert nur mit zwei Sensoren wirklich gut. Einer wird der an der Vorderseite montiert, der zweite am Heck. Zunächst muss man den Abstand, den der Cybot an der Wand entlangfahren soll, festlegen. Bei der Messung zählt man beide Sensorwerte zusammen und teilt sie durch zwei, um so den aktuellen Abstand zur Wand zu ermitteln. Jetzt ermittelt man den Fehler aus dem vorgegebenen Abstand zur Wand und dem tatsächlich gemessen. Dieser wird, je nachdem, ob man zur Wand hin- oder wegfahren möchte, positiv oder negativ. Der ermittelte Fehler wird zur Differenz der beiden Sensoren hinzuaddiert und danach skaliert, um einen ausschlaggebenden Regelwert zu erhalten. Sehen beiden Sensoren mit gleichem Abstand auf die Wand, ist der Fehler gleich Null und es ist keine Korrektur der Fahrrichtung erforderlich. Wie der ganze Algorithmus in Bascom aussieht, zeigt das Beispiel.

Der Wandverfolgungs-Algorithmus

```
Current_distance = Aktueller Abstand zur Wand
Current_attitude = Wert zur Berechnung der Reglernachstellung
D_back    = Sharpsensor hinten
D_front   = Sharpsensor vorne
Error_wall   = Berechneter Fehler, der den Regler nachsteuert

Current_distance = D_front + D_back
Current_distance = Current_distance / 2
Current_attitude = D_back - D_front
Error_wall = Distance_setpoint - Current_distance
Error_wall = Error_wall + Current_attitude
Error_wall = Error_wall * 8
Error_wall = Abs(error_wall)
'Mikrocontroller
$regfile = "m32def.dat"
$crystal = 16000000
$hwstack = 100
$swstack = 100
$framesize = 100

'ADC einstellen
Config Adc = Single , Prescaler = Auto , Reference = Internal
Start Adc

'I/O
'Port A als Eingang und Pullup on
Config Porta.7 = Input
Porta.7 = 1

'Beep Port
Config Portd.7 = Output
Beep Alias Portd.7
```

```
'Zähler
Dim X1 As Word
'Tasterabfrage und Auswertung
Declare Function Tastenabfrage() As Byte
Declare Sub _tastenauswertung()
Dim Ton As Integer
Dim Taste As Byte
Dim Tastelast As Byte
Dim Start_flag As Bit
Dim Int_flag As Bit

'Drehzahlmessung
'Timer0 = 100Hz
Config Timer0 = Timer , Prescale = 1024
Const Timervorgabe = 100
On Timer0 Timer_irq
Enable Timer0

'Antrieb
Declare Sub _forward()
Declare Sub _backward()
Declare Sub _left()
Declare Sub _right()

Dim Motor_l As Word
Dim Motor_r As Word
Dim Speed_l As Word
Dim Speed_r As Word
Dim Dir_l As Bit
Dim Dir_r As Bit

Config Pinc.6 = Output  'linker Motor Kanal 1
Config Pinc.7 = Output  'linker Motor Kanal 2
Config Pind.4 = Output  'linker Motor PWM
Config Pinb.0 = Output  'rechter Motor Kanal 1
Config Pinb.1 = Output  'rechter Motor Kanal 2
Config Pind.5 = Output  'rechter Motor PWM

Config Timer1 = Pwm , Pwm = 10 , Compare A Pwm = Clear Down ,
        Compare B Pwm = Clear Down
Pwm1a = 0
Pwm1b = 0
Tccr1b = Tccr1b Or &H02

'Endcoder
Config Pind.2 = Input
Config Pind.3 = Input
Dim Rad_l As Long
Dim Rad_r As Long
Dim Rad_l_save As Long

Dim Rad_r_save As Long
```

```
Config Int0 = Falling
Config Int1 = Falling
On Int0 Int0_int
On Int1 Int1_int
Enable Int0
Enable Int1

'Sharp IR-Sensor
Declare Sub _sharp()
Dim D_front As Word
Dim D_back As Word

'Wall following
Dim Current_distance As Integer
Dim Current_attitude As Integer
Dim Error_wall As Integer
Const Distance_setpoint = 25

Enable Interrupts

'Initialisierung
Int_flag = 0
Rad_l_save = 0
Rad_r_save = 0
Rad_l = 0
Rad_r = 0
Motor_r = 512
Motor_l = 512

'Beep
Sound Beep , 400 , 450
Sound Beep , 400 , 250
Sound Beep , 400 , 450
Wait 2

'Hauptprogramm
Main:
Do

'Tasterabfrage und Auswertung
 call _tastenauswertung()
 Call _sharp()

'Jetzt geht's los
If Start_flag = 1 Then

Do
 '>>> Tastenabfrage
 Call _tastenauswertung()
 If Taste = 2 Then Exit Do

 '>>> Entfernung messen
```

```
  Call _sharp()
  Call _forward()

  'Wand gefunden // PID-Regler
  If D_front < 60 Or D_back < 60 Then

   Current_distance = D_front + D_back
   Current_distance = Current_distance / 2
   Current_attitude = D_back - D_front
   Error_wall = Distance_setpoint - Current_distance
   Error_wall = Error_wall + Current_attitude
   Error_wall = Error_wall
   Error_wall = Abs(error_wall)

   '>>> P-Anteil
   P = Error_wall * Kp

   '>>> I-Anteil
   I = I + Ki
   I = Error_wall - Error_last

   '>>> D-Anteil
   D = Error_wall - Error_last
   D = D * Kd

   '>>> Error last
   Error_last = Error_wall

   '>>> PID
   Pid = P + I
   Pid = Pid + D

   '>>> ERROR, wir fahren von der Wand weg
   If D_front > D_back Then
    Motor_l = 700 - Pid
    If Motor_l <= 512 Then Motor_l = 512
    Motor_r = 700 + Pid
   End If

   '>>> ERROR, wir fahren zur Wand hin
   If D_front < D_back Then
    Motor_l = 700 + Pid
    Motor_r = 700 - Pid
    If Motor_r <= 512 Then Motor_r = 512
   End If
  End If
 Loop
 End If

 Loop
 End
 'Hauptprogramm Ende
```

```
'Speed
Sub _forward()
 Motor_l = 800
 Motor_r = 800
End Sub

Sub _backward()
 Motor_l = 300
 Motor_r = 300
End Sub

Sub _left()
 Motor_l = 400
 Motor_r = 700
End Sub

Sub _right()
 Motor_l = 700
 Motor_r = 400
End Sub

Sub _stop()
 '>>> Motor_l Stopp!
  Portd.4 = 0
  Pwm1a = 0
 '>>> Motor_r Stopp!
  Portd.5 = 0
  Pwm1b = 0
End Sub

'Tastenabfrage
Function Tastenabfrage() As Byte
 Local Ws As Word
 Tastenabfrage = 0
 Ws = Getadc(7)
 If Ws < 1010 Then
  Waitms 10
  If Ws < 1000 Then
  Select Case Ws
    Case 390 To 420
     Tastenabfrage = 1
    Case 320 To 350
     Tastenabfrage = 2
    Case 250 To 280
     Tastenabfrage = 3
    Case 170 To 200
     Tastenabfrage = 4
    Case 90 To 130
     Tastenabfrage = 5
End Select
  End If
   End If
```

```
End Function

Sub _tastenauswertung()

  '>>> Tastenfeld abfragen
  Taste = Tastenabfrage()
  If Taste <> Tastelast And Taste <> 0 Then
   Sound Beep , 400 , 500
  End If
  Tastelast = Taste

  '>>> START
  If Taste = 1 Then
   Start_flag = 1
  End If

  '>>> STOPP
  If Taste = 2 Then
   Call _stop()
   Start_flag = 0
  End If

End Sub

'Sharp Entfernung
Sub _sharp()

 D_front = Getadc(3)
 D_front = D_front - 13
 D_front = 5915 / D_front
 D_front = D_front - 2
 'Sensor-Begrenzung
 If D_front > 80 Then D_front = 80
 If D_front < 10 Then D_front = 10

 D_back = Getadc(4)
 D_back = D_back - 13
 D_back = 5915 / D_back
 D_back = D_back - 2
 'Sensor-Begrenzung
 If D_back > 80 Then D_back = 80
 If D_back < 10 Then D_back = 10

End Sub

'Interrupt Encoder
Int0_int:
 Incr Rad_l
Return

Int1_int:
 Incr Rad_r
```

```
Return

'Interrupt Timer0
Timer_irq:
 Timer0 = Timervorgabe
 Rad_l_save = Rad_l
 Rad_r_save = Rad_r
 Rad_l = 0
 Rad_r = 0

'Start?
If Start_flag = 1 Then

 '>>> Motor_l Stopp!
 If Motor_l = 512 Then
  Portd.4 = 0
  Pwm1a = 0
 End If

 '>>> Motor_r Stopp!
 If Motor_r = 512 Then
  Portd.5 = 0
  Pwm1b = 0
 End If

 If Motor_l <> 512 Or Motor_r <> 512 Then

  '>>> Begrenzung
  If Motor_l > 1023 Then Motor_l = 1023
  If Motor_l < 1 Then Motor_l = 0

  If Motor_r > 1023 Then Motor_r = 1023
  If Motor_r < 1 Then Motor_r = 0

 '>>> Motor_l rückwärts
 If Motor_l < 512 Then
  Portc.6 = 1
  Portc.7 = 0
  Portd.4 = 1
  Speed_l = Motor_l * 2
  Speed_l = 1023 - Speed_l
  Pwm1a = Speed_l
 End If

 '>>> Motor_l vorwärts
 If Motor_l > 512 Then
  Portc.6 = 0
  Portc.7 = 1
  Portd.4 = 1
  Speed_l = Motor_l * 2
  Pwm1a = Speed_l
 End If
```

```
 '>>> Motor_r rückwärts
 If Motor_r < 512 Then
  Portb.0 = 1
  Portb.1 = 0
  Portd.5 = 1
  Speed_r = Motor_r * 2
  Speed_r = 1023 - Speed_r
  Pwm1b = Speed_r
 End If

 '>>> Motor_r vorwärts
 If Motor_r > 512 Then
  Portb.0 = 0
  Portb.1 = 1
  Portd.5 = 1
  Speed_r = Motor_r * 2
  Pwm1b = Speed_r
 End If
 End If
 End If
Return
```

Für den, der Cybot nachbaut, sind noch mehr Beispielcodes auf der CD enthalten, ebenso zur Navigation über Radar mit dem SRF02.

Der Code kann natürlich auf andere Roboterplattformen übernommen werden, es müssen lediglich die Werte des Reglers und die Mikrocontroller-Konfiguration angepasst werden. Die Taktscheibe der im Beispiel verwendeten Maus hat 100 Ticks pro Motorumdrehung. Werden Taktscheiben mit weniger Impulsen verwendet, ist es erforderlich, den Timer0 in seiner Zeit höher zu setzen, da sonst zu wenig Impulse innerhalb der 10 ms gezählt werden und eine Regelung nicht möglich ist.

10.15 Rasenmähroboter „Grasshopper Phip“

Stellen Sie sich vor, es ist Sommer, die Temperatur beträgt ca. 40 °C und ausgerechnet jetzt muss der Rasen gemäht werden. Ein Rasenmähroboter könnte diese lästige Aufgabe für Sie erledigen. Zwar kann man solche Geräte käuflich erwerben, jedoch sind sie recht teuer. Außerdem macht es mehr Spaß, einem selbst entworfenen Rasenmähroboter bei der Arbeit zuzusehen. Wenn man beim Aufbau nur leicht zu beschaffende Teile verwendet, macht die Ersatzteilbeschaffung keine Probleme – ein weiterer erfreulicher Vorteil des Selbstbaus!

Sicherheitshinweis!
Da bei diesem Projekt mit sehr schnell drehenden, äußerst scharfen Messern gearbeitet wird, ist besondere Vorsicht geboten. Es sollten sich nur erfahrene Bastler an dieses Vorhaben wagen. Bei den ersten Tests sollte entweder kein Messer eingebaut oder mit schnittfesten Handschuhen gearbeitet werden. Bei Arbeiten am Messer ist der Akku zu entfernen. Beim Programmieren der RN-Control 1.4 ist die Sicherung des Mähmotors unbedingt zu entfernen, um ungewolltes Loslaufen des Mähwerks zu vermeiden.

Verlag und Autor können keinerlei Haftung für evtl. Schäden übernehmen. Jeglicher Nachbau der Projekte erfolgt auf eigene Verantwortung.

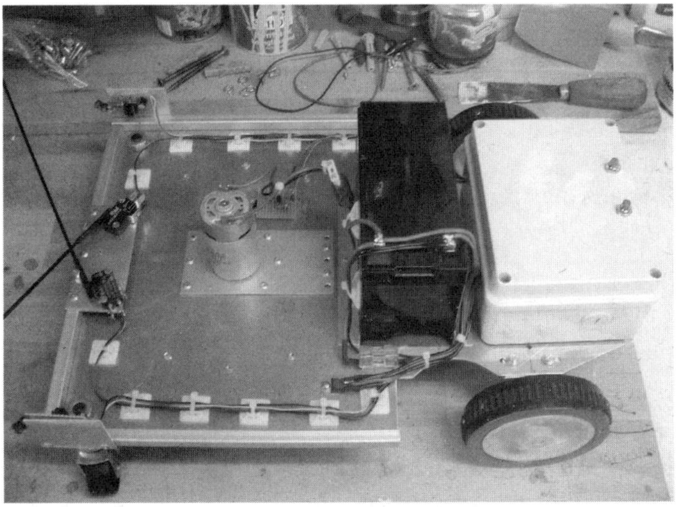

Abb. 10.46: Der fertig aufgebaute Grasshopper „Phip“ ohne Abdeckung

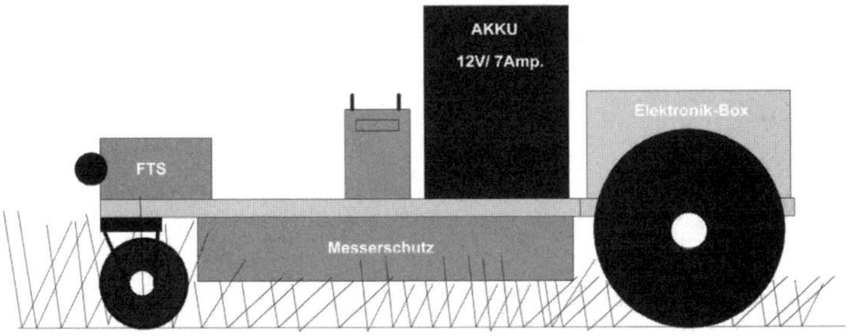

Abb. 10.47: Computer-Skizze des Roboters

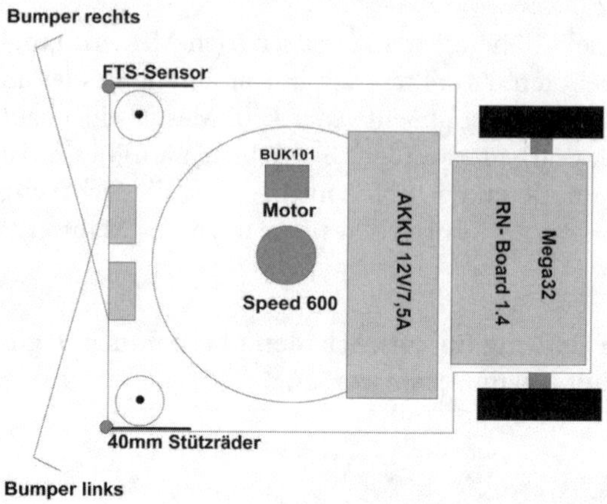

Abb. 10.48: Beide Skizzen wurden zuvor am PC angefertigt, um ein Bild davon zu bekommen, wie der fertige Roboter in etwa aussehen sollte

Zur Anfertigung des Roboters benötigt man folgende Teile:

- RN-Control 1.4
- Gellader IC PB137
- 10 x 10 mm x etwa 1 m Vierkantaluminium
- Flachaluminium 220 x 20 x 2 mm für das Mähwerk
- zwei Teppichmesser mit Bohrungen
- zwei Getriebemotoren RB35 mit 1:100-Getriebe
- zwei Stützräder für vorn, Durchmesser 60mm
- eine Plastikbox für die RN-Control, um sie vor Staub und Schmutz zu schützen
- einen Gelakku mit 12 V/7 A
- Einen Mähmotor mit etwa 4.000 U/min, 10 bis 15 W und einer Versorgungsspannung von 12 V
- Propeller-Mitnehmer für die Messerbefestigung, passend zum Mähmotor
- Einen Power-MOSFET BUK101 zur Regelung des Mähmotors
- Felgenkegel für Messerschutz
- Zwei Mikroschalter und 1 m Rund-Carbon 3 mm
- Sicherungshalter, Schalter, Ladebuchse und diverse Kleinteile, wie sie im Schaltplan unten zu sehen sind

Das Chassis

Zuerst plant man die Maße des Roboters in einer Skizze.

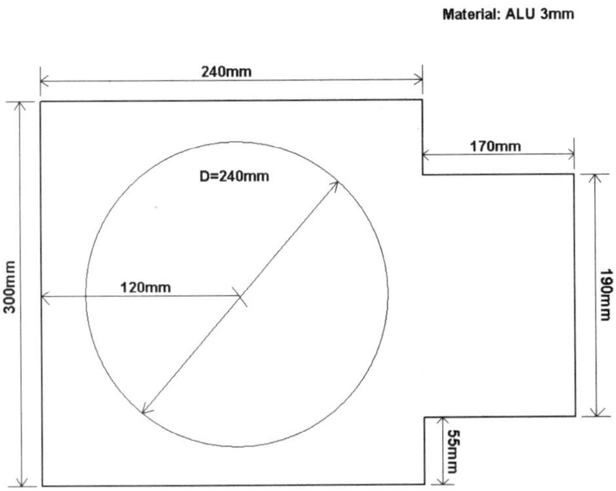

Abb. 10.49: Der Kreis mit einem Durchmesser von 240 mm ist die Fläche, die später das Mähmesser einnimmt

Da eine 3-mm-Aluminiumplatte alleine etwas instabil ist, sollte man sie mit einem Vierkant-Aluminiumprofil von 10 x 10 x 1 mm verstärken. Die Vierkantrohre werden mit 3-mm-Nieten an der Grundplatte befestigt.

Nun werden die Löcher für die Motoren, die Elektronikbox und die Stützräder gebohrt. Als Motorhalterung verwendet man die Originalhalterungen zu den Stan-

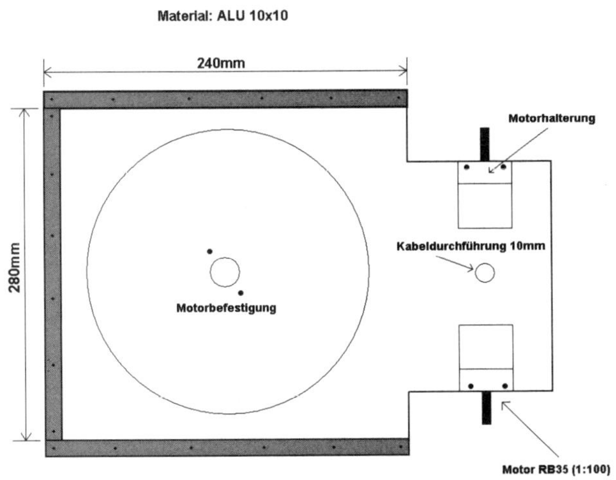

Abb. 10.50: Anordnung des Aluminium-Profils und der Motoren

dard-RB35-1:100-Getriebemotoren. Als Unterkunft für die Elektronik nimmt man ein kleines Aufputz-Installationsgehäuse, das genug Platz für die RN-Control 1.4 bereitstellt. Die Reifen für den Antrieb werden mit einem umgedrehten Zahnriemen, der mit Zweikomponentenkleber auf der Reifen-Lauffläche aufgeklebt wird, „geländegängig" gemacht. Es könne aber auch andere Räder verwendet werden, wie man sie z. B. über www.conrad.de beziehen kann.

Das Mähwerk

Das Mähmesser sollte so weit geschützt sein, dass unbeabsichtigtes Hineinfassen oder Berühren ausgeschlossen ist. Hierzu eignet sich ein im Baumarkt erhältlicher Felgenkegel. Er ist bereits oben und unten offen und verfügt über einen Rand, der sich für die Befestigung an der Grundplatte eignet. Mit der Stichsäge wird er auf 5 cm so gekürzt, dass der Rand, der als Befestigung gedacht ist, an dem 5-cm-hohen Felgenkegel noch vorhanden ist.

Abb. 10.51: Der Felgenkegel, bevor er mit der Stichsäge bearbeitet wird

Abb. 10.52: Nach dem Kürzen kann man deutlich den Rand erkennen

Nun legt man den abgeschnittenen Felgenkegel auf die Alu-Grundplatte mittig zu dem Loch für den Mähmotor. Man bohrt die Löcher für die Nieten zur Befestigung und nietet den Messerschutz auf.

Abb. 10.53: Der fertig montierte Messerschutz

Nach dieser Aktion wird noch die Akkuhalterung aus Aluminiumwinkeln 20 x 20 mm angefertigt und ebenfalls aufgenietet. Jetzt kann man mit der Montage der restlichen Komponenten beginnen.

Abb. 10.54: Ein Blick von hinten auf die Unterseite der montierten Teile

Das Mähmesser wird aus einem Aluminiumprofil mit den Maßen 220 x 20 x 2 mm hergestellt. Die Verbindung zwischen Mähmotor und Messer stellt ein herkömmlicher Propellermitnehmer her, der in gut sortierten Modellbau-Shops erhältlich ist. Die Bohrung fällt, je nach Mitnehmer, unterschiedlich aus. Für die Befestigung der Messer muss man nun nur noch je zwei kleine 2,5-mm-Löcher an jeden Rand des Flachaluminiums bohren, so dass das Messer nur zur Hälfte übersteht. Die Befestigungsschrauben werden mit einem Tropfen Sicherungslack versehen, um sicheren Halt zu gewährleisten.

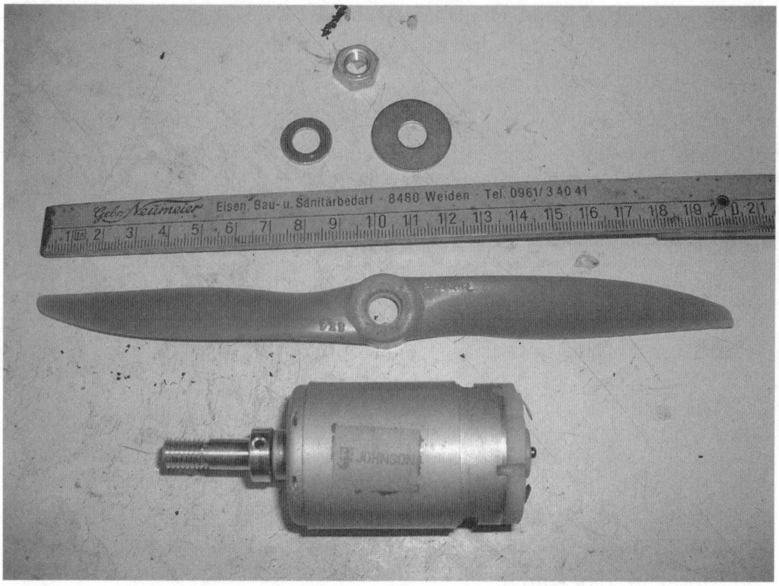

Abb. 10.55: Zum Testen sollte man zur Sicherheit erst mal keine echten Messer, sondern die Original-Luftschraube zum Mitnehmer verwenden

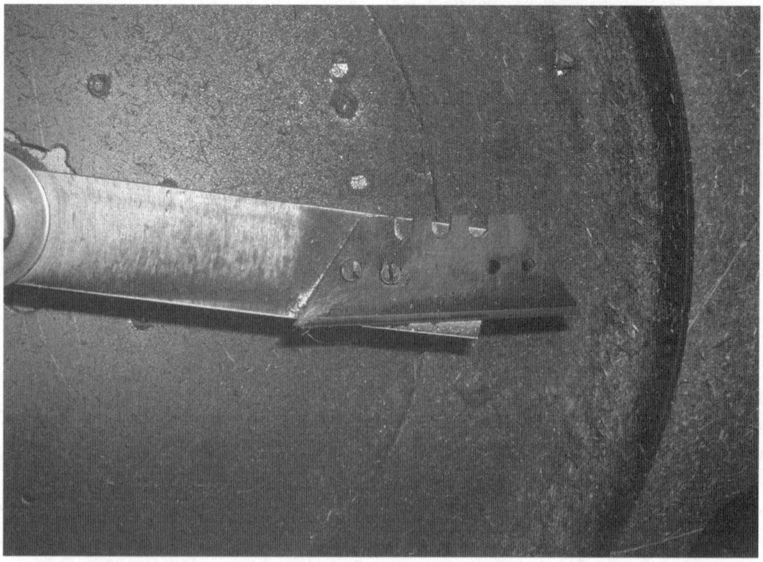

Abb. 10.56: So sieht die Befestigung des Teppichmessers am Flachaluminium nach etwa 50 Betriebsstunden aus. Durch das Spiel der Löcher wird das Messer nach einiger Zeit ein wenig verschoben

Sensoren

Da der Roboter nicht blind durch den Garten fahren sollte, benötigt man Sensoren um Hindernissen ausweichen zu können. Da Infrarot- und Ultraschallsensoren bei höherem Gras Probleme machen, kann man zur Hinderniserkennung *Bumper* (Mikroschalter mit „Fühler") verwenden. Diese arbeiten störungsfrei und schonen zudem die Hobbykasse, da zwei Mikroschalter und eine 1-m-lange Stange Rundcarbone (Durchmesser 3 mm) nur wenige Euros kosten.

Die Schalter werden auf eine kleine Aluplatte aufgeschraubt, die mit dem Vierkantprofil der Grundplattenstabilisierung vernietet wurde. Da die Schalter nicht viel Belastung aushalten, wird ein Anschlag mittels zwei M3-Schrauben angebracht (siehe Bild unten). Der Anschlag verhindert das Ausbrechen der Schalter, falls die „Fühler" nach vorn gebogen werden, z. B., wenn sich der Roboter irgendwo verhaken sollte. Die Fühler werden zuvor mittels Schrumpfschlauch an den kleinen Blechfähnchen der Mikroschalter befestigt.

Abb. 10.57: Die fertig montierten Bumper mit Anschlag

Die Hinderniserkennung ist somit fertiggestellt. Jetzt kann der Bot zwar Hindernisse wahrnehmen, aber wo die Rasenfläche zu Ende ist, weiß er leider noch nicht. Nun muss auf den elektronischen Gartenzaun zurückgegriffen werden, der ebenfalls in diesem Kapitel beschrieben wird. Er verhindert, dass der Roboter den Garten verlässt oder im Gartenteich baden geht.

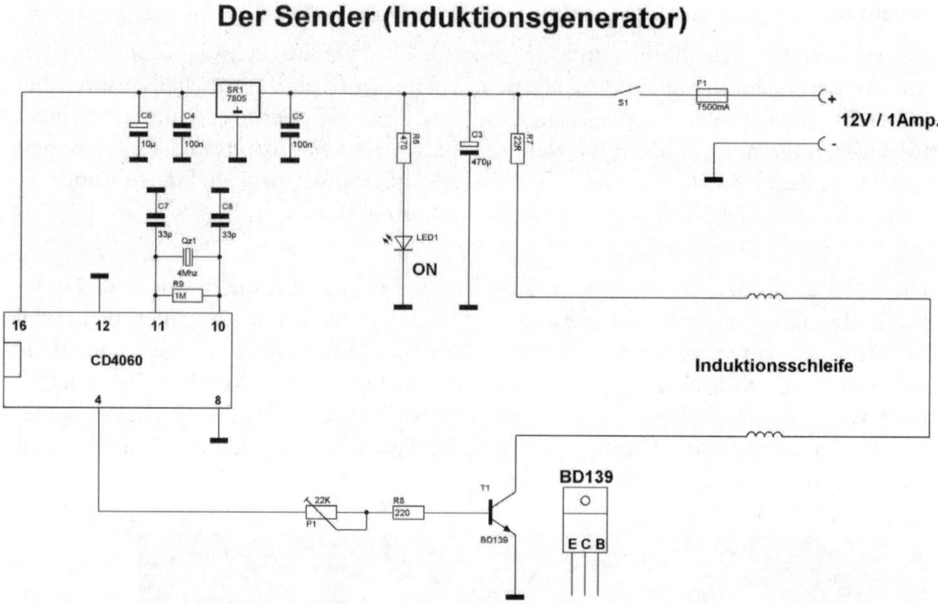

Abb. 10.58: Der Sender des elektronischen Gartenzauns ...

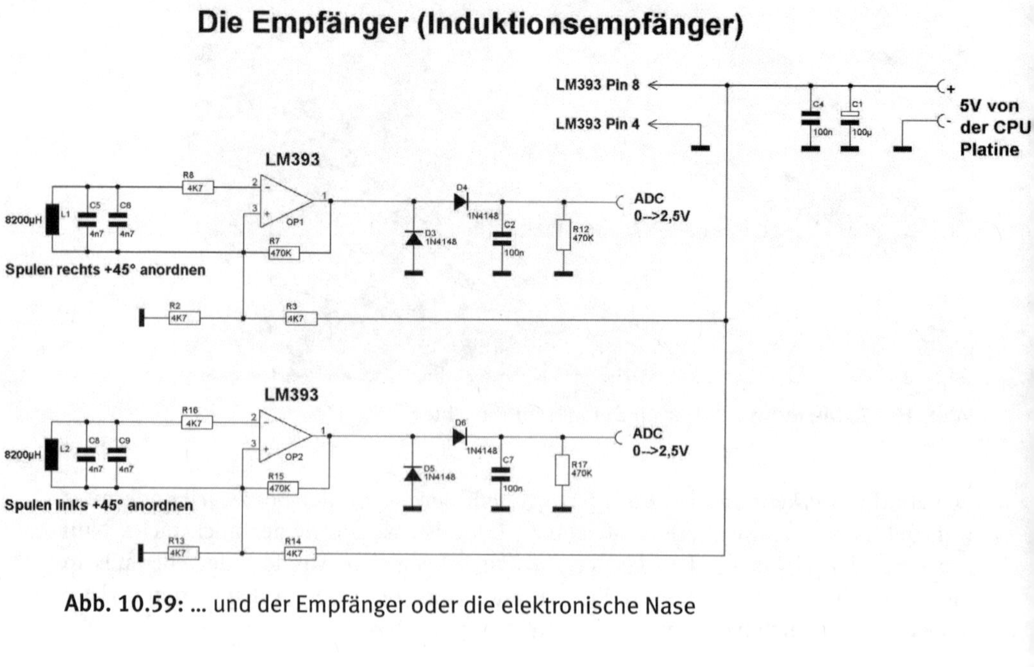

Abb. 10.59: ... und der Empfänger oder die elektronische Nase

Abb. 10.60: Am Roboter montiert sieht der Empfänger so aus. Die Spule wurde etwa um 45° abgewickelt

Als Induktionsschleife verlegt man einen Lautsprecherdraht um den Gartenrand herum und schließt die Enden am Induktionssender an. Fährt der Bot an den Draht zu nah heran, erkennen die Sensoren das Signal. Je nachdem, welcher der beiden Sensoren dem Draht am nächsten ist, löst dieser aus (Analogspannung von 0 bis 5 V, je nach Feldstärke) und der Roboter weicht in die gesetzte Richtung aus. So einfach das klingt, ist es in der Realität auch. Der Winkel, in dem sich der Roboter vom „Zaun" wegdreht, wird im Programm über einen Zufallszahlengenerator bestimmt. Dadurch wird das Festfahren in Ecken verhindert, das bei fest definierten Drehwinkeln auftreten würde.

Das Ausweichmanöver der Bumper-Sensoren ist ähnlich dem der Elektrozaun-Sensoren, nur dass sich der Roboter nicht sofort vom Hindernis wegdreht, sondern erst ein paar Zentimeter zurückfährt. So bekommt er genügend Abstand zum Hindernis, um sich dann frei in die entgegengesetzte Richtung zu entfernen. Wenn also der linke Bumper auslöst, fährt der Bot erst zurück, bleibt kurz stehen und dreht sich nach rechts weg. Beim Auslösen des rechten Bumpers geht es links herum weiter.

Elektronik und Mikrocontroller

Die folgende Zeichnung zeigt, wie der Roboter verdrahtet ist:

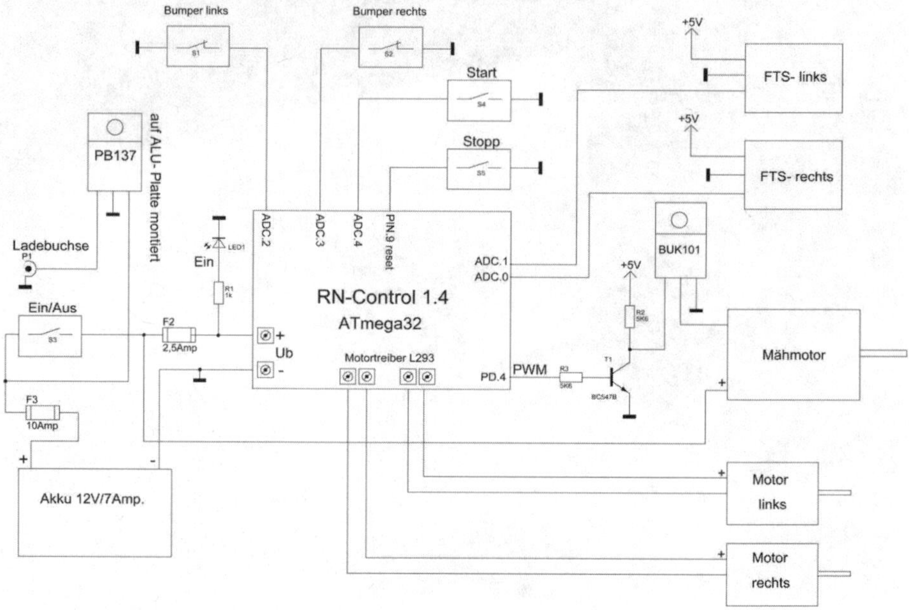

Abb. 10.61: Beschaltung des Roboters

Die Taster und Sensoren werden mit einer 0,14-mm²-dünnen PVC-isolierten Litze verdrahtet, die Motoren und Stromzuführungen mit einer 2,5-mm²-Schaltlitze. Die offenen Enden werden mit Schrumpfschlauch versehen, um Kurzschlüsse zu vermeiden.

Nun geht es um die getrennte Antriebs- und Mähmotorregelung. Da auf der RN-Control beide Hardware-PWM-Ausgänge des ATmega32 auf den L293 gelegt sind und man diese so nur für den Antrieb einsetzen kann, muss ein PWM-Kanal freigemacht werden. Dazu muss eine Drahtbrücke zwischen Pin 1 und Pin 9 eingelötet werden. Der eine PWM-Ausgang regelt nun beide Brückenteile des L293, was für die Einstellung der Fahrgeschwindigkeit ausreichend ist. Der andere PWM-Ausgang wird an den BC547B über einen 1-K-Widerstand gelegt, der den BUK101 durchsteuert und damit die Leistungsregelung des Mähmotors übernimmt.

Nachdem die Mechanik und die Elektronik fertiggestellt sind, geht es an die Erstellung des Programms. Dieses Programm muss die unten genannten Aufgaben erfüllen können und in der Programmiersprache Bascom geschrieben sein.

Abb. 10.62: Die Abbildung zeigt, wie die Brücke beim L293 auf der RN-Control einzulöten ist

- Drehzahl des Mähmotors einstellen
- Drehzahl des Antriebs einstellen
- Navigationsroutine für die Hindernissensoren Bumper
- Navigationsroutine für den elektronischen Gartenzaun
- Akku-Überwachung und Power down, wenn dieser erschöpft ist, sowie eine Signalisierung des leeren Akkuzustands über den internen Piezo-Schallwandler der RN-Control 1.4
- Auswertung des Starttasters

Hinweis: Der komplette Quellcode ist auf der CD enthalten.

Das Einzige, was am Rasenmähroboters „Phip“ noch eingestellt werden muss, ist die Signalstärke der Induktionsschleife. Diese kann sowohl softwareseitig im Bot als auch hardwareseitig am Sender justiert werden. Dann mäht „Phip“ nach Drücken des Starttasters den Rasen. Der Rasen sollte lediglich vor dem ersten Einsatz mit einem richtigen Rasenmäher vorgemäht werden.

Da der „Rasenpflegeroboter“ das Nachmähen des Rasens übernimmt, besitzt er keinen Fangkorb. Das geschnittene Gras sollte nicht so hoch sein. Dann kann es auf dem Rasen liegenbleiben und als Rasendünger dienen.

Da die fahrende Aluminiumplatte nicht sonderlich schön ist, kann man dem Bot noch eine Abdeckung aus Styrodur spendieren. Dieses rosa Dämmmaterial bekommt man in jedem größeren Baumarkt. Es lässt sich einfach mit Messer und Schleifpapier bearbeiten. Zum Verkleben der Teile benutzt man eine Heißklebepistole. Zum Schluss wird der Deckel verspachtelt und lackiert. Das Resultat zeigt das nächste Bild.

Abb. 10.63: Das sieht doch gleich viel besser aus! Befestigt wurde der Deckel mit einer Gewindestange, die im Styrodur eingeklebt wurde.

10.16 THX-1: der große Experimentierroboter

Abb. 10.64: THX-1 fertig aufgebaut und bereit für den Einsatz.

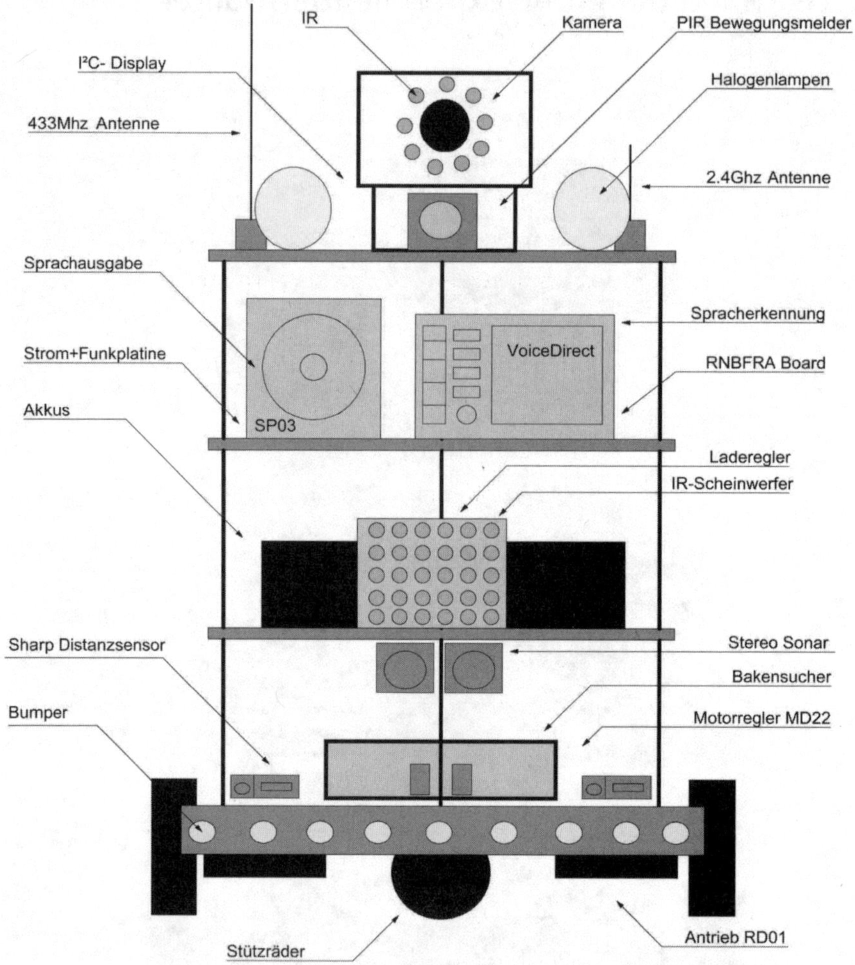

Abb. 10.65: Eine CAD-Zeichnung, die zeigt, wie der Bot einmal aussehen soll, hilft bei der Entwicklung immer!

Zum Abschluss des Buchs folgt nun noch ein großes und umfangreiches Roboterprojekt namens *THX-1*.

Der THX-1 ist ein „großer" Experimentierroboter, der vom PC aus navigiert werden kann, aber auch autonom durch die Wohnung fährt. Die PC-Oberfläche baut auf das PC→Bot-Interface, das bereits in diesem Buch beschrieben wurde, auf. Die Software wurde aber erweitert und der Befehlssatz gänzlich abgeändert. Wurden im Original PC→Bot-Interface 3 Bytes an den AVR übertragen, sendet man jetzt einen ASCII-String vom PC zum Bot sowie vom Bot zum PC. Welche RS232-Befehle bereits eingebunden sind, sieht man in der anschließenden Tabelle. Der Befehlssatz kann beliebig erweitert werden, bis das AVR-RAM voll ist.

RS232-Befehl	**Erklärung**
restart	Neustart des Roboters
bootloader	startet den Bootloader
sleep	versetzt den Roboter in den Energiesparmodus
weakup	Roboter erwacht aus dem Energiesparmodus
manuel	Handsteuerung über PC aktiviert
go home	Roboter fährt auf seine Startposition zurück XY=„0“
status	Roboterstatus und Sensorwerte abrufen
connect	PC hat Verbindung zum Roboter hergestellt und sendet Status
speak	Roboter geht auf Empfang für die Sprachübertragung
lightsearch	Roboter ist im Mode Lichtsuche
speed1	Fahrgeschwindigkeit niedrig
speed2	Fahrgeschwindigkeit mittel
speed3	Fahrgeschwindigkeit hoch
move forw	vorwärts fahren
move backw	rückwärts fahren
move left	links auf der Stelle drehen
move right	rechts auf der Stelle drehen
forwleft	nach links fahren
backwleft	rückwärts links fahren
forwright	vorwärts rechts fahren
backwright	rückwärts rechts fahren
camstop	Kamerabewegung stoppen
camcenter	Kamera auf Mittelstellung
camleft	Kamera links schwenken
camright	Kamera rechts schwenken
camdown	Kamera hinunter schwenken
camup	Kamera hinauf schwenken
ir on	Infrarotscheinwerfer „ein“
ir off	Infrarotscheinwerfer „aus“

RS232-Befehl	Erklärung
lamp 0	Halogenscheinwerfer „aus“
lamp 50	Halogenscheinwerfer 50 % Leistung
lamp 100	Halogenscheinwerfer 100 % Leistung

Die Grundfunktionen sind, wie man sieht, bereits enthalten. Wer weitere Routinen vom PC aus aufrufen möchte, braucht diese nur in der Datenauswertung mit angeben. Wie dies genau geht, sieht man weiter unten in der Software-Erklärung.

Der mechanische Aufbau des Chassis

Das Chassis ist aus vier 2-mm-Aluminiumscheiben gefertigt, die einen Durchmesser von je 250 mm besitzen. Die Platten werden zuvor mit der Stichsäge aus einer eckigen Aluminiumplatte herausgesägt und danach in der Drehbank abgedreht. Dabei werden alle Platten mit Schrauben in der Mitte sowie außen um je 120° versetzt, zusammengedrückt und auf einmal abgedreht. Durch diese Methode erhalten alle Scheiben den gleichen Durchmesser.

Abb. 10.66: THX-1 in seiner vollen Pracht

Grundplatte 1 und die Basis, auf der jede weitere Ebene aufgebaut wird, benötigen folgende Komponenten.

- Antrieb RD01 von Devantech
- PID-Motorsteuerung MD23 von Devantech, im RD01 enthalten
- zwei Stützräder, Durchmesser 50 mm
- zwei Sharp-GP2D12-Distanzsensoren 15 bis 80 cm
- Bumper-Gürtel vorn und hinten
- evtl. einen Baken-Sucher

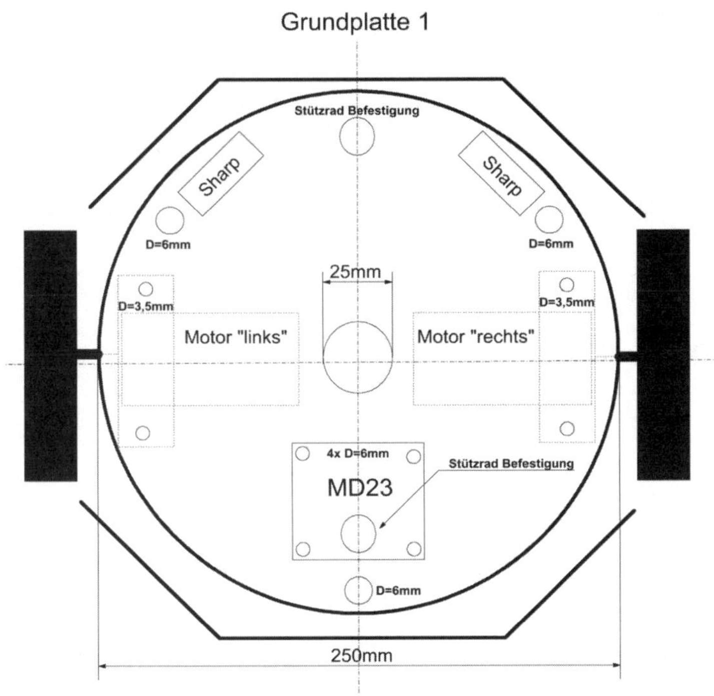

Abb. 10.67: Anordnung der Bauteile auf der Grundplatte 1

Grundplatte 2

- PB137-Laderegler (TO220-Gehäuse)
- zwei Akkus 6 V und 4 Ampere, die später in Reihe geschaltet werden
- zwei dazugehörige Akkuhalterungen aus Alu-Winkeln
- Einen Infrarotscheinwerfer mit 40 IR-LEDs
- Zwei Ultraschallsensoren an der Unterseite, Type SRF02 von Devantech

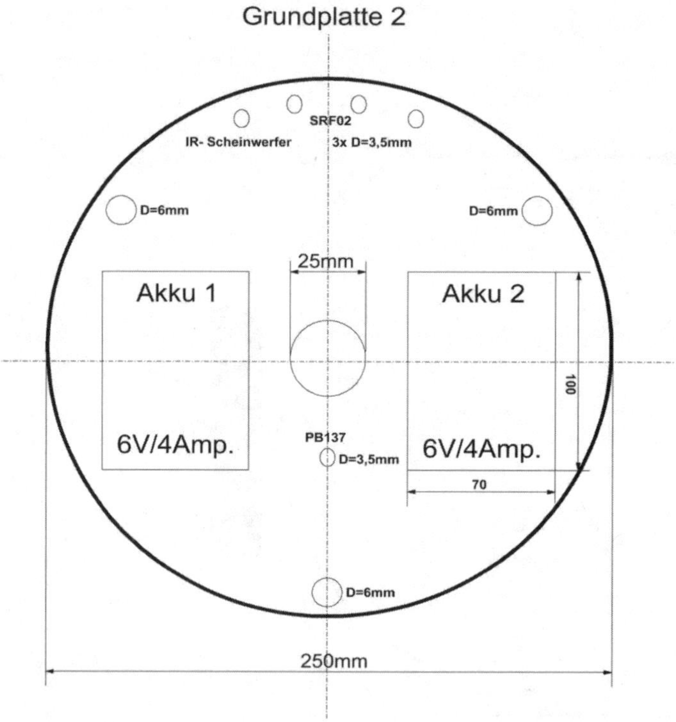

Abb. 10.68: Anordnung der Bauteile auf der Grundplatte 2

Grundplatte 3

- Controllerboard RNBFRA 1.22 mit Mega32 von Robotik-Hardware
- 2,4-GHz-Videosender für die Bildübertragung zum PC
- Relais, I²C-Bus-Verteilerplatine
- Sprachausgabemodul SP03 von Devantech
- Ein-/Ausschalter
- Ladebuchse
- Sicherungshalter
- Telemetriemodul EasyRadio
- Akkuspannungsanzeige
- Spracherkennung, wird hier nicht beschrieben (VoiceDirect394)

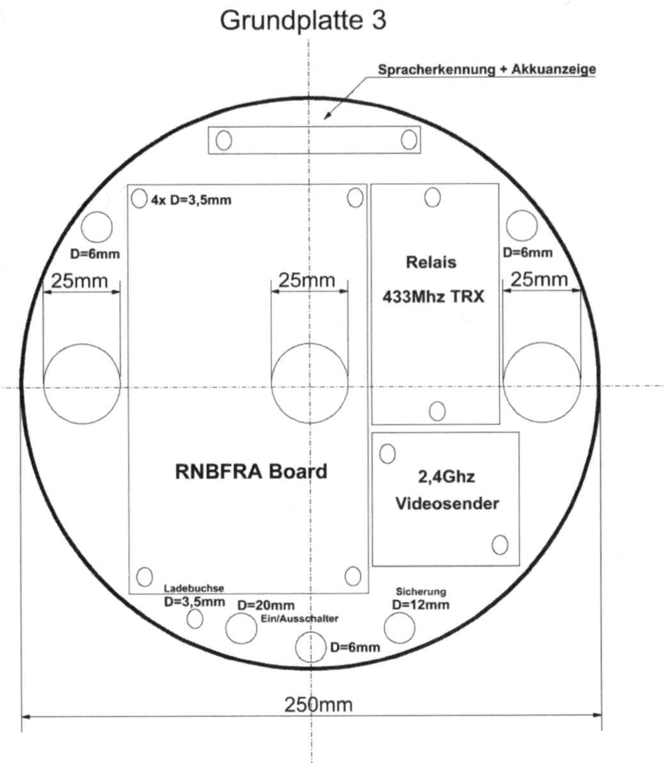

Abb. 10.69: Anordnung der Bauteile auf der Grundplatte 3

Grundplatte 4

- zwei BNC-Buchsen für Telemtrie-/Video-Sender getrennt
- 20 x 4 Charakter-LCD-Displays
- Enter- und Reset-Taster
- Kamera „Pan and Tilt“, Halterung mit Kamera
- evtl. Zusatzlautsprecher für SP03-Sprachausgabe
- zwei Halogenscheinwerfer
- zwei LDR (Lichtsensoren)
- einen PIR (Infrarotbewegungsmelder)

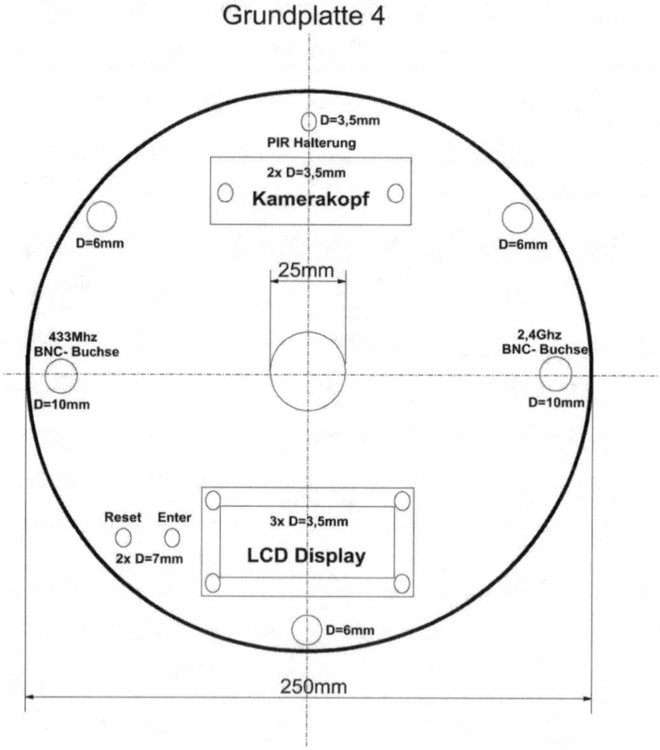

Abb. 10.70: Anordnung der Bauteile auf der Grundplatte 4

Die Abstandhalter zwischen den Platten bestehen aus 6-mm-Gewindestangen mit einer Länge von je 270 mm. Über die Gewindestangen wird zusätzlich ein Messingrohr mit 6 mm Innendurchmesser und einer Wandstärke von 1 mm gestülpt, was die Gewindestangen zusätzlich stabilisiert und zudem schöner aussehen lässt. Jedes dieser Rohre besitzt eine Länge von 70 mm. Zwischen den Rohren wird jeweils eine Messingmutter M6 aufgedreht. Damit ist der Abstand für jede Plattform von 78 mm (Rohre + Mutternhöhe) festgelegt. Eine mühsame Justierung der Muttern, bis die Platten alle eben sind, entfällt dadurch.

Bevor man die Platten montieren kann, müssen die Bohrungen (wie in den Skizzen zu ersehen ist) gebohrt werden. Diese können, je nach verwendeten Baugruppen, unterschiedlich ausfallen. Man kann die Platine dort hinlegen, wo sie später montiert werden soll, und mit einem wasserfesten Filzstift die Löcher anzeichnen. Danach kann man ankörnen, bohren und senken, damit kein unschöner Grat übersteht.

Bei der Montage beginnt man am besten von unten und arbeitet sich nach oben durch. Jede Platte muss vor dem Montieren der nächsten Ebene komplett mit allen Bausteilen bestückt werden, da nach der Komplettmontage ein zusätzliches Bohren von Löchern oder Festschrauben von Modulen nicht mehr möglich ist. Dies trifft zumindest für die beiden mittleren Ebenen zu. An der obersten und untersten Platte können durchaus noch nachträglich Komponenten montiert werden.

Tipp: An Stellen, die nach dem Zusammenbau nicht zugänglich sind, kann man entweder den Bot zerlegen oder sich mit selbstklebenden Platinenhaltern weiterhelfen.

Bei der Montage des Antriebs und der Stützräder muss gewissenhaft vorgegangen werden. Die Antriebsräder müssen zu 100 % parallel laufen, um später in Verbindung mit dem Rad-Encoder des Antriebs RD01 vernünftige Messwerte liefern zu können. Als Stützräder werden im hier gezeigten Beispiel Rollen mit einer Montageplatte verwendet, die vier Löcher besitzt. Durch die Verschraubung mit je drei Muttern pro Befestigungsloch kann der Abstand zum Boden genau eingestellt werden. Die Stützräder müssen ein paar Millimeter (2 mm im Beispiel) höher als die Antriebsräder befestigt werden, damit die Antriebsräder genügend Bodenandruck ausüben können und nicht durchdrehen (und damit die Odometrie verfälschen). Das Gewicht des Roboters drückt die Stützrollen mit an den Boden. Hier muss man evtl. ein wenig experimentieren, um den optimalen Abstand zu finden.

Abb. 10.71: Ansicht von unten. Hier ist deutlich die Montage des Bumper-Gürtels und der Räder zu erkennen.

Der Bumper-Gürtel besteht aus je neun Tastern (Öffner). Auf der einen Seite sind vier, auf der anderen sind fünf jeweils in Reihe geschaltet. Die Löcher zur Kabeldurchführung besitzen einen Durchmesser von 25 mm und bieten genügend Platz. Sie sollten mit einem kleinen Kantenschutz versehen werden, um Beschädigungen der Kabel, die durch Vibration entstehen können, zu vermeiden.

Abb. 10.72: Die Draufsicht auf den Bumper-Gürtel.

Abb. 10.73: Die montierten Ultraschallsensoren SRF02 und der IR-Scheinwerfer

Wie man im Beispiel sieht, wurden fast alle Sensoren mit einen Aluminium-Winkelprofil mit den Maßen 20 x 20 x 1 mm befestigt. Das ist eine günstige und gute Lösung, da dieses Profil im Baumarkt meterweise für wenige Euros erhältlich ist.

Tipp: Die Ultraschallsensoren sind verhältnismäßig weit unten angebracht und sollten mit etwa 3° nach oben „schielen", um nicht jede Bodenunebenheit zu erfassen.

Als Kamerahalterung kann man das Modell von Devantech verwenden. Es bietet auch noch zusätzlichen Platz für Ultraschall- und Infrarotsensoren. Alternativ dazu kann man sich einen Pan-and-Tilt-Kopf selbst bauen.

Abb. 10.74: Die aktuelle Pan-and-Tilt-Einheit der Fa. Devantech

Die Elektronik

Das RNBFRA-Board übernimmt die eigentliche Steuerung des Roboters. Es enthält den Hauptprozessor MEGA32, der mit 8 MHz getaktet wird. Zusätzlich besitzt es einen kleinen Co-Controller zur Ansteuerung der Servos. Man muss auf den Co-Controller nur das HEX-File RNS-1.hex aufspielen und der Servocontroller ist fertig programmiert. Das File sowie eine Anleitung dazu sind im Projektordner zum THX-1 enthalten.

Damit man den Roboter auch aus der Ferne umprogrammieren kann, werden der MSC-Bootloader per ISP-Kabel auf den MEGA32 übertragen und die erforderlichen Fuse-Bits gesetzt. Eine Anleitung dazu ist im Projektordner Software\Bootloader enthalten.

Danach kann man bequem per Funk den Code auf den Roboter übertragen. Bei einer Neuübertragung muss man im PC-Interface den Button *Bootloader* drücken oder das entsprechende Kommando über ein Terminalprogramm an den Bot schicken.

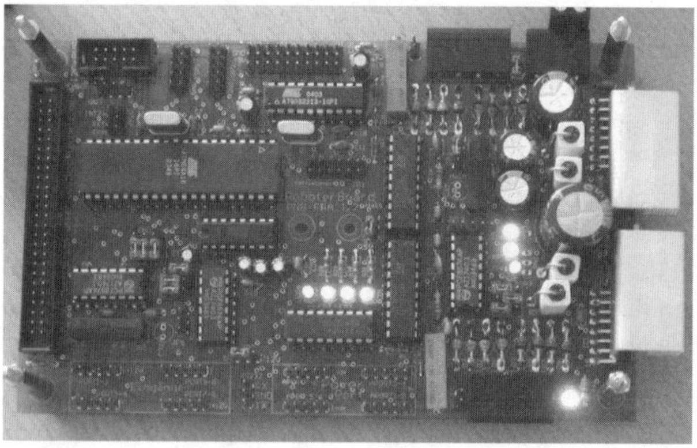

Abb. 10.75: Ein fertig aufgebautes RNBFRA-Controllerboard mit MEGA32 bei der Überprüfung

Damit der MEGA32 nicht zu viel zu tun hat, übernimmt der RD01-Antrieb mit seinem eigenen Motorcontroller MD23 die komplette Regelung der Motoren und die Auszählung der Odometrie. Der Hauptcontroller muss daher nur die entsprechenden Befehle an den MD23 senden oder diese auslesen, um die Odometriedaten zu erhalten.

Für die Sprachausgabe ist der SP03 von Devantech zuständig. Er kann bis zu 30 Sätze mit insgesamt 1.925 Zeichen in seinen Speicher aufnehmen. Für die Übertragung der Texte ist ein kleines Tool auf der CD enthalten. Der Baustein kann aber nicht nur feste Texte ausgeben, sondern auch individuelle Texte sprechen. Die Software zeigt, wie das geht.

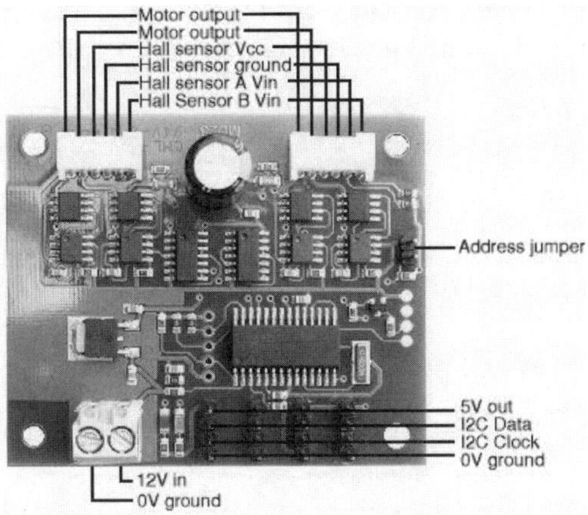

Abb. 10.76: Der MD23-Motorcontroller und seine Anschlüsse

Für die Navigation in der Umgebung und die kontaktlose Hinderniserkennung sind insgesamt vier Sensoren zuständig. Die Ultraschallsensoren sind nebeneinander in einem Abstand von etwa 4 cm und einem Winkel von 12° angebracht. Da die Sensoren SRF02 einen Öffnungswinkel von etwa 25° besitzen und nebeneinander montiert sind, erhält man eine große Sonarausleuchtung – und durch die Überlappung der Sensorkeulen keine Deathzone nach vorn.

Abb. 10.77: Der Ultraschallsensor SRF02

Die Infrarotsensoren der Firma Sharp werden z. B. zur Wandverfolgung und zur zusätzlichen Kantenerkennung verwendet. Zur reinen Navigation sind sie leider nicht geeignet, da sie zu scharf in der Detektion sind. Sie senden nur einen sehr schmalen IR-Strahl aus, der, je nach Abstand, einen Durchmesser von 2 bis 20 mm besitzt.

Abb. 10.78: Der Sharp Abstandssensor

Die LDRs werden als Spannungsteiler mit einen Festwiderstand verschaltet. Wie das funktioniert, kann man unter *Sensoren* noch einmal genauer nachschlagen. Hier die Grundschaltung:

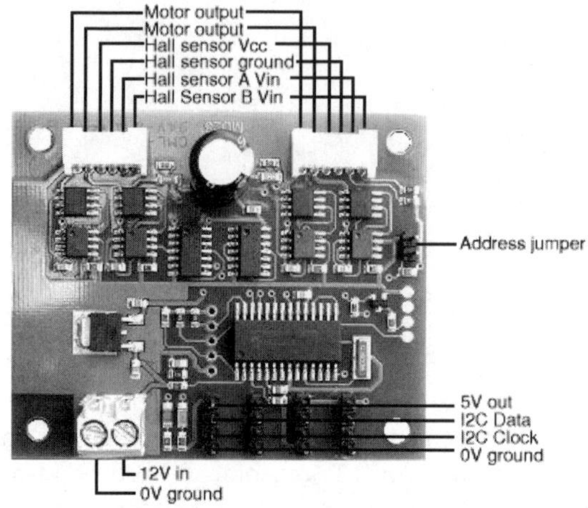

Abb. 10.79: Anschlussplan des Motorcontrollers RD01

Wie die Platinen aufzubauen und zu testen sind, kann man den Anleitungen der Hersteller entnehmen. Die eigentliche Systemverdrahtung der einzelnen Komponenten untereinander zeigt Abb. 10.80.

Folgenden Ports wurden den jeweiligen Sensoren und Aktoren zugewiesen:

Pinbelegung:

Sharp-Sensor links	= ADC.0
Sharp-Sensor rechts	= ADC.1
Betriebsspannung	= ADC.4
LDR links	= ADC.3
LCD rechts	= ADC.6
PIR-Bewegungsmelder	= ADC.2
RD01-Antrieb	= Adr. Hex B0/I^2C
LCD-Display	= Adr. Hex 70/I^2C
Co-Prozessor	= über UART
SRF02-Sensor links	= Adr. Hex E0/I^2C
SRF02-Sensor rechts	= Adr. Hex E2/I^2C
Halogenlicht	= H-Brücke L298
IR-Scheinwerfer	= Port 7 PCF1 über Relaisstufe
LCD-Beleuchtung	= Port 3 PCF1 über Relaisstufe
SP03-Sprachausgabe	= Adr. Hex C4 und C5

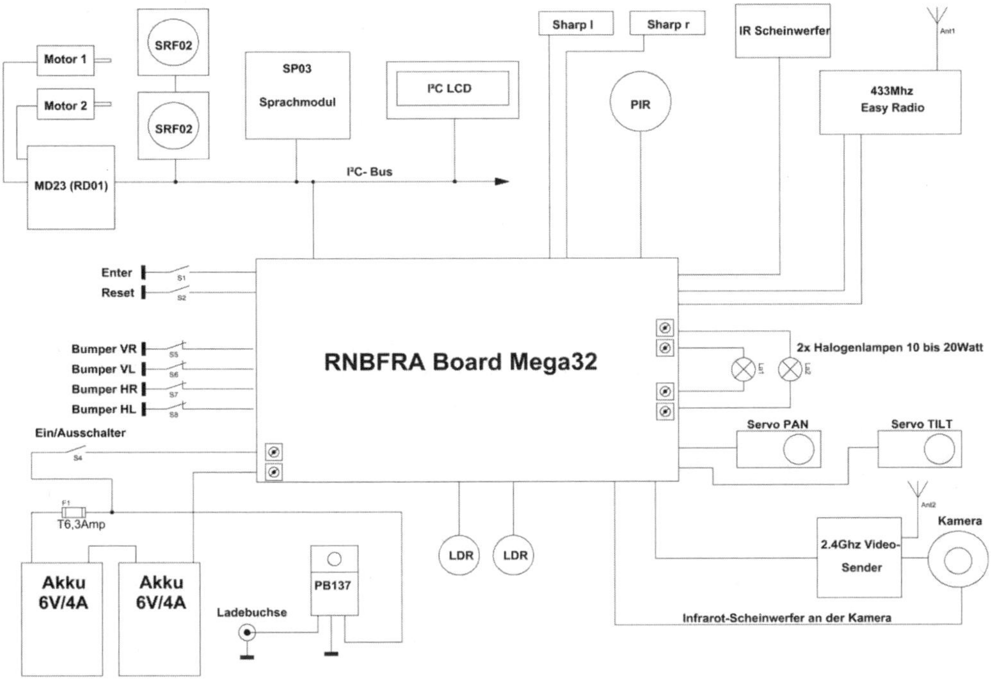

Abb. 10.80: Systembeschaltung von THX-1

Bumper vorne links	= Port 1 PFC
Bumper vorne rechts	= Port 2 PFC
Bumper hinten links	= Port 3 PFC
Bumper hinten rechts	= Port 4 PFC

Reset-Taste	= Reset Pin am AVR
Enter-Taste	= PB.4

Die Pan-and-Tilt-Servos werden an den Co-Controller AT99S2313 angeschlossen (S1 und S2).

Die Relais für den IR-Scheinwerfer und die LCD-Beleuchtung (Powersave-Relais) werden direkt am Powerport des RNBFRA-Boards angeschlossen. Leider schafft der Powerport den hohen Strom alleine nicht. Deshalb braucht er die Relais zur Unterstützung.

Die Halogenscheinwerfer werden an den linken Motorausgang des RNBFRA-Boards angeschlossen. Wichtig ist es, IC 4 zu entfernen, da das Board im Gleichstrommotor-Betrieb läuft (siehe Anleitung zum RNBFRA-Board).

Die kleine Lochrasterplatine enthält noch einen I²C-Bus-Verteiler, das Easy-Radio-Modul, den Stromverteiler für die 12- und 5-Volt-Dauerspannung sowie einen Verteiler für die 12 und 5 Volt, der jedoch über das Powersave-Relais abgeschaltet werden kann.

I²C-Bus-Verteiler

Der Verteiler besteht aus fünf kleinen Stiftleisten, wo die +5 Volt/SDA/SCL und die Masse vom RNBFRA-Board verteilt werden. Alle Stiftleisten sind parallel geschaltet und besitzen einen Pinabstand von 2,54 mm.

Powersave-Relais

Das Powersave-Relais besitzt eine Spulenspannung von +12 V und zwei Wechselkontakte. Der eine Wechsler schaltet +5 V, der andere +12 V. Wenn man jedem Spannungsausgang 10 zweipolige Stiftleisten spendiert, hat man etwas Reserve an Board. Das Nachrüsten von Ausgängen kostet mehr Zeit.

IR-Relais

Diese Relaisstufe ist mit dem Powersave-Relais identisch, besitzt aber nur einen Wechselkontakt.

Stromverteiler

Der Stromverteiler besteht aus einer zweipoligen Stiftleiste und besitzt, je Spannung, zehn Anschlüsse. Die 5 Volt werden direkt vom RNBFRA-Board bezogen. Man sollte aber darauf achten, dass der Spannungsregler am Controller-Board genügend Kühlung bekommt.

Abb. 10.81: Die Relais- und Verteilerplatine – ziemlich viele Kabel!

I²C-Display

Das Display ist ein 20-Zeichen-Display mit 4 Zeilen. Angesteuert wird es über die bereits bekannte I²C-to-LCD-Schnittstelle mit dem I²C-Bus-I/O-Baustein PCF8574. Dem Display muss man eine Stiftleiste und den kleinen „Platinchen“ eine passende Buchsenleiste verpassen. Die folgende Abbildung zeigt, wie das dann montiert aussieht.

Abb. 10.82: I²C-LCD-Platine an der Unterseite des LCD-Displays montiert

Abb. 10.83: ... und LCD von oben

Die PC-Software

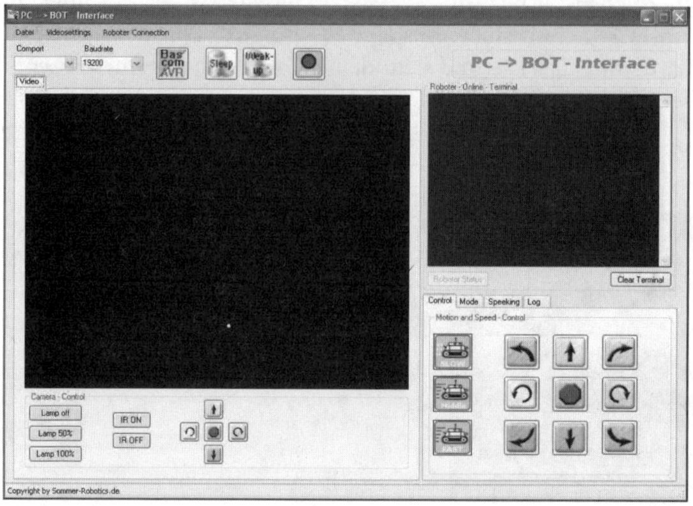

Abb. 10.84: Das neue PC→Bot-Interface für den THX-1

Die Software ist soweit neu gestaltet und sieht deshalb auch etwas anders aus als das bereits beschriebe PC→Bot-Interface. Das PC-Softwareinterface enthält jetzt folgende Funktionen:

- VideoAbb. Wiedergabe über TV-Card
- Steuerung der Halogenlampen-Leistung (0 %, 50 %, 100 %)
- Ein-/Ausschalten des Infrarotscheinwerfers
- Steuerung der Pan-and-Tilt-Einheit
- Geschwindigkeitseinstellung in drei Stufen
- Fahrtrichtungssteuerung
- Auswahl des Betriebsmodus (Lichtsuche, Robby go home, usw.)
- Speaking, universelle Texteingabe für SP03
- Logbuch zeichnet die gesendeten Kommandos auf
- Sleep- und Weak-Up-Mode
- Roboter-Reset
- RS232-Terminal
- Diverse Video- und Comport-Einstellungen

Die größte Änderung ist die Übertragung der Kommandos. THX-1 empfängt jetzt ein ganzes ASCII-Kommando, das mit folgender Funktion aufgerufen wird:

Der Befehl

```
Send_command(„Das Kommando z. B. Fwd“)
```

Die eigentliche Funktion

```
Private Sub send_command(ByVal Command as String)

 If SerialPort1.IsOpen = True Then
  Control.CheckForIllegalCrossThreadCalls = False
  SerialPort1.DiscardOutBuffer()
  SerialPort1.WriteLine(Command & vbNewLine)

  'Ausgeführten Befehl loggen
  GetLog("Command send: " & Command)
 End If

End Sub
```

Der Rest der Software wurde weitgehend vom PC→Bot-Interface übernommen.

Auch diese Software befindet sich mit Quelltext auf der CD.

Die Bot-Software
Die Bot-Software kümmert sich um die komplette Steuerung des Roboters und ist zudem in der Lage, auch ohne Verbindung zum PC zu agieren. Dadurch kann THX-1 auch ohne PC-Verbindung vorgefertigte Programme wie die Lichtsuche, das Abfahren von Koordinaten etc. abarbeiten.

Zuerst muss das RNBFRA-Board mit den mitgelieferten Beispielen der Hersteller ausgiebig getestet werden, um Fehler des Boards ausschließen zu können. Das Sprachmodul sollte man vorab an die RS232-Schnittstelle des PC anschließen, die kleine Software zum Modul starten und evtl. bei der Gelegenheit ein paar individuelle Texte aufspielen. Nur wenn alle Module einzeln getestet wurden und ordnungsgemäß funktionieren, kann man mit der eigentlichen Robotersoftware beginnen.

Folgende Aufgaben übernimmt die Bot-Software:

- RS232-Auswertung über Easy-Radio-Modul 433 MHz
- Telemetrie auf Anfrage senden
- Batteriespannung mit 10 Bit Auflösung messen
- Kamera und Sender 2,4 GHz ein-/ausschalten
- Halogenbeleuchtung 0 bis 100 % über PWM
- Infrarot-Leistungscluster ein-/ausschalten
- Sprachausgabe über I²C mit SP03
- PIR-Bewegungsmelder – Auswertung über 10-Bit-Analogeingang

- Co-Prozessor ansteuern, 10 x Servo über eine zweite RS232, Softwarelösung „RNS-1“
- 2 x Ultraschall-Entfernungsmesser SRF02 auslesen, „Stereo Sonar“
- 2 x Sharp-Distanzsensoren auswerten und umrechnen auf „cm“
- 4 x Bumper (rechts, links vorne; rechts, links hinten)
- I^2C-LCD-Display über Thread-Priorität schreiben
- 2 x Lichtsucher-LDR über Analogeingang auswerten
- RNBFRA-Board-Komponenten ansteuern und auslesen
- Enter-Button „rot“ lesen
- RD01-Antrieb über I^2C
- Kamerakopf über Servo-Controller Pan and Tilt schwenken

Bereits ausführbare Aufgaben im Demo-Code:

- Programmübertragung via Funk und Bootloader
- Steuerung und Datenaustausch zwischen PC und THX-1
- Individuelle Sprachausgabe
- Festtextausgabe „Saysounds“
- Raumüberwachung über PIR
- Lichtsuche
- Abfahren eingegebener Koordinaten x, y
- „Robby go home“ (fahre an deine Startposition zurück)

Interne Funktionen und Routinen des Bot-Codes:

- Pir() fragt den Bewegungsmelder ab; True = 1; False = 0
- Read_odo_left() übergibt die Ticks des linken Rad-Endcoders (long)
- Read_odo_right() übergibt die Ticks des rechten Rad-Encoders (long)
- Sharp(l oder r) liefert den Wert des jeweiligen Distanzsensors (Byte)
- Command_motors (Motor_rechts, Motor_links) legt die Geschwindigkeit des Antriebs fest (Byte); 0 = Stopp; 100 = max. vorwärts; 255 = Stopp; 155 = max. rückwärts
- Drive (Richtung, Winkel, Drehrichtung, Weg, der zu fahren ist, Geschwindigkeit) Fahrbefehl für eine bestimmte Strecke in eine vorgegebene Richtung. Richtung 1 = vorwärts; 0 = rückwärts; Winkel 0 bis 360°; Turn_left oder Turn_right; Geschwindigkeit 1 bis 100 %
- Turn (Winkel, Drehrichtung) Drehbefehl; Winkel 0 bis 360°; Turn_left oder Turn_right
- Gosub Odo_reset setzt das Odometer des MD23 auf Null
- Gosub Odometrie liefert die aktuellen Odometriedaten
  - Deg_akt = Winkel aktuell
  - X_pos_akt = Position X in cm
  - Y_pos_akt = Position y in cm
  - Cm_akt = aktuell zurückgelegter Weg seit Odometer Reset
  - Target_bearing = Winkel zum Ziel

  - Heading_error = Abweichung in Grad zum Ziel ±0 bis 180
  - Target_distance = Entfernung zum Ziel
- Rnb_Servo(Servonummer, Servoposition) steuert den Co-Prozessor an Servonummer 1-10; Servoposition = 0 bis 255
- Halogen(Power) steuert die Halogenlampen an Power = 0 bis 1.023
- Saysp03(Nachricht) spielt die im Sprachmodul SP03 hinterlegten Sounds ab Nachricht = 1 bis 30
- Gosub Akkucheck fragt die Betriebsspannung des Akkus ab und gibt sie in der Variablen Volt als Volt aus
- Gosub Powerport steuert den Powerport mit Powerport_bit 0 bis 7
- Gosub Antikollision ruft die übergeordnete Ausweichroutine auf
- Gosub Bumper sieht nach, ob einer der Bumper angesprochen hat, BVL; BVR; BHL; BHR
- Gosub Datenauswertung ruft die RS232-Befehlsabfrage auf
- Gosub Lichtsuche sucht nach einer Taschenlampe oder dem hellsten Punkt im Raum
- Gosub Sleep Mode versetzt den Roboter in einen Energiesparmodus
- Gosub Weak_up weckt den Roboter wieder auf
- Gosub Servos steuert die Servos über 1, 2 oder 3 Befehl
- Gosub Speaking gibt individuelle Texte aus, max. 85 -Charakter, zu sprechender Text muss Speak_text über geben werden
- Gosub Srf02_Read_left oder _right gibt den Messwert des Ultraschallsensors in cm wieder
- Gosub Telemetrie_senden sendet die vorgegebenen Werte über RS232 zum PC
- Gosub Init lässt den Roboter neu initialisieren
- Gosub Bootloader startet den Bootloader
- Sys_sec gibt die Sekunden seit einem Start oder Neustart wieder
- Sys_min gibt die Minuten seit einem Start oder Neustart wieder
- Sys_time_counter gibt Werte 0 bis 100 in 10-ms-Schritten wieder

Der Code beginnt wie immer mit der Konfiguration des Controllers und der Definierung der Interruptroutinen, Funktionen, Subs und Variablen. Bevor der Bot startet, wird ein kleines Selbsttest-Programm aufgerufen, das die einzelnen Module testet und den Funktionsstatus am Terminal wiedergibt. Funktioniert ein Modul nicht, sieht man sofort am Bildschirm, um welches Modul es sich handelt. Das ist äußerst effektiv bei der Fehlersuche.

In der Main-Loop werden alle Sensoren und Aktoren angesprochen, die erforderlich sind. Man kann die „To-Do-List“ nach eigenen Bedürfnissen erweitern.

```
Main:
Do

Gosub Datenauswertung       'Befehle entgegennehmen über RS232
```

```
Gosub Menue                 'Menüauswahl
Gosub Akkucheck             'Akkuspannung prüfen
Gosub Powerport             'Powerport IR + Powersave-Relais
Gosub Servos                'Servos ansteuern
Gosub Odometrie             'Odometrie-Rechner
Gosub Srf02_read_left       'Ultraschallsensor links lesen
Gosub Srf02_read_right      'Ultraschallsensor rechts lesen
Gosub Bumpers               'Bumper Ausweichroutine
Call Command_motors(drive_l , Drive_r) 'Antrieb ansteuern

If Bot_mode = 1 Then Gosub Lichtsuche 'Roboter Mode = Lichtsuche

If Prio_1_counter >= 50 Then
Prio_1_counter = 0
'-----------------------------------------------------------------
 'Hier kann alles rein, was nur hin und wieder (1 Sek.) aufgerufen
 'werden soll.

Locate 1 , 1 : Lcd "G:" ; Deg_akt ; " "
Locate 2 , 1 : Lcd "x:" ; X_pos_akt ; " "
Locate 3 , 1 : Lcd "y:" ; Y_pos_akt ; " "
Locate 4 , 1 : Lcd "Cm:" ; Cm_akt ; " "

'-----------------------------------------------------------------
-
End If
Loop
End
```

In der Datenauswertung führt THX-1 die über die UART(Funk)-Schnittstelle empfangen Kommandos aus. Diese werden bei Empfang in einen vordefinierten Buffer geladen und stehen bei Aufruf der Empfangsroutine zur Verfügung. Folgendes Beispiel zeigt die Datenauswertung anhand des Befehls für einen Systemneustart:

```
If Command = "restart" Then         'ASCII-String mit Buffer
                                    'vergleichen
 Command_rec = 1                    'wir haben ein Kommando
                                    'empfangen
 Print "THX-1> System restart..."   'Sende Feedback an PC
 Wait 1                             'bisschen angeben
 Goto Sub_init                      'springe zu Roboter-
                                    'Initialisieren
End If                              'ich bin fertig!
```

Zum Schluss der Datenauswertung wird noch geprüft, ob das empfangene Kommando in der Befehlsliste enthalten ist. Wenn das Kommando nicht enthalten ist, wird eine Info an den PC gesendet, dass es dieses Kommando nicht gibt.

```
If Command_rec <> 1 Then Print "THX-1> Command not in list!"
```

Das Ansteuern der Motorendstufe MD23 ist, im Verhältnis zum Auslesen der Register, einfach.

```
I2cstart
I2cwbyte Md22_adress_write      'MD23-Adresse schreiben
I2cwbyte 0                      'Register 0
I2cwbyte Motorright             'Motorright Wert 0 bis 255
I2cstop

I2cstart
I2cwbyte Md22_adress_write      'MD23-Adresse schreiben
I2cwbyte 1                      'Register 1
I2cwbyte Motorleft              'Motorleft 0 bis 255
I2cstop
```

Im Default-Mode ist 0 *Antrieb Stopp* und 0 bis 127 *vorwärts*. Rückwärts geht's von 255 bis 128. Diese Einstellungen kann man im Register 15 vornehmen:

```
I2cstart
I2cwbyte Md22_adress_write     'MD23-Adresse schreiben
I2cwbyte 15                    'Register
I2cwbyte 1                     'Drive Mode
I2cstop
```

Der MD23 besitzt noch ein Register, das die Beschleunigung des Antriebs festlegt. Somit ist eine feste Integrationszeit von *Vollgas* vor nach *Vollgas rückwärts* definiert. Das Ganze ist standardmäßig auf Default 5 und kann zwischen 1 und 10 festgelegt werden.

```
I2cstart
I2cwbyte Md22_adress_write
I2cwbyte 14         'Register Beschleunigung
I2cwbyte 5          'Beschleunigung 1 bis 10 Default = 5
I2cstop
```

Eine nützliche Funktion ist „auto power off". Sie stoppt den Roboter, werden innerhalb von 2 Sekunden keine I²C-Daten empfangen. Dies kann trotz aller Sicherheitsvorteile bei manchen Anwendungen stören. Deshalb kann man die Funktion im Register 16 ein- und auch ausschalten.

```
I2cstart
I2cwbyte Md22_adress_write
I2cwbyte 16         'Register
I2cwbyte 51         'disable auto power off = 50/51 = on
I2cstop
```

Info: Werden I²C-Daten empfangen, brennt die grüne LED.

Die Motorwerte für die Fahrbewegung werden mit

```
Call Command_motors(drive_r , Drive_l)
```

übergeben. Die Werte dürfen zwischen 0 und 255 liegen.

Der MD23 zählt dabei die gefahrenen Impulse mit. Fährt der Roboter geradeaus, wird inkrementiert (hochgezählt), rückwärts wird dekrementiert (herabgezählt). Der Zähler beginnt immer bei null und zählt rückwärts mit den Vorzeichen hinauf.

Beispiel: linkes Rad vorwärts = 10, rechtes Rad rückwärts = -10

Die Encoder-Werte liegen als je vier Byte-Werte pro Rad im MD23 bereit. Man muss die vier Bytes jedoch nach dem Einlesen in ein Long wandeln, um den richtigen Wert zu erhalten. Das Auslesen und Umrechnen der vier Bytes zum Long zeigt das Beispiel anhand des rechten Encoders. Für die andere Seite gelten dieselben Schritte.

```
Function Read_odo_left() As Long

I2cstart
I2cwbyte Md22_adress_write      'Schreibadresse
I2cwbyte 2                      'Register 2
I2cstop

I2cstart
I2cwbyte Md22_adress_read       'Leseadresse
I2crbyte Enc_l_byte1 , Ack      'Register 2 bis 5 lesen
I2crbyte Enc_l_byte2 , Ack
I2crbyte Enc_l_byte3 , Ack
I2crbyte Enc_l_byte4 , Nack
I2cstop

Enc_l1 = 256 * 256              'vier Bytes zum Long machen
Enc_l1 = 256 * Enc_l1
Enc_l1 = Enc_l1 * Enc_l_byte1
Enc_l2 = 256 * 256
Enc_l2 = Enc_l2 * Enc_l_byte2
Enc_l3 = 256 * Enc_l_byte3
Enc_l4 = Enc_l_byte4
Read_odo_left = Enc_l1 + Enc_l2
Read_odo_left = Read_odo_left + Enc_l3
Read_odo_left = Read_odo_left + Enc_l4

End Function
```

Um den Zähler wieder zurückzustellen, sendet man an Register 16 den Wert 32, Schon ist das Odometer für beide Zähler wieder auf Null.

```
I2cstart
I2cwbyte Md22_adress_write
I2cwbyte 16          'Register
I2cwbyte 32          'Odometer zurücksetzen
I2cstop
```

Die Ansteuerung des Co-Controllers wird über eine Software UART bewerkstelligt. Es ist dazu einen Brücke auf den RNBFRA-Board zischen JP16 (RX) und Portd.7 herzustellen.

```
Sub Rnb_servo(byval Servonummer As Byte , Byval Servoposition As
      Byte)

  Open "comd.7:9600,8,n,1" For Output As #2
  Print #2 , "#s" ; Chr(servonummer) ; Chr(servoposition)
  Close #2

End Sub
```

Die Servonummer gibt an, welcher der Servos (1 bis 10) angesteuert werden soll, die Servoposition, in welche Stellung der Servo sich dreht (0 bis 255).

Um jetzt den THX-1 zum Sprechen zu bewegen, kann man über den Befehl Saysp03 (Nummer der Nachricht) die festen Sätze sprechen.

```
I2cstart
I2cwbyte 0
I2cwbyte Msg
I2cstop
Gosub Check_speaking
```

Check_speaking läuft so lange in einer Schleife, bis das Command-Register des SP03 wieder auf 0 ist. Hiermit überprüft man, ob der Satz schon zu Ende gesprochen wurde.

Für die individuelle Sprachausgabe ist *gosub speaking* zuständig. Hier wird der String speak_test Buchstabe für Buchstabe in ein Array eingelesen, um es danach, Zeichen für Zeichen, über den I²C-Bus an das SP03 zu senden.

```
Print "THX-1> Speaking..."
Speak_len = Len(speak_text                'Länge des Texts bestimmen
For Speak_count = 1 To Speak_len          'einzelne Zeichen in Array
                                          'einlesen
```

```
 Speak_array(speak_count) = Mid(speak_text , Speak_count , 1)
Next

I2cstart                        'Sp03 ansprechen und konfigurieren
I2cwbyte Sp03
I2cwbyte 0
I2cwbyte 0
I2cwbyte 0
I2cwbyte 5                      'speed
I2cwbyte 1                      'pitch

For Speak_count = 1 To Speak_len  'Array auslesen und senden zum
                                  'SP03
 Speak_ascii = Asc(speak_array(speak_count)) 'Bytes in Ascii
                                             'wandeln
 I2cwbyte Speak_ascii
  Waitus 40                     'kurze Pause
Next

I2cwbyte 0                      'fertig, das waren alle Zeichen,
                                'speichern
I2cstop

I2cstart                        'Sprechen
I2cwbyte Sp03
I2cwbyte 0
I2cwbyte &H40
I2cstop

Gosub Check_speaking            'So, jetzt warten, bis
                                'fertiggesprochen wurde
Print "THX-1> Speak finish!"
Waitms 50
```

Um die Werte der Sensoren an den PC zu senden, ruft man die Routine Telemtrie_senden auf. Dort kann man alles hineinschreiben, was an Messwerten interessiert. Bevor man die Übertragung beginnt, muss man aktuelle Daten erhalten. Dazu werden die Unterroutinen für die Sensoren aufgerufen.

```
Telemetrie_senden:

 'Daten holen
 Gosub Srf02_read_left
 Gosub Srf02_read_right
 Gosub Akkucheck

 'Telemetriedaten über UART senden

 Waitms 50
```

```
 Print "********************"
 Waitms 50
 Print "* PC->BOT-Interface *"
 Waitms 50
 Print "********************"
 Waitms 50
 Print "Systime: " ; Sys_min ; "min. " ; Sys_sec ; "sec."
 Waitms 50
 Print "Akku: " ; Fusing(volt , "0.00") ; " Volt"
 Waitms 50
 Print "US-left: " ; Srf02_left ; "cm"
 Waitms 50
 Print "US-right: " ; Srf02_right ; "cm"
 Waitms 50
 Print "IR-left: " ; Sharp(l) ; "cm"
 Waitms 50
 Print "IR-right: " ; Sharp(r) ; "cm"
 Waitms 50
 Print "Bot-Mode = " ; Bot_mode
 Waitms 50
 Print "--------------------"
 Waitms 50
 Print "THX-1>"
 Waitms 50

 Clear Serialou               'Ausgangsbuffer löschen!

Return
```

Wie die Sharp- und Ultraschallsensoren angesprochen werden, wurde bereits im Kapitel *Sensoren* beschrieben. Die Funktionen des RNBFRA-Boards findet man im Quellcode bzw. in der Anleitung dazu.

Der Lichtsuche-Algorithmus

Zuerst wird die Variable Ldr_counter auf Null gesetzt. Sie bleibt Null, solange keine Bedingung erfüllt ist um den Roboter in eine Richtung zur Lichtquelle zu drehen. Ist sie Null, wird am Ende der Routine der Fahrbefehl *fahre geradeaus* aufgerufen. Die ADC-Messwerte werden zuvor noch mit einem festen Wert heruntergeteilt, um eine geringere Auflösung zu erhalten. Dadurch erhält man eine kleine Schwelle, die dazu dient, dass der Roboter nicht auf die kleinste Helligkeitsänderung reagiert.

Ist es zu dunkel und der Roboter sieht keine Lichtquelle, dreht er sich so lange im Kreis, bis man ihn z. B. mit einer Taschenlampe anleuchtet. Erst ab einem eingestellten Helligkeitswert (Default 100) folgt er dem Licht.

```
Ldr_counter = 0

Ldr_right = Ldr_right_adc
Ldr_left = Ldr_left_adc
Ldr_right = Ldr_right / 10
Ldr_left = Ldr_left / 10

If Ldr_left > 100 And Ldr_right > 100 Then
 Call Command_motors(240 , 15)
 Waitms 100
 Return
End If

For Ldr_counter = 1 To 5
 Call Command_motors(15 , 15)
 Waitms 100
Next

If Ldr_right > Ldr_left
 For Ldr_counter = 1 To 3
 Call Command_motors(15 , 240)
 Waitms 100
 Next
End If

If Ldr_left > Ldr_right Then
 For Ldr_counter = 1 To 3
 Call Command_motors(240 , 15)
 Waitms 100
 Next
End If
```

Die Odometrie-Naviagtion mit dem THX-1

Die wohl interessanteste Herausforderung beim THX-1 ist es, ein gut funktionierendes Navigationssystem basierend auf den Odometriedaten des RD01-Antriebs zu gestalten. Man kann den THX-1 jetzt über die x- und y-Koordinaten wissen lassen, wo er sich hinzubewegen hat. Die Motorsteuerung MD23 liefert über den I²C-Bus die Impulse des Drehgebers vom Motor zurück. Mit diesen Werten kann man nun den Drehwinkel und den zurückgelegten Weg berechnen.

Um zu wissen, welche Strecke gefahren wurde, muss man zunächst einmal die Impulse in cm umrechnen. Der Raddurchmesser und die Impulse pro Radumdrehung sind bekannt.

Daraus resultiert: Ticks per cm = 360 / (Radumfang * Pi)

Radumfang = Durchmesser * Pi (3,14…)

Der Raddurchmesser beträgt genau 98 mm. Nach der Berechnung hat eine Strecke von 1 cm 11,7 Impulse. Um nun die Gesamtstrecke zu erhalten, muss man die beiden Streckenangaben addieren und durch die beiden Räder, also „2“, teilen.

```
'Odometer MD23 einlesen
Lsamp = Read_odo_left()
Rsamp = Read_odo_right()

'jetzt den Weg berechnen, der seit der letzten Berechnung
'zurückgelegt worden ist
L_ticks = Lsamp - Last_left
R_ticks = Rsamp - Last_right

'Aktuelle Odo-Daten der jetzigen Messung speichern
Last_left = Lsamp
Last_right = Rsamp

'Ticks in cm umrechnen 1 cm = 11,7 Ticks (Impulse Drehgeber am
'Motor)
Left_cm = L_ticks / Left_clicks_per_cm
Right_cm = R_ticks / Right_clicks_per_cm

'zurückgelegten Gesamtweg berechnen
Cm = Left_cm + Right_cm : Cm = Cm / 2
```

Der Code zeigt, wie das Ganze im Programm aussieht. Zuerst müssen die Impulse vom MD23 abgeholt werden, dann muss die letzte Messung abgezogen werden, um später die absolute Position mit Raum x/y zu erhalten.

Um noch den Winkel um die eigene Achse zu ermitteln, benötigt man den Abstand der beiden Räder. Bei dem THX-1 des gezeigten Beispiels sind das genau 28 cm. Wichtig ist, dass man die Angabe wieder in cm eingibt, da die Wegberechnung auch auf cm beruht. Dazu zieht man den Wert des rechten Rads vom linken ab und teilt es durch den Abstand der Räder (28 cm).

```
'Drehung um die eigene Achse berechnen
Theta = Left_cm_akt - Right_cm_akt : Theta = Theta / Wheel_base
```

Man erhält so einen Winkel, der in Radiant angegeben ist. Um diesen auf Grad umzuwandeln, gilt: Theta * Rad (57,2958).

```
'Drehung in Grad umrechnen, da Theta Radiant ist. Also: Theta *
'57,2958
Deg = Theta * Rad
```

```
'jetzt Positiv rechnen 0 bis 360°, nur für Turn-Befehl!
Deg_pos = Theta * Rad
If Deg_pos < 0 Then Deg_pos = Abs(deg_pos) - 360 : Deg_pos =
         Abs(deg_pos)
```

Der *Deg* kann positive und negative Winkel annehmen. Da man das nicht immer gebrauchen kann und ein Kompass schließlich auch nicht „-350°" anzeigt, rechnet man das Minus in einer separaten Variablen mit *Abs* weg.

Wie kommt man nun auf die x-/y-Koordinaten? Der Winkel Theta ist bereits bekannt und über Sinus und Cosinus und die gefahrene Strecke hat man auch bereits die Koordinaten!

```
'Position seit der letzten Berechnung ermitteln
Y_pos = Cos(theta) : Y_pos = Y_pos * Cm
X_pos = Sin(theta) : X_pos = X_pos * Cm
```

Vorsicht: Man muss die Werte für jede Messung aufaddieren und misst immer von der letzten Position aus.

```
'jetzt durch Aufaddieren der Messwerte die aktuelle Position
'bestimmen
Y_pos_akt = Y_pos_akt + Y_pos
X_pos_akt = X_pos_akt + X_pos
```

Jetzt weiß man zwar, wo man ist, aber noch nicht, wie man wieder an die Startposition oder einen anderen Punkt im Koordinatenfeld kommt.

Zur Bestimmung der Zielkoordinaten zieht man vom Zielpunkt die aktuellen Koordinaten ab und erhält für den weiteren Rechenweg x und y.

```
'Zielkoordinaten bestimmen
X = X_pos_soll - X_pos_akt
Y = Y_pos_soll - Y_pos_akt
```

Da X die eigentliche Richtung bestimmt, kann man, je nachdem, ob X positiv oder negativ wird, entscheiden, in welchem Quadranten man sich befindet.

```
'Winkel zum Zielberechnen. Wo ist mein Ziel in Grad?
If X > 0.0001 Then
 Target_bearing = Y / X
 Target_bearing = Atn(target_bearing)
 Target_bearing = Target_bearing * Rad
 Target_bearing = 90 - Target_bearing
```

```
 Else
 If X < -0.00001 Then
  Target_bearing = Y / X
  Target_bearing = Atn(target_bearing)
  Target_bearing = Target_bearing * Rad
  Target_bearing = -90 - Target_bearing
 End If
End If
```

Damit man auch weiß, wie weit man vom Ziel entfernt und wann man angekommen ist, benötigt man als weiteren Wert die Entfernung zum Ziel.

```
'Entfernung zum Ziel berechnen
X = X * X
Y = Y * Y
Target_distance = X + Y
Target_distance = Sqr(target_distance)
```

Nun liegt alles vor, was man zur Navigation benötigt. Dem Roboter muss man nun noch mitteilen, in welche Richtung er sich drehen muss, um sich zum Ziel auszurichten.

```
'Abweichng zum Ziel in Grad berechnen
Heading_error = Target_bearing - Deg
If Heading_error > 180.0 Then
 Heading_error = Heading_error - 360.0
 Else
  If Heading_error < -180.0 Then Heading_error = Heading_error +
360.0
End If
```

Ab jetzt kann es mit der Ansteuerung des Antriebs losgehen. Man weiß, wo man sich befindet und wo das nächste Ziel liegt.

Mit der Funktion Sub Xy_pos() gibt man dem THX-1 vor, welche Koordinaten er anfahren soll. Zusätzlich kann man mit dem Parameter *Speed* bestimmen, wie schnell er sich bewegen darf. Je nach Abweichung zum Ziel dreht er auf der Stelle oder fährt einen Bogen, sollte die Sollrichtung nur wenige Grad abweichen. Das hat den großen Vorteil, dass dadurch eine Regelung zustande kommt, die den Roboter auf Kurs hält.

Zur Veranschaulichung: Fährt man geradeaus zum Ziel und weicht nur gering davon ab, bremst das eine Rad ab und das gegenüberliegende hält seine Geschwindigkeit bei.

Kurz vor Erreichen des Ziels, wird die Geschwindigkeit bis auf ein Minimum heruntergefahren, so dass der Bot das ganz langsam erreicht. Diese Methode hat sich bewährt und sorgt dafür, dass man keinen Schlupf auf die Räder durch abruptes Abbremsen auf Null bekommt.

Befehl

```
Xy_pos(X Koordinate in cm , y Koordinate in cm, Speed 10 bis 100)
```

Beispiel: Xy_pos(100,100,20) ergibt einen Winkel von 45° und eine Strecke von etwa 72cm. Die Geschwindigkeit ist gering (20).

Funktion

```
Sub Xy_pos(byval X_dir As Single , Byval Y_dir As Single , Byval
Speed As Byte)

'Koordinaten übergeben
X_pos_soll = X_dir
Y_pos_soll = Y_dir

'Speed übergeben und begrenzen
If Speed < 10 Then Speed = 10
If Speed > 100 Then Speed = 100
Deathzone = Speed / 2 'Bremsbereich ist halber Speed

'so ab jetzt 0 bis Ziel gefunden!
Xy_pos_ok = 0
'Odometriedaten holen
Gosub Odometrie
Xy_move = 0

'leicht rechts fahren
If Heading_error > 2 And Heading_error < 45 Then
 Drive_l = 5 : Drive_r = 15
 Xy_move = 1
 Else
 'rechts drehen
 If Heading_error > 46 Then
  Drive_l = 240 : Drive_r = 15
  Xy_move = 1
 End If
End If

'leicht links fahren
If Heading_error < -2 And Heading_error > -45 Then
 Drive_l = 15 : Drive_r = 5
 Xy_move = 1
 Else
 'links drehen
 If Heading_error < -46 Then
```

```
  Drive_l = 15 : Drive_r = 240
  Xy_move = 1
 End If
End If

'vorwärts fahren
If Xy_move = 0 And Target_distance > Deathzone Then
 Drive_l = Speed : Drive_r = Speed
End If

'Bremsverzögerung beim Erreichen der Deathzone
If Xy_move = 0 And Target_distance <= Deathzone Then
 If Slow_bit = 0 Then 'jetzt speed speichern und runter regeln
  Drive_l = Speed
  Drive_r = Speed
 End If
 Slow_bit = 1
 Drive_l = Drive_l - 1
 Drive_r = Drive_r - 1
 If Drive_l < 5 Then Drive_l = 5
 If Drive_r < 5 Then Drive_r = 5
 Waitms 10
End If

'Stopp, Ziel ist erreicht
If Target_distance <= 1 Then
 Drive_l = 0 : Drive_r = 0
 Xy_pos_ok = 1
 Slow_bit = 0
End If

End Sub
```

Die Software enthält noch die Befehle *Turn* und *Drive*, die nur eine Ableitung von der Funktion Xy_pos() sind und zur Vereinfachung dienen, um nicht immer mit Koordinaten rechnen zu müssen. Wie diese Befehle aufgebaut sind, kann man dem Quellcode von THX-1 entnehmen.

Anregungen und Ideen zum THX-1

Auf dieser Basis kann man jetzt den Roboter vorgegebene Koordinaten abfahren lassen oder eine Teaching-Funktion integrieren, die es ermöglicht, verschiedene Positionen zu speichern, um sie immer wieder abzufahren. In Verbindung mit dem Bewegungsmelder und der Sprachausgabe könnte man eine kleine mobile Alarmanlage aufbauen.

Über die Koordinaten und den Ultraschallsensor wäre es möglich, eine Karte auf dem PC zeichnen zu lassen und Hindernisse einzutragen, um sie später bei der Navigation zu verwenden. Da der THX-1 weiß, wo er sich befindet und in welche Richtung er schaut, könnte man schon vorab eine Ausweichroutine starten und den Roboter um ein Hindernis herumleiten.

Die Robotik ist ein großes Gebiet, in dem es viel zu entwickeln, zu programmieren und zu forschen gibt. Die im Buch vorgestellten Projekte sind eine Anregung und sollen Ihnen Mut zu eigenen Experimenten machen. Und auch wenn nicht gleich alles beim ersten Versuch funktioniert: Lassen Sie sich nicht entmutigen, denn die Freude ist umso größer, wenn das eigene Projekte zum Schluss ordnungsgemäß und nach Ihren Wünschen arbeitet.

11 Die CD-ROM zum Buch

Diesem Buch liegt eine CD-ROM bei, die verschiedene Programme, Tools und Beispiele enthält. Die CD-ROM soll das Arbeiten mit diesem Buch erleichtern. Die im Buch abgedruckten Beispiele sind auf der CD-ROM enthalten. Zudem sind diverse Programme zur Programmierung und zum Entwerfen von Schaltplänen und Layouts enthalten.

- Framework 2.0
- Bascom Demoversion
- S-Plan Demoversion
- SprintLayout
- Layout Viewer
- AVR-Calc
- Hyperterminal
- Sprachausgabe-Baustein SP03-Programmiertool
- Fertige Sprachfiles im *.wav Format
- Programmcode für die hier vorgestellten Programme

GPL (General Public License)
Sie können Ihre eigenen Programme selbstverständlich mit anderen Anwendern über das Internet austauschen. Die Beispielprogramme stehen unter der Open-Source-Lizenz „GPL“ (General Public License). Daher sind Sie berechtigt, die Programme unter den Bedingungen der GPL zu modifizieren, zu veröffentlichen und anderen Anwendern zur Verfügung zu stellen – sofern Sie Ihre Programme dann ebenfalls unter die GPL-Lizenz stellen.

11.1 Systemvoraussetzungen

Um die Programme auf der mitgelieferten CD-ROM nutzen zu können, benötigen Sie einen PC mit einem AMD-Sempron2400+-Prozessor und Windows 2000 oder höher sowie 512 MB Arbeitsspeicher oder mehr. Auf eine besondere Grafikkarte kann verzichtet werden, da die Programme ohne besondere Ansprüche sind. Einen Rechner mit Onboard-Grafikkarte kann man ohne weiteres verwenden. Ein VGA-Monitor mit mindestens 17“ ist empfehlenswert.

Die meisten Programme benötigen die oben genannten Hardware-Anforderungen zwar nicht, sollte man sich aber auf Visual Basic Express 2005 (Visual Studio) einarbeiten, das auf den Microsoft Framework basiert, stößt man schnell an die Grenzen seines PCs. Das Arbeiten wird dann unerträglich langsam und das Kompilieren dauert zu lange, um noch Spaß zu machen. Zudem sollten Sie über einen Internetanschluss verfügen, um Updates oder die Registrierung der Programme durchführen zu können.

11.2 Installation der Programme

Die Entwicklungsumgebungen und Tools sind auf der CD-ROM in den Ordnern *Programme* und *Tools* zu finden. Die meisten enthaltenen Programme besitzen ein File namens *Setup.exe*. Mit einem Doppelklick wird der Installationsassistent automatisch aufgerufen und man muss nur noch den Anweisungen auf dem Bildschirm Folge leisten.

Wichtig!
Installieren Sie auch das Microsoft Framework, das im Ordner *Microsoft „dot" Net* zu finden ist. Visual Basic Express 2005 benötigt es als Grundlage. Visual Studio bzw. Visual Basic Express können Sie von der Microsoft Homepage downloaden. So erhalten Sie den aktuellsten Stand der Software.

11.3 Informationen zu den enthaltenen Softwaretools

Abacom-Programme
Die Programme der Firma Abacom befinden sich im Ordner *Programme\Abacom-Programme*. In diesem Ordner sind folgende Programmdemos vorhanden:

- *SprintLayout* dient dem Zeichnen von Layouts für gedruckte Schaltungen.
- *S-Plan* wird zum Erstellen von Schaltplänen und Zeichnungen benötigt.
- *Frontdesigner* ist ein Programm zur Erstellung von Frontplatten und Hinweisschildern.
- *Lochmaster* hilft bei der Planung von Schaltungen auf Lochstreifenplatinen.
- *Layout Viewer* ist das Tool, das Sie benötigen, um die Layouts in diesem Buch zu öffnen und auszudrucken.
- *S-Plan Viewer* ist das Tool, das Sie benötigen, um die Schaltpläne in diesem Buch zu öffnen und auszudrucken.

Bascom 1.11.8.3
Bascom ist ein schneller und sehr beliebter Basic-AVR-Compiller, der leicht zu erlernen ist und einen sehr großen Befehlssatz besitzt. Fast alle Beispielprogramme für die

Mikrocontroller beruhen auf Bascom. Weitere Informationen dazu finden Sie auf der Homepage www.mcselec.com von MCS-Electronics.

RNAVR

RNAVR ist ein Tool zum Berechnen von Timer-Einstellungen für den AVR unter Bascom. Dieses hilfreiche Programm beinhaltet auch eine Funktion, um Spannungsteiler zu berechnen.

Terminal

Terminal ist ein Programm zur Ein- und Ausgabe von RS232-Daten, ähnlich dem Hyperterminal, beinhaltet aber mehr Funktionen.

Danksagungen

Ein großer Dank gilt Herrn Frank Brall von Robotik-Hardware. Der Administrator von www.Roboternetz.de hat den Beitrag „Der Schrittmotor, Schritt für Schritt" zur Verfügung gestellt.

Auch Herrn Schreier gilt ein herzlicher Dank für die Bereitstellung des Projekts „Tischroboter TR-1".

THX-1: Der Name wurde von der Abkürzung „thx" für „thanks" (eng. „Dankeschön") abgeleitet, da ein großer Teil der Bauteile von verschiedenen Roboterhändlern gesponsert wurde. An dieser Stelle sei allen Händlern für ihre Großzügigkeit gedankt!

Stichwortverzeichnis

N

O

P

R

S

T

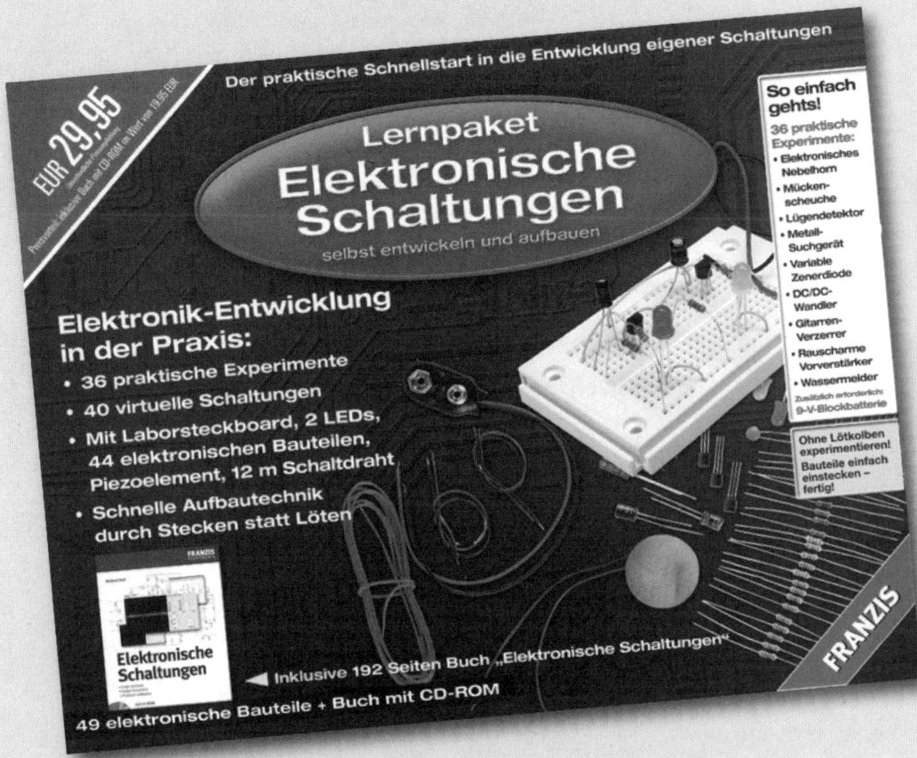
Der praktische Schnellstart in die Entwicklung eigener Schaltungen
EUR 29,95
Lernpaket
Elektronische
Schaltungen
selbst entwickeln und aufbauen
So einfach gehts!
36 praktische Experimente:
• Elektronisches Nebelhorn
• Mücken-scheuche
• Lügendetektor
• Metall-Suchgerät
• Variable Zenerdiode
• DC/DC-Wandler
• Gitarren-Verzerrer
• Rauscharme Vorverstärker
• Wassermelder
9-V-Blockbatterie
Ohne Lötkolben experimentieren! Bauteile einfach einstecken – fertig!
Elektronik-Entwicklung in der Praxis:
• 36 praktische Experimente
• 40 virtuelle Schaltungen
• Mit Laborsteckboard, 2 LEDs, 44 elektronischen Bauteilen, Piezoelement, 12 m Schaltdraht
• Schnelle Aufbautechnik durch Stecken statt Löten
Elektronische Schaltungen
Inklusive 192 Seiten Buch „Elektronische Schaltungen“
49 elektronische Bauteile + Buch mit CD-ROM
FRANZIS

Dieses Lernpaket vermittelt Ihnen die Grundlagen der Photovoltaik mit über 30 spannenden Experimenten. Alles, was Sie für die Experimente brauchen, ist im Paket enthalten. In kürzester Zeit führen Sie die wichtigen Grundversuche durch. Nicht nur für Schule, Studium und Beruf, sondern auch für den alltäglichen Einsatz zu gebrauchen!

Vorteilhaft ist, dass nicht allein die Theorie vermittelt wird, sondern dass Sie selbst Experimente aufbauen und die Vorgänge praktisch untersuchen können. Besonders wenn Sie selbständig eigene Variationen aufgebaut und ausgetestet haben, wird Ihnen so manches (nicht nur solare) Licht aufgehen.

Wenn Sie dieses Lernpaket durchgearbeitet haben, kann Ihnen in der Photovoltaik kaum jemand mehr etwas vormachen! Sie erkennen damit die Stärken, die Schwächen und die Entwicklungspotenziale der PV-Technologie.

Lernpaket Strom mit Solarenergie

22 Bauteile + Buch mit 30 Experimenten

ISBN 978-3-7723-**5810-4** **€ 29,95**

Besuchen Sie uns im Internet – www.franzis.de